iuap 数字化技术丛书

互联网前端技术开发
Development of Web Front-end Technology

◆ 孙 艺　王 川　来继敏　桂成荣　编著

电子工业出版社
Publishing House of Electronics Industry
北京·BEIJING

内 容 简 介

本书总结了用友 iuap 云平台多年实践和培训的经验。全书共 19 章，前 10 章围绕 iuap 云平台开发，介绍相关的前端开发技术，包括 HTML、CSS3、JavaScript、ECMAScript 6、WebPack、Node.js、React、React-router、Redux、Mirror，并对 iuap 云平台的定义和作用进行了阐述；后 9 章通过详细的开发案例进行演示说明。本书提供大量示例代码，可通过扫描书中二维码下载。

本书既可作为用友集团对新员工技能培训的指导书，也可作为高等院校或公司技术部门的实训教材。

未经许可，不得以任何方式复制或抄袭本书之部分或全部内容。
版权所有，侵权必究。

图书在版编目（CIP）数据

互联网前端技术开发 / 孙艺等编著. —北京：电子工业出版社，2019.8
ISBN 978-7-121-36996-4

Ⅰ．①互⋯ Ⅱ．①孙⋯ Ⅲ．①网页制作工具－高等学校－教材 Ⅳ．①TP393.092.2

中国版本图书馆 CIP 数据核字（2019）第 135026 号

策划编辑：张小乐
责任编辑：王　炜
印　　刷：三河市君旺印务有限公司
装　　订：三河市君旺印务有限公司
出版发行：电子工业出版社
　　　　　北京市海淀区万寿路 173 信箱　　邮编：100036
开　　本：787×1 092　1/16　印张：19.25　字数：492.8 千字
版　　次：2019 年 8 月第 1 版
印　　次：2019 年 8 月第 1 次印刷
定　　价：62.00 元

凡所购买电子工业出版社图书有缺损问题，请向购买书店调换。若书店售缺，请与本社发行部联系，联系及邮购电话：（010）88254888，88258888。
质量投诉请发邮件至 zlts@phei.com.cn，盗版侵权举报请发邮件至 dbqq@phei.com.cn。
本书咨询联系方式：（010）88254462，zhxl@phei.com.cn。

iuap 数字化技术丛书编委会

顾　问：谢志华　程操红　罗小江　李绍文　李惠萍
　　　　胡光耀
总策划：刘传峰
主　任：孙　艺
委　员：车先泽　卢鹏菲　常国华　孙　超　郭永峰
　　　　陈柳源　陈　辉

序

　　PaaS 平台是伴随云计算及主流数字化技术发展而兴起的产品服务形态，近年来更是加速与应用领域深度融合。随着企业上云和数字化的推进，PaaS 平台市场需求愈加旺盛，对平台架构的先进性、稳定性、随需应变、安全性都有很高的要求。

　　从欧美发达国家及全球领先的互联网平台型企业发展的经验来看，PaaS 平台已经成为数字经济下业务创新、管理变革的重要基础，这里面既要包含日新月异的"云、大、物、移、智"等新技术，也要解决好混合云场景下的对接适配集成问题，还要不断沉淀新技术和商业应用结合的标准规范、最佳实践。不仅互联网时代诞生的数字原生企业，而且越来越多软件公司和传统企业也开始积极拥抱数字化经济，纷纷利用新技术，重构业务模式，推动组织变革，相应的对 PaaS 平台的重视程度也日益增强。

　　智能型、融合化、生态式 PaaS 平台是数字化赋能的核心要求，用友云平台 iuap 的定位是数字化商业应用基础设施平台和企业服务产业共享、共创平台。平台紧紧围绕客户需求，持续打磨沉淀技术和商业应用的通用能力，护航现代企业数字化转型和成长。iuap 获得了 2016 年国家发改委"互联网+"重大工程项目的支持，并且作为中国自主研发的企业互联网开放平台、跨领域跨行业工业互联网平台、工业 PaaS 平台入选重大工程项目，是用友在互联网技术领域的重大突破。

　　iuap 数字化技术丛书是从服务企业数字化的角度，站在商业应用的层面，面向读者剖析用友云平台的核心架构和支撑落地方式，向广大读者和技术开发人员敞开用友云的核心技术，介绍用友云的开发方式和最佳实践。希望以此为纽带，大家一起努力奋斗，打造数字化产业新生态。

用友集团 CTO

程操红

前　言

互联网技术应用已经渗透人们生活的各个方面，并深刻改变了信息时代的社会生活。虽然这些技术的高速发展给人们带来了很多便利，但也导致了互联网人才的短缺问题。北京邮电大学软件学院以已有的教学资源为基础，在与用友集团合作的基础上，围绕 iuap 云平台开展了一系列的科研教学合作，取得了良好的成果，并在这些成果的基础上，在用友教育培训部的各位老师的指导帮助下，提供并搜寻了大量的资料，对一系列的实验和实训项目进行了总结，通过对实验的完善，对培训资料的整理，围绕 iuap 云平台进行了解析。

本书总结了用友集团教育培训部对 iuap 云平台的开发和使用经验，既可作为用友集团对新员工技能培训的指导书，也可作为高等院校或公司技术部门的实训教材。

本书相关资料得到了用友云平台技术运营部的车先泽、卢鹏菲、孙超等老师，以及北京易道东方教育科技有限公司的朱强奎，北京邮电大学的贾红娓、李朝晖，金昕、吴江等同志的大力支持。借此机会向关心、支持和帮助过部署编写、出版、发行工作的其他同志表示最诚挚的感谢。

由于编著者水平有限，书中难免存在错误或不足之处，敬请读者批评指正，我们将虚心接受并改正。

编著者

扫二维码
下载代码

目　　录

第 1 章　HTML ··· 1
1.1　HTML 基础 ·· 1
1.2　HTML 标签 ·· 2
1.3　HTML5 基础知识 ··· 7
1.4　表单与多媒体 ·· 8
1.5　图像动画及元素 ··· 14
1.6　数据存储 ··· 22
1.7　离线及地理位置应用 ·· 23

第 2 章　CSS3 ·· 26
2.1　CSS 简介 ··· 26
2.2　与 HTML 的结合方式 ··· 26
2.3　优先级和规范 ·· 26
2.4　CSS 的基本选择器与基础样式 ·· 27
2.5　扩展选择器及样式 ··· 29
2.6　CSS 的布局 ··· 33
2.7　CSS3 基础知识 ·· 37

第 3 章　JavaScript ·· 45
3.1　JavaScript 简介 ·· 45
3.2　JavaScript 语法 ·· 46
3.3　JavaScript 函数 ·· 61
3.4　JavaScript 常用对象 ··· 73
3.5　面向对象编程 ·· 81
3.6　BOM ··· 88
3.7　DOM ··· 92
3.8　Ajax ·· 98

第 4 章　ECMAScript 6 ··· 103
4.1　Babel 介绍 ··· 103
4.2　配置 Babel ··· 106
4.3　ES6 介绍 ··· 108
4.4　Babel 基础 ··· 108

第 5 章 WebPack ... 155
5.1 概念 ... 155
5.2 入口 ... 155
5.3 输出 ... 156
5.4 转换 ... 157
5.5 插件 ... 158

第 6 章 Node.js ... 159
6.1 环境安装 ... 159
6.2 NPM 常用命令 ... 159
6.3 Path 主要方法 ... 160
6.4 模块机制 ... 163

第 7 章 React ... 166
7.1 简介 ... 166
7.2 安装方法 ... 166
7.3 JSX ... 167
7.4 组件 ... 168

第 8 章 React router ... 171
8.1 基础知识 ... 171
8.2 动态路由 ... 172
8.3 跳转前确认 ... 172
8.4 服务端渲染 ... 172
8.5 路由的钩子 ... 173

第 9 章 Redux ... 174
9.1 核心思想 ... 174
9.2 规定方式 ... 174
9.3 reducer ... 175
9.4 store ... 176
9.5 主要函数 ... 176

第 10 章 Mirror ... 178
10.1 简介 ... 178
10.2 项目初始化 ... 178
10.3 主要方法 ... 178

第 11 章 iuap 框架 ... 181
11.1 tinper-react 框架 ... 181
11.2 tinper 介绍 ... 181

第 12 章 iuap 安装与环境 ··············183
12.1 计算机环境 ··············183
12.2 Windows Node 安装 ··············183
12.3 Mac-Node 安装 ··············190
12.4 开发环境的安装 ··············192
12.5 目录与规范 ··············195

第 13 章 基础组件介绍 ··············197
13.1 按钮 ··············197
13.2 图标 ··············201
13.3 布局组件 ··············202
13.4 视图组件 ··············208
13.5 导航组件 ··············217
13.6 反馈组件 ··············221
13.7 表单组件 ··············224

第 14 章 iuap 基础案例 ··············235
14.1 案例效果 ··············235
14.2 设置代理地址 ··············235
14.3 启动项目 ··············236
14.4 Hello World 节点开发 ··············237

第 15 章 iuap 单表开发 ··············241
15.1 实例效果 ··············241
15.2 功能分析 ··············242
15.3 目录结构 ··············242
15.4 表格与列表按钮 ··············243
15.5 搜索功能 ··············246
15.6 参照组件的应用 ··············248
15.7 新增功能 ··············250
15.8 编辑功能 ··············255
15.9 查看功能 ··············256
15.10 删除功能 ··············258
15.11 常见编辑功能与按钮开发 ··············259
15.12 数据 Mock 和代理 ··············260

第 16 章 iuap 主子表开发 ··············262
16.1 实例效果 ··············262
16.2 组件基础开发 ··············264
16.3 子表的新增 ··············267

16.4 子表的编辑	269
16.5 子表的查看与删除	271
16.6 子表的保存	271

第 17 章 iuap 树卡 ... 272

17.1 实例效果	272
17.2 功能分析	273
17.3 简单介绍	273
17.4 开发树卡	281
17.5 新增保存功能	283
17.6 编辑功能	287
17.7 删除功能	289

第 18 章 应用组件开发 ... 293

18.1 BPM 流程组件	293
18.2 安装与使用	293
18.3 主要 API	294

第 19 章 扩展 ... 296

19.1 调试与构建	296
19.2 静态资源部署	297

参考文献 ... 298

第 1 章

HTML

对于前端开发的工程师来说，HTML 就是项目的开题。本章主要讲解 HTML 基础，包括概念、基本结构、基础标签及 HTML5 新特性与常用标签的应用，旨在使读者熟练掌握 HTML 页面布局排版、样式美化，能够根据 UI 设计实现 HTML 的静态布局。

1.1 HTML 基础

HTML 是网页的核心，是一种制作万维网页面的标准语言，消除了不同计算机之间信息交流的障碍。它是目前网络上应用较为广泛的语言，也是构成网页文档的主要语言，学好 HTML 是 Web 开发人员基本的条件。

HTML 能够实现 Web 页面并在浏览器中显示。HTML5 作为 HTML 的更新版本，引入了多项新技术，大大增强了对于应用的支持能力，使得 Web 技术不再局限于只是呈现网页内容了。

1.1.1 HTML 概念

HTML（HyperText Markup Language，超文本标记语言）是一种描述性的标记语言，提出了网页开发的标准。通过这种基础的网页语言标准，开发者可以把需要呈现给客户的内容展示出来，如按钮的大小、标题的颜色等。

1.1.2 HTML 基本结构

开发 HTML 所涉及的代码都是由标签组成的，标签是 HTML 语言的基本单位。根据开发者的要求，通过这些基本单位相互配合，按照一定的逻辑结构，把数据通过浏览器展示给用户，浏览器则使用标签来决定如何展现 HTML，并作为网页显示出来，其标准结构示例如下：

```
<html>
    <head><title></title></head>
    <body></body>
</html>
```

其语法格式通过一个实例展示。本文通过左侧代码、右侧注释来解释一个完整的 HTML 编写方式，其示例如下：

```
<!DOCTYPE html>              <!-- 声明为 HTML 文档-->
<html>                       <!-- 元素是 HTML 页面的根元素-->
<head>                       <!-- 这是被<html>包含的头文件-->
<meta charset="utf-8">       <!-- 定义网页编码格式为 utf-8-->
<title>HTML 实例 </title>     <!-- 元素描述了文档的标题-->
```

```
</head>              <!-- 一个基本单位内容的结束，与<head>成对出现-->
<body>               <!-- 与</body>成对出现，用来描述可视化页面的内容-->
<h1>我的想法</h1>    <!-- 定义了一个标题：我的想法-->
<p>我的段落 </p>     <!-- 定义了一个段落：我的段落-->
</body>              <!-- 与<body>成对出现，表示一个标签结构的结束-->
</html>              <!-- 与<html>成对出现，表示一个标签结构的结束-->
```

图 1.1

以上案例运行结果如图 1.1 所示。

当前案例中，<head> 元素包含了文档的元数据和所有的头部标签元素。同样如果要求插入脚本（scripts）、样式文件（CSS）及各种 meta 信息，则可以将添加在头部区域的元素标签改为<title>、<style>、<meta>、<link>、<script>、<noscript>、<base>等；另外值得注意的是 HTML 的注释标签，浏览器不会显示注释，但是能够帮助记录 HTML 文档，其目的是放置通知和提醒信息，在开始标签中有一个惊叹号，但是在结束标签中没有。

1.2 HTML 标签

HTML 标签由尖括号包围的关键词组成，如 <html>，在大多数情况下都是成对出现的。标签对中的第一个标签为开始标签，第二个标签是结束标签，通常情况下，也分别被称为开放标签和闭合标签。此外，对于功能单一或者没有可修饰内容的标签，开发者可在标签内直接结束。如果要对标签修饰的内容进行更丰富的操作，就用到了标签中的属性，通过对属性值的更改，增加了更多的效果选择。属性与属性值之间用"="连接，属性值可以用双引号或单引号或者不用引号，一般使用双引号。在大量的网页设计中，通常会用到字体排版、列表、图像、表格、表单、框架等标签，以下举例说明每个标签的使用方式。

1.2.1 字体排版、列表

字体排版是对文字的大小、段落、颜色等属性进行合理的排布，使之在结构、感官等方面都能满足用户的需求。常用的标签如下所示。

代表换行。<hr />代表其效果是一条水平线。color 代表颜色，而颜色的选择方法有两种：第一种是直接写英文（red、green、blue）；第二种是采用赋值 RGB（red、green、blue）。width 代表宽度，在赋值时有两种写法：第一种使用像素；第二种使用百分比，两者的区别为若采用百分比的控制方式，其属性随浏览器的大小而改变，但采用像素控制的则不会。

HTML 对段落的控制比较清晰，基本符合人类的思维逻辑方式。首先明确段落的标志，接着就对整个段落的结构进行控制。

<p></p>代表段落标签。在使用的时候，段落标签的开始和结束位置需要留出一行空行。Align 属性代表对齐方式。&nbs; 代表空格，其作用是可以在浏览器中声明一块区域放入其他（文字，子标签）。

<div></div>代表对网页布局，主要用于美工方面。

<span></span>代表标签是由 CSS 定义的行内元素，在其行内定义一个区域，即某一行可

被 <span> 划分成好几个区域,从而分区域实现某种特定的效果。<span> 本身没有任何属性,不会换行,通常与<div>配合使用。<div>在 CSS 定义中属于块级元素,也属于换行符号,同样可以包含段落、标题、表格甚至其他部分,这使 DIV 便于建立不同集成的类,如章节、摘要或备注。在页面效果上,两者区别也非常明显,使用 <div> 可以自动换行,使用 <span> 则保持同行。以下举例说明,其作用是展示一段诗词的排布效果:

```
!DOCTYPE html PUBLIC "-//W3C//DTD HTML 4.01 Transitional//EN" "http://www.w3.org/TR/html4/loose.dtd">
    <html>
    <head>
    <meta http-equiv="Content-Type" content="text/html; charset=UTF-8">
            <title>Insert title here</title>
    </head>
    <body>
            这是    唐诗
            <hr color="#ab1255" width="200px"/>
            望庐山瀑布<br />
            日照香炉生紫烟,<br />
            <p align="center">
            遥看瀑布挂前川。<br />
            飞流直下三千尺,<br />
            </p>
            疑是银河落九天。<br />
            <hr/>
            <!-- 通过程序动态添加内容,并显示出来 -->
    </body>
    </html>
```

从网页的基本显示来看,最常见的元素就是文字,排列顺序由左到右、由上到下显示。字体标签为 font,其作用有三点:标签包含说明;通过标签添加什么属性;通过标签控制显示,其语法格式如下:

```
<标签名 属性1 = "属性值1" 属性2 = "属性值2" 属性3 = "属性值3">内容</标签名>
```

通常在页面排版中,与字体标签相互配合使用的是列表标签,列表是指在网页中将相关资料以条目的形式有序或者无序排列而形成的表。常见的列表包括无序列表(ul)、有序列表(ol)和定义列表(dl)三种,利用列表来制作复杂的多重菜单也是现在流行的方法。

无序列表是一个项目的列表,始于 <ul> 标签,其语法格式如下:

```
<ul>
    <dt>第一排</dt>
    <dd>第二排</dd>
    <dd>第三排</dd>
</dl>
```

有序列表通常用来表示内容之间的顺序或者重要性关系,每一个列表都是由多个子项组成的,每一个子项都有相应的编码,其语法格式如下:

```
<ol>
    <li>诗词的格式</li>
    <li>诗词的格式</li>
    <li>诗词的格式</li>
</ol>
```

定义列表与以上两种均有不同,定义列表的列表项前没有任何项目符号,常用于对术语或名词进行解释和描述,是一种对项目的注释,与段落、换行等项目配合使用,其语法格式如下:

```
<dl>
    <dt>项目 1</dt>
    <dd>项目 1 解释 1</dd>
    <dd>项目 1 解释 2</dd>
    <dt>项目 2</dt>
    <dd>项目 2 解释 1</dd>
    <dd>项目 2 解释 2</dd>
</dl>
```

1.2.2 图像、超链接标签

图像标签在 html 中定义为<img>,这个标签本身有两个必要的属性:src 和 alt,以及一些其他的辅助属性。<img> 标签的目的是为被引用的图像创建占位符,但是图像并不会插入 HTML 页面中,而是链接到 HTML 页面上。通常通过在 <a> 标签中嵌套 <img> 标签,给图像增加链接添加到另一个文档中,并且与 width、height 等属性相互配合,其用法如下:

```
<img />
    * 属性
    * src="图片的地址"
    * width="图片的显示宽度"
    * height: 图片显示的高度
    * alt: 图片的说明文字
```

超链接标签用<a>表示:其作用是将当前内容与网络其他项目中的资源进行链接起来,通过单击行为实现跳转到被链接项目资源上的效果。该标签需要依赖于其他的实体内容,从简单的文本到复杂的图片。<a>标签具备两个重要的属性:href 和 target 属性。href 属性用于表明被链接的另一个项目的地址,即绝对地址、相对地址,或者是页面内的某个元素的位置都属于该标签的表述范围。target 属性通过取值表明在具体地方打开被链接的项目资源,其取值包括 blank、self、parent、top、framename。

blank 表示在新窗口中打开被链接的文档。
self 表示在相同的框架中打开被链接的文档。
parent 表示在父框架集中打开被链接的文档。
top 表示在整个窗口中打开被链接的文档。
framename 表示在指定的框架中打开被链接的文档。

举例说明如下:

```
<!DOCTYPE html>
```

```html
<html>
<head>
    <title>测试标签 </title>
    <meta charset="utf-8">
</head>
<body>
    <a href="index.html">指向本项目中的一个 html 页面</a>
    <br>
    <a href="http://www.baidu.com/">指向其他项目中的一个页面</a>
</body>
</html>
```

1.2.3 表格、表单标签

表格标签由<table>定义。如果每个表格分为若干行，则配合<tr>标签表示；如果要求每行又被分割为若干单元格，则由 <td> 标签配合定义。字母 td 指表格数据（table data），即数据单元格的内容。数据单元格包含文本、图片、列表、段落、表单、水平线、表格等多种形式。table 的属性通常有三种：border 代表边框、width 代表宽度、height 代表高度，与之配合使用的还有<tr>、<td>、<th>等。<tr>作用是把中间的文字对齐。<th>和<td>标签都是用于显示单元格的内容，但是<th>定义表格内的表头单元格，此时元素内部的文本通常会呈现为粗体。<td>的属性通常用 width 表示宽度，height 表示高度。单元格合并则分为行合并（rowspan=""）和列合并（colspan=""）。表格标签的示例代码如下：

```html
<table>
    <caption>用户列表</caption>
    <tr>
        <th>数据</th>
        <th>数据</th>
    </tr>
    <tr>
        <td>数据</td>
        <td>数据</td>
    </tr>
</table>
```

表单标签的作用是为用户的输入提供一个接口，可以收集用户数据和反馈的信息，是网站管理者与浏览者之间交互的桥梁，其本身是一个包含元素的区域。例如，文本域、下拉列表、单选框、复选框等。

表单使用表单标签<form>来设置，有两个属性 action 和 method。action 规定该表单提交信息存储的文件及其地址。method 规定该表单的提交方式。get（默认）和 post 为两个可选值，它们有很大的不同。

首先，提交数据的方式不同，get 提交的数据在 URL 上属于公开，但是 post 提交的数据是隐藏的；其次，get 只能提交容量是 1KB 以内的少量数据，post 可以提交大量数据，但是需要以服务器的容量为上限；再次，get 一般用于搜索引擎提交的关键词，提交的数据会显示在浏览记录中，post 一般用于账号密码的输入，示例代码如下：

```html
<!DOCTYPE html PUBLIC "-//W3C//DTD HTML 4.01 Transitional//EN" "http://www.w3.org/TR/html4/loose.dtd">
<html>
<head>
<meta http-equiv="Content-Type" content="text/html; charset=UTF-8">
<title>表单标签</title>
</head>
<body>
    <form action="success.html" method="post">
        姓名：<input type="text" name="username" /><br/>
        密码：<input type="password" name="password" /><br/>
        性别：<input type="radio" name="sex" checked="checked" value="nan"/>男
              <input type="radio" name="sex" value="nv"/>女<br/>
        爱好：<input type="checkbox" checked="checked" name="love" value="lq"/> 篮球
              <input type="checkbox" name="love" value="zq"/>网球
              <input type="checkbox" name="love" value="pq"/>排球
              <input type="checkbox" name="love" value="bq"/>乒乓球<br/>
        上传附件：<input type="file" name="myfile" /><br/>
        隐藏组件：<input type="hidden" name="userId" value="001" /><br/>
        城市：<select name="city">
                <option value="none">--请选择--</option>
                <option value="bj" selected="selected">北京</option>
                <option value="sh">天津</option>
                <option value="sz">广州</option>
             </select>
             <br/>
        个人简介：<textarea rows="2" cols="30" name="desc"></textarea><br/>
        <input type="reset" value="重置"/>
        <input type="submit" value="提交"/>
        <input type="button" value="按钮"/>
        <input type="image" src="./imgs/tj.png" />
    </form>
</body>
</html>
```

1.2.4 框架标签

框架的作用可以在同一个浏览器窗口中显示多个页面。每个页面称为一个框架，并且每个框架独立存在于其他的框架，其语法较为明确，分别为 URL 指向、高度与宽度设置、移除边框三个方向，其用法如下：

```
Iframe 指向不同：
        <iframe src="URL"></iframe>    该 URL 指向不同的网页
Iframe - 设置高度与宽度
        height 和 width 属性用来定义 iframe 标签的高度与宽度
        属性默认以像素为单位，并可以按比例显示（如"80%"）
        <iframe src="demo_iframe.htm" width="200" height="200"></iframe>
Iframe - 移除边框
```

> frameborder 属性用于定义 iframe 是否显示边框
> 设置属性值为 "0" 移除 iframe 的边框
> <iframe src="demo_iframe.htm" frameborder="0"></iframe>

示例代码如下:

```
<!DOCTYPE html PUBLIC "-//W3C//DTD HTML 4.01 Transitional//EN" "http://www.w3.org/TR/html4/loose.dtd">
<html>
<head>
<meta http-equiv="Content-Type" content="text/html; charset=UTF-8">
<title>Insert title here</title>
</head>
<iframe src="https://www.baidu.com" width="500" height="500"></iframe>
<iframe src="1.2.3 案例 2.html" width="500" height="500" frameborder="0"></iframe>
<body>

</body>
</html>
```

1.3 HTML5 基础知识

为了在移动设备上支持多媒体。让同一个网页自动适应不同大小的屏幕,根据屏幕宽度,自动调整布局,HTML5 应运而生,本节将对 HTML5 特性做基础讲解。

1.3.1 简介

自 1999 年 12 月发布的 HTML4.01 后,为了推动 Web 的标准化发展,成立了一个 Web Hypertext Application Technology Working Group(Web 超文本应用技术工作组-WHATWG)的组织。该组织致力于 Web 表单和应用程序,与之呼应的一个组织 W3C(World Wide Web Consortium,万维网联盟)专注的却是 XHTML2.0。双方在技术和发展上都存在很大的相似性,所以在 2006 年双方合作创建了一个新版本标准,即为 HTML5 的前身。直到 2012 年 12 月 17 日,万维网联盟宣布 HTML5 规范已经正式定稿。2013 年 5 月 6 日,HTML 5.1 正式草案公布,该规范定义了第五次重大版本。第 2014 年 10 月 29 日,万维网联盟宣布,经过 8 年的努力,将 HTML5 标准规范制定完成。

该标准的新特性基于 HTML、CSS、DOM 及 JavaScript,减少了对外部插件的需求,如 flash 等,增加用于绘画的 canvas 元素和用于媒体播放的 video 和 audio 元素等,对本地离线存储有更好地支持。不但在表单上增加了很多元素,还增加了 article、footer、header、nav 等特殊内容元素。这些内容不但可以在错误处理上体现得更为优秀,更多的是取代了脚本的标记,使之更加适用于多媒体独立设备,并且开发过程公开透明。

1.3.2 开发环境

HTML5 对开发环境依赖较小,各种文本编辑器及集成开发工具都可用于 HTML5 应用开发。常用的开发工具包括文本编辑器(如 UltraEdit、NotePad++、EditPlus)、集成开发工具(Dreamweaver、Visual Studio、Visual Studio Code、FrontPage、Eclipse、WebStorm)。现在业

界使用最多的是 Visual Studio Code，以下示例是一个 HTML5 的基本格式：

```
<!DOCTYPE html>
<html>
<head>
        <meta charset="utf-8">
        <title>文档标题</title>
    </head>
    <body>
        文档内容......
    </body>
</html>
```

1.4 表单与多媒体

本节将重点讲解表单的常用控件及多媒体的使用方法，表单与多媒体的使用令页面展现更加丰富多彩。

1.4.1 表单

表单的控件主要集中在 input 命令中，该输入类型控件在 HTML5 中主要增加了以下几种功能：email 类型、日期时间类型、range 类型、search 类型、number 类型、url 类型。此外对验证功能也做了良好的阐述，包括自动验证、调用 checkValidity()方法实现验证和自定义验证提示信息三个方面。

（1）email 类型。

在 HTML5 中，当一个 input 元素的类型被设置为 email 时，表明该输入框用于输入电子邮件地址。当页面加载时，该元素对应的文本框与其他类型文本框显示的效果相同，但是在输入上做了限制，只能输入电子邮件格式的字符串，所以在表单提交时，将会自动检测输入内容是否为 email。

（2）日期时间类型。

HTML5 中将一个 input 元素的类型设置为日期时间类型，即可在页面中生成一个日期时间类型的输入框。当用户单击对应日期输入框时，会弹出相应的日期选择界面，选择日期后该界面自动关闭，并将用户选择的具体日期填充在输入框中。用户可设置的日期时间类型包括 date、week、month、time、datetime、datetime-local。各种类型对应的输入框界面及功能均有所区别。

（3）range 类型。

range 属于选择性控件，外观是滑动条，当一个 input 元素的类型设置为 range 时，将在页面中生成一个区域选择控件，用于设置选择区域信息。

（4）search 类型。

HTML5 中当一个 input 元素的类型设置为 search 时，其作用是输入待查询的关键字。search 类型的 input 元素在页面中显示效果与普通 input 元素相似，同样用于接收输入字符串信息，但是显示效果与普通 input 元素有所区别。

（5）number 类型。

number 类型的 input 元素在 HTML5 中，用于提供一个数字类型的文本输入控件。该元素在页面中生成的输入框只允许用户输入数字类型信息，并可通过该输入框后面的上、下调节按钮来微调输入数字的大小。

（6）url 类型。

HTML5 中 input 元素设置为 url 类型时，表示该元素将生成一个只允许输入网址格式字符串的输入框。当页面加载时，input 元素对应的文本框与其他类型文本框显示效果相同，但是仅限于输入网址格式的字符串。当表单提交时，将会自动检测输入内容，如果用户输入非网址格式的字符串，将给出错误提示。

相关示例代码如下：

```html
<!DOCTYPE HTML>
<html>
<body>
<form action="" method="get">
E-mail: <input type="email" name="user_email" /><br />
url: <input type="url" name="user_url" /><br />
range: <input type="range" name="range" min="1" max="10" /><br />
Date: <input type="date" name="user_date" /><br />
number: <input type="number" name="number" min="1" max="10" /><br />
search：<input type="search" name="search"><br />
<input type="submit" />
</form>
</body>
</html>
```

运行效果如图 1.2 所示。

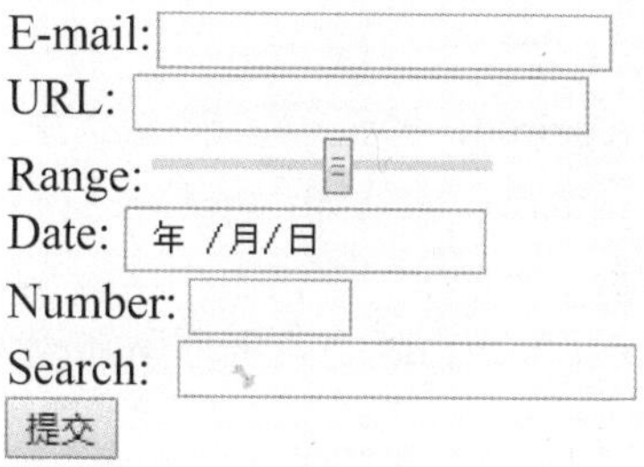

除此之外，HTML5 的 input 元素还增加了一些新的公共属性，包括以下内容：

（1）autofocus 属性。

autofocus 属性主要用于设置在页面加载完毕时，页面中的控件是否自动获取焦点。所有的 input 元素都支持 autofocus 属性，该属性可设置值为 true（自动获取焦点）和 false（不自动获取焦点）。

图 1.2

（2）pattern 属性。

pattern 属性主要用于设置正则表达式，以便对 input 元素对应输入框执行自定义输入校验。前面介绍的 email 类型、url 类型的 input 元素，其实也是基于正则表达式进行校验的，只不过已经由系统设置，无需用户单独设置。正则表达式的功能非常强大，用户可以通过编写个性化正则表达式，实现复杂的校验逻辑。

（3）placeholder 属性。

placeholder 属性用于设置一个文本占位符。当 input 元素设置了 placeholder 属性值，页面加载完毕后，input 元素对应输入框内将显示 placeholder 属性设置的信息内容。当输入框获取焦点并有信息输入时，输入框失去焦点后输入的信息将代替原 placeholder 设置的内容；当输入框获取焦点且没有信息输入时,输入框失去焦点后将仍然显示原 placeholder 设置的内容。

(4) required 属性。

required 属性主要用于检测输入框是否必须输入信息,该属性可设置值分别为 true 和 false。input 元素的 required 属性设置为 true,提交表单时对应的输入框不允许为空;required 属性设置为 false,提交表单时对应的输入框允许为空。

示例代码如下:

```
<!DOCTYPE html>
<html>
<body>
<form action="">
  First name: <input type="text" name="fname" autofocus><br />
  Last name: <input type="text" name="lname"><br />
  输入国家代码:<input type="text" name="country_code" pattern="[A-z]{3}" /><br />
  placeholder: <input type="search" name="user_search" placeholder="placeholder" /><br />
  required: <input type="text" name="usr_name" required="true" /><br />
  <input type="submit"><br />
</form>
<p><b>注释:</b>Internet Explorer 9 及更早版本不支持 input 标签的 autofocus 属性。</p>
</body>
</html>
```

表单的验证方法是网页技术中非常重要的一环,也是使用时最易出错的环节。它的验证过程:在数据被送往服务器前,对 HTML 表单中已经输入或是已经存在的数据进行验证,主要方式有以下 4 种。

(1) 自动验证。

自动验证主要是通过表单元素的属性设置来实现的,与验证有关的元素属性包括以下内容。

① required:验证输入框是否为空。

② pattern:验证输入信息是否符合设定正则表达式规则。

③ min/max:限制输入框所能输入的数值范围,如图 1.3 所示。

用法如下:

图 1.3

`<input type="number" name="points" min="3" max="10" />`

④ step:应用于数值型或日期时间型的 input 元素,用于设置每次输入框内数值增加或减少的变化量。

(2) 调用 checkValidity()方法实现验证。

在开发中,开发者调用对话框弹出错误提示或者需要其他校验要求时,通常用 checkValidity()方法实现。该方法用于检验输入信息与规则是否匹配,如果匹配返回 true,否则返回 false。

(3) 自定义验证提示信息。

当表单校验未通过时,HTML5 提供了一些默认的提示信息。与此同时,HTML5 还允许用户使用 setCustomValidity()方法自定义提示信息的内容。它与 checkvalidity()方法的使用相似，都是通过在 Javascript 中调用实现的。

（4）设置不验证。

当不需要校验输入信息时即可直接提交表单数据，可以为表单元素添加"novalidate"属性，该属性用于取消表单全部元素的验证。

1.4.2 多媒体

多媒体元素（Multimedia Elements）在网页中扮演着非常重要的角色，主要体现在文本、图形、动画、声音及视像等方面，HTML5 中新增了两个多媒体元素 video 和 audio，分别用于在网页中添加视频和音频的信息。

（1）autoplay 属性。

该属性用于设置指定的媒体文件在页面加载完毕后是否自动播放。当多媒体元素的 autoplay 属性设置为 true 时，其所在页面加载完毕后，将会自动执行播放操作。

（2）controls 属性。

该属性用于在页面播放器面板上，显示一个元素自带的控制按钮工具栏。工具栏中提供了播放/暂停按钮、播放进度条、静音开关。对于不同的浏览器，该工具栏样式可能会有所区别。

示例代码如下：

```html
<!DOCTYPE HTML>
<html>
<body>
<video controls="controls" autoplay="true">
  <source src="./imgs/1.mp4" type="video/mp4" />
Your browser does not support the video tag.
</video>
</body>
</html>
```

（3）error 属性。

当多媒体元素加载或读取媒体文件过程中出现错误或异常时，可通过该属性返回一个错误对象用于获取错误类型。MediaError 对象的 code 属性返回一个数字值，它表示音频/视频的错误状态，其状态有以下 4 种。

1 = MEDIA_ERR_ABORTED：取回过程被用户中止。

2 = MEDIA_ERR_NETWORK：当下载时发生错误。

3 = MEDIA_ERR_DECODE：当解码时发生错误。

4 = MEDIA_ERR_SRC_NOT_SUPPORTED：不支持音频/视频。

用法如下：

```
videoObject.error.code
```

（4）poster 属性。

该属性用于指定一个图片路径。图片所在网页中占据的位置就是 video 元素对应视频控件的位置，并且在播放 video 元素指定媒体文件之前显示或者在播放过程中显示错误提示。

（5）networkState 属性。

该属性用于返回加载媒体文件的网络状态。在浏览器添加媒体文件时，通过调用 onProgress 事件获取当前网络状态值，返回值的 4 种状态如下。

0 = NETWORK_EMPTY：音频尚未初始化。

1 = NETWORK_IDLE：音频是活动的且已选取资源，但并未使用网络。

2 = NETWORK_LOADING：浏览器正在下载数据。

3 = NETWORK_NO_SOURCE：未找到音频来源。

（6）width 和 height 属性。

这两个属性主要用于设置 video 元素在页面中显示的大小，单位为像素。如果未指定宽度和高度的属性，则该元素对应控件在浏览器中将默认以媒体元素大小进行显示。

（7）readyState 属性。

该属性用于返回播放器当前媒体文件的播放状态。当媒体文件开始播放时，通过调用 onPlay 事件获取当前媒体播放状态值。

0 = HAVE_NOTHING：没有关于音频是否就绪的信息。

1 = HAVE_METADATA：关于音频就绪的元数据。

2 = HAVE_CURRENT_DATA：关于当前播放位置的数据是可用的，但没有足够的数据来播放下一帧/毫秒。

3 = HAVE_FUTURE_DATA：当前及至少下一帧的数据是可用的。

4 = HAVE_ENOUGH_DATA：可用数据足以开始播放。

用法如下：

```
var x = document.getElementById("myAudio").readyState;
document.getElementById("demo").innerHTML = x;
```

另外，在 HTML5 中提供了一些使用多媒体元素的方法，以方便用户自定义控制播放。HTML5 支持的视频制式通常有 6 种：Theora、Ogg、VP8、AAC、H.264、WebM。针对这 6 种方法有不同的检测方式。

（1）canPlayType()方法。

canPlayType()方法的作用是检测浏览器是否能播放指定的音频或视频，不同的返回值用于区分当前浏览器对媒体的支持。

① 当返回值为空字符时，表示应用浏览器不支持当前待播放的媒体文件格式。

② 当返回值为 maybe 时，表示不确定应用浏览器是否能够支持当前待播放的媒体文件格式。

③ 当返回值为 probably 时，表示应用浏览器支持当前待播放的媒体文件格式。

示例代码如下：

```
<!DOCTYPE html>
<html>
<head>
<meta charset="utf-8">
<title>canPlayType 方法</title>
</head>
<body>
```

```
        <p>我的浏览器可以播放 MP4 视频吗?<span>
        <button  onclick="supportType(event,'video/mp4','avc1.42E01E, mp4a.40.2')"  type="button">测 试
</button>
        </span></p>
        <p>我的浏览器可以播放 OGG 视频吗?<span>
        <button onclick="supportType(event,'video/ogg','theora, vorbis')" type="button">测试</button>
        </span></p>
        <script>
                function supportType(e,vidType,codType)
                {
                        myVid=document.createElement('video');
                        isSupp=myVid.canPlayType(vidType+';codecs="'+codType+'"');
                        if (isSupp=="")
                        {
                        isSupp="No";
                        }
                        e.target.parentNode.innerHTML="Answer: " + isSupp;
                }
        </script>
</body>
</html>
```

代码运行效果如图 1.4 所示。

我的浏览器可以播放 MP4 视频吗?Answer: probably

我的浏览器可以播放 OGG 视频吗? 测试

图 1.4

（2）load 方法。

load 方法用于重新加载待播放的媒体文件。调用 load 方法时，会自动将多媒体元素的 playbackRate 属性设置为 defaultPlaybackRate 属性的值，同时将 error 属性值设置为 null。

play 方法和 pause 方法都用于控制媒体文件。但是调用 play 方法时，会自动将元素 pause 的属性设置为 false。而调用 pause 方法时，会暂停播放媒体文件，并自动将元素的 pause 属性设置为 true。

示例代码如下：

```
<!DOCTYPE html>
<html>
<body>
        <button onclick="playVid()" type="button">播放视频</button>
        <button onclick="pauseVid()" type="button">暂停视频</button>
        <br />
        <br />
        <video id="video1">
                <source src="./imgs/1.mp4" type="video/mp4">
                Your browser does not support HTML5 video.
        </video>
```

```
        <script>
            var myVideo=document.getElementById("video1");
            function playVid()
            {
                myVideo.play();
            }
            function pauseVid()
            {
                myVideo.pause();
            }
        </script>
    </body>
</html>
```

代码运行效果如图 1.5 所示。

图 1.5

1.5　图像动画及元素

动画控制是多媒体开发技术中非常重要的一环。动画是多媒体中的重要元素，对动画元素的使用尤为重要。

1.5.1　图像及动画

目前，主要用以下 6 种方法对动画进行控制。

（1）canvas 元素是 HTML5 中新增的一个用于绘图的重要元素，在页面中增加一个 canvas 元素就相当于在网页中添加一块画布，之后就可以利用一系列的绘图指令，在"画布"上绘制图形了。

cavans 元素示例代码如下：

```
<!DOCTYPE html>
<html>
    <meta charset=gb2312" />
    <canvas width="200px" height="200px" style="background-color:red">
    </canvas>
</html>
```

（2）通常为了定位绘画的精度，开发者采用 canvas 坐标系的方法进行控制。用 canvas

元素构建的画布是一个基于二维（x, y）的网格，坐标原点（0, 0）位于 canvas 的左上角，从原点沿 x 轴从左到右，取值依次递增；从原点沿 y 轴从上到下，取值依次递增。

（3）在画线的时候，通常使用 lineTo 和 moveTo 方法的应用格式为 moveTo(x,y)，该方法的作用是将光标移动至指定坐标，并把该坐标作为绘制图形的起点坐标。其中，参数 x 代表起点的横坐标，参数 y 代表起点的纵坐标。

（4）lineTo 方法的应用格式为 lineTo(x,y)，该方法通常与 moveTo 方法结合使用，用于指定一个坐标作为绘制图形的终点坐标。其中，参数 x 代表重点的横坐标，参数 y 代表重点的纵坐标。如果多次调用 lineTo 方法，则可以定义多个中间点坐标作为线的轨迹。最终将绘制形成一条由起点开始，经过各个中间点的线。该线可能为直线也可能为折线，取决于 lineTo 所指定的中间点坐标。

示例代码运行效果如图 1.6 所示。

图 1.6

（5）在画弧线的时候，开发者通常使用 arc 方法。arc 方法用于绘制弧形、圆形，该方法的应用格式为 arc(x,y,radius,startAngle,endAngle,anticlockwise)，该方法的各个参数说明如下：

① x：表示绘制弧形曲线圆心的横坐标。
② y：表示绘制弧形曲线圆心的纵坐标。
③ radius：表示绘制弧形曲线的半径，单位为像素。
④ startAngle：表示绘制弧形曲线的起始弧度。
⑤ endAngle：表示绘制弧形曲线的结束弧度。
⑥ anticlockwise：表示绘制弧形曲线的方向，该参数为布尔型。当赋值为 true 时，将按照逆时针方向绘制弧形；当赋值为 false 时，将按照顺时针方向绘制弧形。

示例代码如下：

```
<!DOCTYPE html>
<html>
<body>
    <canvas id="myCanvas" width="300" height="150" style="border:1px solid #d3d3d3;">Your browser does not support the HTML5 canvas tag.
    </canvas>
    <script>
        var c=document.getElementById("myCanvas");
        var ctx=c.getContext("2d");
        ctx.beginPath();
        ctx.arc(100,75,50,0,2*Math.PI);
        ctx.stroke();
    </script>
</body>
</html>
```

代码运行效果如图 1.7 所示。

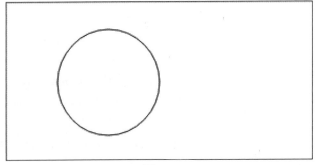

图 1.7

（6）在曲线绘制中采用最多的是绘制贝塞尔图形，使用 bezierCurveTo 方法绘制三次贝塞尔曲线，使用 quadraticCurveTo 方法绘制二次贝塞尔曲线。bezierCurveTo()方法通过使用表示三次贝塞尔曲线的指定控制点，向当前路径添加一个点。三次贝塞尔曲线需要三个点：前两个点是用于三次贝塞尔计算中的控制点，第三个点是曲线的结束点。曲线的开始点是当前路径中最后一个点。如果路径不存在，可使用 beginPath() 和 moveTo()方法来定义开始点。

1.5.2 图形操作

图形操作通过对数字制图中的点、线、面、颜色等要素的控制达到编程目的。运用较多的手段是图形的渐变控制，实现渐变控制主要有两种方法，分别是线性渐变和径向渐变。

1. 线性渐变

线性渐变是指在两个或多个指定的颜色之间连续平稳地显示。HTML5 中通常采用通过 createLinearGradient 方法创建 LinearGradient 对象实现线性渐变。该方法的应用格式如下：

```
createLinearGradient(xStart,yStart,xEnd,yEnd);
```

各个参数说明如下。
（1）xStart：渐变起始点的横坐标。
（2）yStart：渐变起始点的纵坐标。
（3）xEnd：渐变终止点的横坐标。
（4）yEnd：渐变终止点的纵坐标。
当调用该方法时，将创建一个使用起点坐标及终点坐标的 LinearGradient 对象，为该对象设置渐变颜色及渐变度，其应用格式如下：

```
addColorStop(offset,color);
```

各个参数说明如下。
（1）offset：颜色从离开渐变起始点开始变化的偏移量。
（2）color：渐变使用的颜色。

代码示例如下：

```html
<!DOCTYPE html>
<html>
<body>
    <canvas id="myCanvas" width="300" height="150" style="border:1px solid #d3d3d3;">
    Your browser does not support the HTML5 canvas tag.
    </canvas>
    <script>
        var c=document.getElementById("myCanvas");
        var ctx=c.getContext("2d");
        var grd=ctx.createLinearGradient(0,0,170,0);
        grd.addColorStop(0,"red");
        grd.addColorStop(1,"white");
        ctx.fillStyle=grd;
        ctx.fillRect(20,20,150,100);
    </script>
</body>
</html>
```

2．径向渐变

HTML5 提供了 createRadialGradient 方法用于实现径向渐变，该方法的应用格式如下：

createRadialGradient(xStart,yStart,radiusStart,xEnd,yEnd,radiusEnd);

各个参数说明如下。

（1）xStart：渐变开始的圆心横坐标。

（2）yStart：渐变开始的圆心纵坐标。

（3）radiusStart：渐变开始的圆半径。

（4）xEnd：渐变结束的圆心横坐标。

（5）yEnd：渐变结束的圆心纵坐标。

（6）radiusEnd：渐变结束的圆半径。

径向渐变也通过 addColorStop 方法为渐变设置颜色偏移量及使用颜色。

3．坐标变换

通过对默认的坐标系进行坐标变换处理，可以实现图形旋转、移位等效果。在 HTML5 中坐标变换主要有以下 3 种方式。

（1）坐标平移。

从坐标系原点开始，沿 x 轴方向或 y 轴方向移动指定单位长度。通常采用 translate 方法，其应用格式如下：

translate(x,y);

其中参数 x 为沿 x 轴方向位移像素数，参数 y 为沿 y 轴方向位移像素数。

（2）坐标放大。

将图像沿 x 轴方向或 y 轴方向放大的倍数，通常采用 scale 方法用于设置坐标放大。该方法应用格式为 scale(x,y); 其中参数 x 为沿 x 轴方向放大倍数, y 为沿 y 轴方向放大倍数。

示例代码如下:

```
<body>
    <canvas id="myCanvas" width="300" height="150" style="border:1px solid #d3d3d3;">
    Your browser does not support the HTML5 canvas tag.
    </canvas>
    <script>
        var c=document.getElementById("myCanvas");
        var ctx=c.getContext("2d");
        ctx.strokeRect(5,5,25,15);
        ctx.scale(2,2);
        ctx.strokeRect(5,5,25,15);
    </script>
</body>
```

(3) 坐标旋转。

以原点为中心,将图形旋转到指定的角度。rotate 方法用于设置坐标旋转,该方法应用格式为 rotate(angle),其中参数 angle 为旋转弧度。当 angle 为正值时图形以顺时针方向旋转; 当 angle 为负值时,图形以逆时针方向旋转。

4. 图形组合处理

在开发过程中,通常需要自定义多个图形,并且需要部分重叠,可以通过修改画布上/下文对象的 globalCompositeOperation 属性来实现。该属性可设置属性值定义,如表 1.1 所示。

表 1.1

属 性 值	说 明
source-over	该属性值为 globalCompositeOperation 的默认属性值,新绘制图形将覆盖与原图形重叠部分
copy	只显示新绘制图形,原图形中与新图形重叠部分不显示,原图形中未与新图形重叠部分变成透明
darker	重叠部分的两种图形都被显示,且新绘制图形与原图形的颜色值相减作为重叠部分的颜色值
destination-atop	只显示原图形中被新绘制图形覆盖的部分与新绘制图形的其余部分,不显示新绘制图形中与原图形重叠部分,原图形中其他部分变成透明
destination-in	只显示原图形中与新绘制图形重叠部分,原图形及新绘制图形的非重叠部分变为透明
destination-out	只显示原图形中与新绘制图形不重叠部分,原图形及新绘制图形其他部分变为透明
destination-over	原图形将覆盖与新绘制图形的重叠部分
lighter	原图形与新绘制图形都显示,两图形颜色值相加作为重叠部分颜色值
source-atop	只显示新绘制图形中与原图形重叠部分及原图形其余部分,其他部分变为透明
source-in	只显示新图形中与原图形重叠部分,其他部分变为透明
source-out	只显示新图形中与原图形不重叠部分,其他部分变为透明
xor	原图形与新绘制图形都显示,两图形重叠部分变为透明

5. 图形阴影

在开发过程中,为图形添加阴影效果,可以通过设置画布上/下文对象属性的方式达到要求，相关属性及说明如表 1.2 所示。

表 1.2

属 性 值	说　明
shadowOffsetX	阴影与图形的水平距离，默认值为 0。当设置值大于 0 时阴影向右偏移，当设置值小于 0 时阴影向左偏移
shadowOffsetY	阴影与图形的垂直距离，默认值为 0。当设置值大于 0 时阴影向上偏移，当设置值小于 0 时阴影向下偏移
shadowColor	阴影颜色值
shadowBlur	阴影模糊度，默认值为 1。设置值越大阴影模糊度越强，设置值越小模糊度越弱

6．图像操作

图像的操作通常包括画图、平铺、剪裁、像素处理等方法。

（1）画图。

使用 drawImage()方法，可将页面中已经存在的<img>元素、<video>元素或通过 JavaScript 创建的 Image 对象绘制在画布中。

drawImage 方法共有 3 种应用格式。

① drawImage(image,dx,dy)：直接绘制图像；

② drawImage(image,dx,dy,dw,dh)：绘制缩放图像；

③ drawImage(image,sx,sy,sw,sh,dx,dy,dw,dh)：绘制切割图像。

示例代码如下：

```html
<!DOCTYPE html>
<html>
<body>
    <p>要使用的图像：</p>
    <img id="tulip" src="1.jpg" alt="The Tulip" />
    <p>画布：</p>
    <canvas id="myCanvas" width="500" height="300" style="border:1px solid #d3d3d3;background:#ffffff;">
    Your browser does not support the HTML5 canvas tag.
    </canvas>
    <script>
        var c=document.getElementById("myCanvas");
        var ctx=c.getContext("2d");
        var img=document.getElementById("tulip");
        ctx.drawImage(img,10,10);
    </script>
</body>
</html>
```

代码运行效果如图 1.8 所示。

（2）平铺。

平铺指对图像达到一种效果，该效果可以按一定比例使放大或缩小的图像填满画布。通过调用画布上/下文对象的 createPattern 方法实现图像的平铺效果，该方法应用格式如下：

createPattern(image,type)

要使用的图像

画布

图 1.8

参数 image 为被平铺的图像对象，type 表示图像平铺方式。type 参数可取值类型及说明如表 1.3 所示。

表 1.3

类　　型	说　　明
no-repeat	不平铺图像
repeat-x	水平方向平铺图像
repeat-y	垂直方向平铺图像
repeat	全方向平铺图像

（3）剪裁。

该功能可以通过 clip() 方法实现，但有一个前提要求，即调用前需使用路径方式在画布中绘制剪裁区域，通过调用画布上/下文对象达到剪裁图片的目的。该方法不需提供参数。

(4)像素处理。

图像是由图像的小方格即像素(pixel)组成的,这些小方块都有一个明确的位置和被分配的色彩数值,而这些小方格的颜色和位置就决定了该图像所呈现出来的样子。对像素的处理,即对这些小方格的操作。在加载图像时调用画布上/下文对象的 getImageData()方法来获取图像中的像素,调用 putImageData()方法将处理后的像素重新绘制在画布中,从而实现对像素的处理。

① getImageData()方法用于获取指定区域内的像素,应用格式为 getImageData(sx,sy,sw,sh); 参数说明如下。

sx:选取图像区域起点横坐标;
sy:选取图像区域起点纵坐标;
sw:选取图像区域的宽度;
sh:选取图像区域的高度。

② putImageData()方法用于将处理后的像素重新绘制在指定区域内,应用格式为 putImageData(imagedata,dx,dy[,dirtyX,dirtyY,dirtyW,dirtyH]),参数说明如下。

imagedata:像素的集合对象;
dx:重新绘制图像起点的横坐标;
dy:重新绘制图像起点的纵坐标。

dirtyX、dirtyY、dirtyW、dirtyH 这 4 个参数为可选参数,分别对应于一个矩形区域起点的横坐标、纵坐标、宽度和高度。

(5)绘制文字。

绘制文字功能可以通过画布上/下文对象的 fillText()方法及 strokeText()方法实现。

① fillText()方法以填充的方式绘制文字,应用格式如下:

```
fillText(content,dx,dy[,maxLength])
```

参数说明如下。
content:文字内容信息。
dx:绘制文字开始点的横坐标。
dy:绘制文字开始点的纵坐标。
maxLength:可选参数,表示绘制文字的最大长度。

② strokeText()方法以描边的方式绘制文字,应用格式如下。

```
strokeText(content,dx,dy[,maxWidth])
```

其参数含义与 fillText()方法相同。

(6)保存、恢复图像。

HTML5 中 save()方法用于保存已绘制的图像,restore()方法用于还原保存的图像。这两个方法无需任何参数,直接使用画布上/下文对象进行调用即可。

1.5.3 元素拖放

在项目开发中,通常会涉及对元素拖放功能的设置,可以采用以下步骤完成。

首先,为了使元素可拖动,把 draggable 属性设置为 true;然后需要考虑的是拖动什么,在本阶段需要涉及的方法为 ondragstart 和 setData();其次需要考虑,规定当元素被拖动时,会产生什么样的效果。在 ondragstart 方法中，通常会通过属性调用一个函数达到目标，也清楚地规定了被拖动的数据。

1.6 数据存储

在服务器与客户端交互过程中，有些数据是固定不变的，不需要来回传递，将这部分数据保存在客户端，将极大地提升应用性能。通常采用的技术是 Web Storage，作为一种客户端存储技术，该技术的数据存储量最大值限为 5MB。数据内容可以被用户创建、修改、删除和禁止使用，其存储空间以域名为单位进行分配，但是不适合存储重要的数据信息。客户端存储数据的两个对象为 localStorage 和 sessionStorage。localStorage 用于长久保存整个网站的数据，保存的数据没有过期时间，直到手动去除；sessionStorage 则用于临时保存同一窗口（或标签页）的数据，在关闭窗口或标签页之后将会删除这些数据。所以在使用 Web 存储前，应检查浏览器是否支持 localStorage 和 sessionStorage，在使用时两者也大不相同。

（1）sessionStorage 用于保存会话数据。使用 sessionStorage 对象保存的数据存储在 session 对象中，该数据随着 session 对象生命周期的结束而销毁。在使用 sessionStrorage 保存数据时，需要调用该对象的 setItem()方法，其应用格式如下：

    sessionStorage.setItem(key,value)

其中，key 为保存数据的名称，value 为保存数据的值。

使用 sessionStorage 读取数据，需要调用该对象的 getItem()方法，其应用格式如下：

    sessionStorage.getItem(key)

其中，key 为保存数据的名称，返回值为对应指定名称的数据值。

每一个 sessionStorage 方法针对一个 session 对象进行数据存储。当用户关闭浏览器窗口后，数据会被删除。

（2）localStorage 用于保存本地数据，可长久保存直至用户手动清除。使用 localStorage 保存数据和读取数据的方法与 sessionStorage 对象相同，保存数据需要调用 setItem()方法，读取数据需要调用 getItem()方法。

此外，localStorage 对象还提供了一个清除保存数据信息的方法，即 removeItem()，该方法的应用格式如下：

    localSotrage.removeItem(key)

其中 key 为要清除的数据信息名称。

另外在使用上值得关注的是两者可使用的 API 都相同,常用的有以下 5 种(以 localStorage 为例)。

① 保存数据：localStorage.setItem(key,value);

② 读取数据：localStorage.getItem(key);

③ 删除单个数据：localStorage.removeItem(key);

④ 删除所有数据：localStorage.clear();

⑤ 得到某个索引的 key：localStorage.key(index)。

1.7 离线及地理位置应用

HTML5 中离线应用为离线的 Web 应用程序开发提供了可能。地理位置是 HTML5 的重要特性之一，提供了确定用户位置的功能，借助这个特性能够开发基于位置信息的应用。

1.7.1 离线应用

为了使 Web 应用在离线状态下也能够正常工作，必须把 Web 应用相关的资源文件全部保存在本地。当客户端脱离网络环境时，可以根据当前访问的网络地址，找到并通过缓存加载存储在本地的相应资源文件中，以达到离线应用的效果。

（1）在存储的时候，通过 manifest 文件来管理用于区分配置需要缓存的资源文件，同时也对资源文件的访问路径进行配置。

一个标准的 manifest 文件主要包含以下 3 个节点。

① CACHE：表示离线状态下，浏览器需要缓存到本地的资源文件列表。

② NETWORK：表示在线状态下，需要访问的资源文件列表。

③ FALLBACK：FALLBACK 中配置的信息都是成对出现的，当前面的资源文件不可访问时，将使用后面的文件进行访问。

（2）在开发时需要对缓存情况进行检测及更新。采用 applicationCache 方法检测本地缓存的状态并更新，对该方法的操作通常采用属性配置。

① status 属性。用于返回是否有可更新的本地缓存信息，该属性返回值及说明如表 1.4 所示。

表 1.4

返 回 值	说　　明
0	表示本地缓存不存在或出于不可用状态
1	表示本地缓存内容已经为最新状态，不用更新
2	表示正在检查 manifest 文件状态，判断该文件配置是否发生变动
3	表示已确定 manifest 文件状态，正在下载
4	表示本地缓存内容已更新
5	表示本地缓存已被删除

② updateReady 事件。用于检测本地缓存是否更新完毕，当 manifest 文件被更新且浏览器载入新的资源文件时，会触发 updateReady 事件。

③ swapCache 方法。用于手动更新本地缓存信息，该方法只能在 applicationCache 的 updateReady 事件触发时调用。

④ update 方法。除了使用 swapCache 方法可以更新本地缓存信息外，还可以通过直接调用 applicationCache 对象的 update 方法手动更新本地缓存。

（3）检测在线状态。

本地缓存的数据信息都处于在线状态时获取并缓存在本地，当处于离线状态时缓存信息被调用，当再次处于在线状态时缓存信息被更新。

HTML5 提供了两种方式检查是否在线。

① 使用 online 属性。HTML5 提供了 navigator 对象，利用该对象的 online 属性，可以判断是否在线，其应用格式如下：

```
navigator.onLine
```

当 online 属性返回 true 时表示在线；当 online 属性返回 false 时表示离线。online 属性在实际应用中会有一定的延迟性。

② 使用 online 与 offline 事件。还可以通过调用 online 与 offline 事件检测在线状态，这两个时间是基于 body 对象触发的，时效性要优于 online 属性。

使用监听方式应用 online 及 offline 事件的格式如下：

```
window.addEventListener("online", function(){
    //相关处理代码
});
window.addEventListener("offline", function(){
    //相关处理代码
});
```

1.7.2 地理位置应用

在网页开发中需要使用某一个对象所在地理位置的数据，HTML5 通过使用 Geolocation API 方法获取当前用户的地理位置信息。通常获取数据的方法有多种，包括 GPS 卫星、IP 定位和无线定位等。GPS 卫星可以精确计算出用户当前所处的经度、纬度及海拔信息；IP 定位可以根据用户的 IP 信息大致确定用户所处的地理位置；无线定位主要针对手机等通信设备，根据手机发送接收信号所使用的信号基站，大致确定用户所在的区域。

获取当前地理位置所采用的方法是 getCurrentPosition()，该方法的应用格式如下：

```
void getCurrentPosition(onSuccess, onError[, options]);
```

参数说明：

（1）onSuccess 回调函数可接受一个 position 对象，该对象包含了地理位置的坐标信息。

（2）onError 回调函数可接受一个 error 对象，该对象包含了两个属性，即 code 和 message，其中 code 属性可能的取值如下。

① PERMISSION_DENIED：用户拒绝位置服务。

② POSITION_UNAVAILABLE：获取不到位置信息。

③ TIMEOUT：获取位置信息超时。

④ UNKNOWN_ERROR：未知错误。

message 属性为一个错误信息的字符串。

（3）options 参数可选属性如下。

① enableHighAccuracy：用于指定是否要求高精度的地理位置信息。

② timeout：用于指定获取地理位置的超时时间。

③ maximumAge：用于指定对地理位置信息缓存的有效时间。

示例代码如下：

```
<!DOCTYPE html>
```

```html
<html>
<head>
    <meta charset="utf-8">
<title>地理位置</title>
</head>
<body>
<p id="demo">单击按钮获取您当前坐标（可能需要比较长的时间获取）：</p>
<button onclick="getLocation()">点我</button>
<script>
var x=document.getElementById("demo");
function getLocation()
{
  if (navigator.geolocation)
  {
    navigator.geolocation.getCurrentPosition(showPosition);
  }
  else
  {
    x.innerHTML="该浏览器不支持获取地理位置。";
  }
}

function showPosition(position)
{
  x.innerHTML="纬度: " + position.coords.latitude +
  "<br>经度: " + position.coords.longitude;
}
</script>
</body>
</html>
```

有很多情况需要及时获取地理位置信息的变化，在该要求下需要使用 watchCurrentPosition 方法，可以定期持续地获得当前用户的地理位置信息，该方法应用格式如下：

int watchCurrentPosition(onSuccess,onError[,options])

当需要停止获取当前地理位置信息时，则使用 clearWatch 方法，设置停止获取当前用户的地理位置信息，该方法应用格式如下：

void clearWatch(watchID)

其中参数 watchID 为 watchCurrentPosition 方法的返回值。

第 2 章

CSS3

本章介绍了 CSS 的基础用法、基本选择器、样式和布局及 CSS3 的使用规范和相关补充。理解 CSS 是如何工作的，理解各种 CSS 样式，并通过一些实例结合 HTML 语法规范说明网页的实践应用。

2.1 CSS 简介

CSS（Cascading Style Sheets）是层叠样式表，其目的是定义网页的显示效果。通过解决 HTML 代码对样式重复定义的问题，提高后期样式代码的可维护性，达到增强网页显示效果的目标。

2.2 与 HTML 的结合方式

CSS 与 HTML 的结合方式有以下 4 种：

（1）在 HTML 的标签上，提供了一个属性 style="CSS"的代码；

（2）在 HTML 的文件上，提供了一个标签<style type="text/css">，这个标签放在<head></head>的中间；

（3）以引入外部文件的方式引入 CSS 文件，定义其后缀名为 demo.css；

（4）以引入外部文件的方式，将一个<link>标签写在<head></head>中间，不要放在<style>标签中间（经常使用）。

2.3 优先级和规范

CSS 的优先级是分配给指定的 CSS 声明一个权重，它由匹配的选择器中的每一种选择器类型的数值决定。当优先级与多个 CSS 声明中任意一个声明的优先级相等的时候，CSS 中最后的那个声明将会被应用到元素上。当同一个元素有多个声明的时候，优先级才会有意义。

2.3.1 CSS 的优先级

按照由上到下，由外到内的顺序，样式优先级排列由低到高。标签名选择器<类选择器<ID 选择器< style 属性。

2.3.2 规范

代码规范如下：

属性名和属性值之间是键值对关系；

属性名和属性值之间用":"连接，最后用";"结尾，例如，fond-size:120px；

选择器名称{属性名:属性值;属性名:属性值;...}；

属性与属性之间用分号";"隔开；

属性与属性值直接用冒号":"连接；

如果一个属性有多个值的话，多个值之间用空格隔开。

2.4 CSS 的基本选择器与基础样式

对 CSS 类选择器的使用，可以看出使用者的 CSS 水平，因此每一个学习者必须要掌握此知识点。基础样式是 CSS 的开篇，希望通过对本章的学习能够初步认识到 CSS 的变化之美。

2.4.1 标签名选择器

标签名选择器即为 HTML 代码中的标签，能在 CSS 中匹配所有使用该标签名的元素。它的作用是根据指定的标签名，在 CSS 中找到与该标签名匹配的代码，并将所有使用该标签名的标签设置为相同的样式，而不能单独选定某一标签进行样式设置，示例代码如下：

```
p{background-color:yellow;}
```

2.4.2 类选择器

类选择器的作用是根据 HTML 标签中的 class 属性名称找到对应的标签，然后设置属性，每一个 HTML 标签都有 class 属性，并且在同一个界面中 class 不可重复。在编写类选择器时，class 前一定要加"."，同时需要注重类名的设置，类名的存在是为了专门给某个特定的标签设置样式的，类名的命名规范和 ID 命名规范相同，并且可以根据实际需要给每个标签同时绑定多个类名，示例代码如下：

```
.class 的名称 (.hehe{CSS 的代码})
```

2.4.3 ID 选择器

ID 选择器的作用是根据指定的 ID 名称找到对应的标签，然后设置属性。每一个 HTML 标签都有 ID 属性，标签也都可以设置 ID。但值得注意的是，在同一个页面中设置的 ID 名是不可以重复的，而且在编写 ID 选择器的时候 ID 名称前一定要加"#"。ID 属性名称命名不可以使用数字、关键字开头，只能由字母、数字或者下画线组成。通常项目开发中的 ID 属性是提供给 js 使用的，示例代码如下：

```
#id 的名称 (例如：#haha{CSS 的代码})
```

2.4.4 基础样式

CSS 即层叠样式表，其作用是控制页面内容的外观，使用 CSS 可以将网页的内容和表现形式分离。层叠的意思是在选择器权重相同的情况下，新设置的样式会覆盖原来设置的样式。在 CSS 中，有两种不同类型的字体系列名称：一种是通用字体系列，即拥有相似外观的字体系统组合（如 "Serif" 或 "Monospace"）；另一种是特定字体系列，即具体的字体系列（如

"Times" 或 "Courier"），除了各种特定的字体系列外，CSS 还定义了 5 种通用字体系列：
- Serif 字体；
- Sans-serif 字体；
- Monospace 字体；
- Cursive 字体；
- Fantasy 字体。

设置字体样式时，可使用 font-family 属性定义文本的字体系列，示例代码如下：

Body{font-family:sans-serif;}

除了使用通用的字体系列，还可以通过 font-family 属性设置更具体的字体，下面的例子为所有 H1 元素设置了 Georgia 字体：

H1 {font-family:Georgia}

字体的相关属性如下：
- font-style：italic（斜体）；
- font-weight：bold（加粗）；
- font-size：30px（大小）；
- line-height：30px（行高）；
- font-family：SimHei（字体）。

在颜色设置上，CSS 使用了红、绿、蓝（RGB）颜色值的十六进制（HEX）表示法进行定义。对光源设置值的范围在 0～255 之间。十六进制值使用三个双位数来编写，并以#符号开头，颜色对应如图 2.1 所示。

颜色	颜色 HEX	颜色 RGB
	#000000	rgb(0,0,0)
	#FF0000	rgb(255,0,0)
	#00FF00	rgb(0,255,0)
	#0000FF	rgb(0,0,255)
	#FFFF00	rgb(255,255,0)
	#00FFFF	rgb(0,255,255)
	#FF00FF	rgb(255,0,255)
	#C0C0C0	rgb(192,192,192)
	#FFFFFF	rgb(255,255,255)

图 2.1

与之类似的，CSS 在进行背景色的设置时，通常采用 background-color 方法。#FFFF00 值是十六进制的值，也可以用来表示 RGB 颜色，示例代码如下：

<p style="background-color:#FFFF00">

在网页的排版中，对块元素的处理要求通常比较高，块元素的特点是占据全部宽度，在其前后都会换行。例如，<h1>、<p>、<div>等，所以设置属性也比较多。例如，

margin 属性设置居中对齐：margin:auto。
position 属性设置左右对齐：position:absolute;right:0px。
float 属性设置左右对齐：float:right。

height 和 width 属性设置高度和宽度：p { height:100px; width:100px; }。

height 属性定义元素内容区的高度，width 属性设置元素内容区的宽度，两个属性在内容区外都可以增加内边距、边框和外边距，而行内非替换元素会忽略这个属性。

在通常的网页排版中，文本排列属性是用来设置文本的水平对齐方式的。文本可居中、对齐到左端、右端或者两端对齐，通常采用 text-align 方法。当设置 text-align 为"justify"时，每一行被展开为宽度相等、左右外边距对齐（如杂志和报纸）的形式。在设置最小行高时采用 min-height 属性，可设置元素的最小高度，该属性值会对元素的高度设置一个最低限制。因此，元素值可以比指定值大，但不能比其小，不允许指定负值。在设置元素的最小宽度时采用 min-width 属性，该属性值会对元素的宽度设置一个最小限制。因此，元素可以比指定值宽，但不能比其窄，不允许指定负值。同样，max-height 和 max-width 属性的设置方法与之相同。

2.5 扩展选择器及样式

CSS 选择器是指定 CSS 重要作用的标签，标签的名称就是选择器。意为选择某个容器，扩展选择器即更高级的选择器。选择器中可以编写多组样式规则，使用{}对所有的样式规则进行包裹；多组样式之间，使用";"分隔；样式属性与属性值之间，使用":"隔开。

语法格式示例如下：

```
选择器{
    属性1:属性值 1;
    属性2:属性值 2;
}
```

常用样式有字体颜色、文字内容的位置、背景色、背景图片及相关属性和文本的字体样式等。

2.5.1 关联选择器

关联选择器即为选择器中的选择器，示例代码如下：

```
<div>这个<b>一个</b>div</div>
<span>这个<b>一个</b>span</span>
```

在 head 中定义 b 标签的样式：

```
b{
样式略;
}
```

定义完之后在 div 和 span 标签中，b 的标签都会按照样式变化，假如需要在 span 中定义 b 的样式则示例代码如下：

```
span b{
样式略;
}
```

2.5.2 组合选择器

组合选择器的作用是对多种选择器进行相同样式的定义。假设对 haha 类和 div 标签中的 b 标签进行相同的样式设定，示例代码如下：

```
.class,div b
    {
        样式略;
    }
```

2.5.3 伪元素选择器

伪元素是一个抽象的概念，是为了定义特殊元素而存在的元素。假如文档语言不能提供访问元素内容第一个字或者第一行的机制，该情况就需要伪元素的介入了。假设有一个超链接，单击之前有下画线，并且是蓝色，而单击之后变成红色，则证明访问过，伪元素示例代码如下：

```
<a href="http://www.sina.com.cn" target="_blank">伪元素选择器演示</a>
```

如果需要自定义这种状态，设置时就需要用到伪元素了。通常在实际开发中，关于超链接设置有 3 种效果：

```
/*未访问*/
a:link{
/*设置背景；设置下画线；设置字体；*/
background-color:#06F;
text-decoration:none;
font-size:18px;
}

/*鼠标悬停*/
a:hover{
background-color:#FFF;
text-decoration:none;
font-size:24px;
}

/*单击效果*/
a:active{
样式略
}

/*访问后效果*/
a:visited{
格式略
}
```

2.5.4 常用样式

CSS 动画属性是网页开发中最为常用的动画设置方法之一，用列表描述其属性如图 2.2 所示。

属性	描述
@keyframes	规定动画
animation	规定所有动画属性的简写属性，除了 animation-play-state 属性
animation-name	规定 @keyframes 动画的名称
animation-duration	规定动画完成一个周期所花费的秒或毫秒
animation-timing-function	规定动画的速度曲线
animation-delay	规定动画何时开始
animation-iteration-count	规定动画被播放的次数
animation-direction	规定动画是否在下一周期逆向播放
animation-play-state	规定动画是否正在运行或暂停
animation-fill-mode	规定对象动画时间之外的状态

图 2.2

以下通过示例对动画属性进行详细解释：

1．动画的播放次数

采用 animation-iteration-count 属性定义，示例代码如下：

```
div{
animation-iteration-count:3;
-webkit-animation-iteration-count:3; /* Safari 和 Chrome */
}
```

2．2D/3D 转换

采用 transform 属性，该属性允许开发者对元素进行旋转、缩放、移动或倾斜等操作，属性描述如图 2.3 所示。

属性	描述
transform	向元素应用 2D 或 3D 转换
transform-origin	允许改变被转换元素的位置
transform-style	规定被嵌套元素如何在 3D 空间中显示
perspective	规定 3D 元素的透视效果
perspective-origin	规定 3D 元素的底部位置
backface-visibility	定义元素在不面对屏幕时是否可见

图 2.3

示例效果如图 2.4 所示。

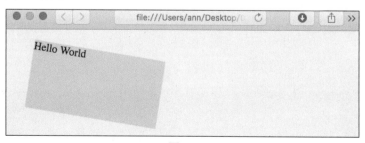

图 2.4

示例代码如下：

```html
<!DOCTYPE html>
<html>
<head>
    <style>
        div
        {
            margin:30px;
            width:200px;
            height:100px;
            background-color:yellow;
            /* Rotate div */
            transform:rotate(9deg);
            -ms-transform:rotate(9deg);     /* Internet Explorer */
            -moz-transform:rotate(9deg);    /* Firefox */
            -webkit-transform:rotate(9deg); /* Safari 和 Chrome */
            -o-transform:rotate(9deg);      /* Opera */
        }
    </style>
</head>
<body>
    <div>Hello World</div>
</body>
</html>
```

3．下拉菜单

当鼠标移动到指定元素时，会出现下拉菜单。

运行效果如图 2.5 所示。

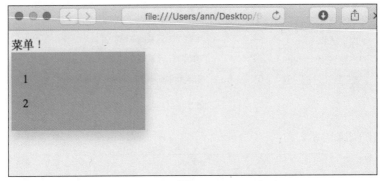

图 2.5

示例代码如下：

```html
<!DOCTYPE html>
<html>
<head>
    <title>下拉菜单实例</title>
```

```html
<meta charset="utf-8">
<style>
    .dropdown {
        position: relative;
        display: inline-block;
    }
    .dropdown-content {
        display: none;
        position: absolute;
        background-color: #00ffff;
        min-width: 160px;
        box-shadow: 0px 8px 16px 0px rgba(0,0,0,0.2);
        padding: 12px 16px;
    }
    .dropdown:hover .dropdown-content {
        display: block;
    }
</style>
</head>
<body>
    <div class="dropdown">
        <span>菜单！</span>
        <div class="dropdown-content">
            <p>1</p>
            <p>2</p>
        </div>
    </div>
</body>
</html>
```

以上代码中，采用 HTML 元素打开下拉菜单，如<span>或<button>元素。使用容器元素（如<div>）来创建下拉菜单的内容，并放在任何需要用到的位置上。使用<div>元素来包裹这些内容，并使用 CSS 来设置下拉内容的样式。使用 dropdown 类设置下拉菜单，在上述代码中，dropdown-content 类是实际的下拉菜单，默认值是隐藏的，在鼠标移动到指定元素后会显示，其中 min-width 的值设置为 160px，该值可以根据实际情况修改。

2.6 CSS 的布局

页面布局是将网页中的各个版块有效地组织设置，作用是实现网页结构和外观的分离。采用 CSS 进行网站布局，可以使内容更加清晰，方便设计人员进行分离，不像表格布局中充满各种各样的属性和数字，而且很多 CSS 文件通常是共用的，从而可大大缩减页面代码，提高页面的浏览速度。

2.6.1 盒子模型

CSS 盒子模型即为 Box Model，又称为盒子模型或框模型，可以理解为一种具有多种属性的容器。该容器规定了元素内容（element content）、内边距（padding）、边框（border）和外边距（margin）的形式。但是还有些特殊的地方，如 margin 左侧是清除边框外的区域，而且外边距是透明的；而 border 左侧是围绕在内边距和内容外的边框。padding 的作用是清除内容周围的区域，内边距是透明的。

加入 250px 的空间，设置总宽度为 250px 的元素，每个不同项目设置的数值大小，可根据实际情况而定。最终元素的总宽度计算公式：

总元素的宽度=宽度+左填充+右填充+左边框+右边框+左边距+右边距。

元素的总高度最终计算公式：

总元素的高度=高度+顶部填充+底部填充+上边框+下边框+上边距+下边距。

示例代码如下：

```html
<!doctype html>
<html>
<head>
<meta charset="utf-8">
    <title>CSS Box Model</title>
    <style type="text/css">
        body
        {
            background: #eee;
        }
        div
        {
            height: 240px;
            width: 360px;
            border: 5px solid yellow;
            background: blue;
            margin: 0 auto;
        }
        span
        {
            display: block;
            width: 50%;
            height: 50%;
            background: red;
            border: 5px solid yellow;
            color: white;
            font-size: 14px;
            font-weight: bold;
            margin: auto;
            margin-top: 60px;
            line-height: 120px;
            text-align: center;
            vertical-align: middle;
        }
    </style>
</head>
```

```
<body>
    <div>
        <span>Box Model 的内容</span>
    </div>
</body>
</html>
```

页面效果如图 2.6 所示。

图 2.6

2.6.2 布局模型

布局模型是依托盒模型的,它并不是准确意义上的布局样式或者布局模板,而是一种形式上的存在,主要有流动模型和浮动模型两种类别。

(1) 流动模型 (flow)。

组成该模型的块级元素都是自上而下分布的,宽度都为 100%。内联元素都是从左到右水平分布的。

(2) 浮动模型 (float)。

由 div、p、table、img 等元素组成,上述元素都可以设置为浮动。

none:默认值,对象不浮动;

left:文本流向对象的右边;

right:文本流向对象的左边。

2.6.3 布局定位属性

布局定位属性设置的目的是建立元素布局所用的定位机制。它采用 Position 方法,有 3 种形式:

(1) 绝对定位 (position:absolute)。其定位元素的位置相对于最近的已定位祖先元素,在该方法中元素的位置与文档流无关,因此不占据空间。absolute 把对象从文档流中拖出,使用 left、right、top、bottom 等属性,如果元素没有已定位的祖先元素,那么它的位置相对于最初的包含块则依据 body 对象,而其层叠通过 z-index 属性完成。

示例代码如下:

```
div{
    width:200px;
    height:400px;
```

```
            border:2px red solid;
            position:absolute;
            left:100px;
            top:50px;
        }
```

（2）相对定位（position:relative）。相对定位的作用有所改变，设置为相对定位的元素框会偏移某个距离。元素仍然保持其未定位前的形状，它原本所占的空间仍保留。相对定位的对象不可层叠，但将依据 left、right、top、bottom 等属性在正常文档流中偏移位置。

（3）固定定位（position:fixed）。固定定位是将某个元素固定在浏览器的某个确定位置，不随滚动条的移动而变化，通常各元素可能出现堆叠。堆叠顺序可以用 z-index 控制，z-index 大者在上；z-index 相同时，根据 CSS 声明顺序，靠后者在上。

示例代码如下：

```
<!DOCTYPE html PUBLIC "-//W3C//DTD HTML 4.01 Transitional//EN" "http://www.w3.org/TR/html4/loose.dtd">
<html>
<head>
<meta http-equiv="Content-Type" content="text/html; charset=UTF-8">
<title>Insert title here</title>
    <style type="text/css">
        div{
            width: 200px;
            height: 100px;
        }
        #div1{
            background-color: red;
            position: absolute;
            top: 100px;
            left: 50px;
        }
        #div2{
            background-color: green;
        }
        #div3{
            background-color: blue;

        }
    </style>
</head>
<body>
    <div id="div1">区域 1</div>
    <div id="div2">区域 2</div>
    <div id="div3">区域 3</div>

</body>
</html>
```

2.7 CSS3 基础知识

CSS3 是最新的 CSS 标准，主要包括盒子模型、列表模块、超链接方式、语言模块、背景和边框、文字特效、多栏布局等模块。CSS3 比 CSS 多了一些样式设置。CSS3 是向前兼容的，也就是说，CSS 中有效的代码在 CSS3 中也有效。

2.7.1 CSS3 是什么

CSS3 是 CSS 的最新版本，由 Adobe、Apple、Google、HP、IBM、Microsoft、Opera、Sun 等多家公司和机构联合组成的"CSS Working Group"组织共同推出。CSS3 诞生之前 CSS 经历了 CSS1、CSS2.0、CSS2.1 多个版本。通过 HTML5 和 CSS3 结合使用，可以使页面呈现出最佳效果。

2.7.2 新增属性选择器

属性说明如表 2.1 所示。

表 2.1

应用格式	说明	应用示例
E[attr^=value]{rules}	选择所有包含属性 attr 且属性值以 value 开头的 E 元素，并应用 rules 样式	span[title^=big]{color:red;} 将选择所有包含 title 属性且属性值以 big 开头的 span 元素，并将文字颜色设置为红色
E[attr$=value]{rules}	选择所有包含属性 attr 且属性值以 value 结尾的 E 元素，并应用 rules 样式	span[title$=big]{color:red;} 将选择所有包含 title 属性且属性值以 big 结尾的 span 元素，并将文字颜色设置为红色
E[attr*=value]{rules}	选择所有包含属性 attr 且属性值任意位置包含 value 的 E 元素，并应用 rules 样式	span[title*=big]{color:red;} 将选择所有包含 title 属性且属性值包含 big 的 span 元素，并将文字颜色设置为红色

1. 类选择器

类选择器允许开发人员以一种独立于文档元素的方式来指定样式，即可以不考虑具体页面设计而直接设计元素的样式。该选择器可以单独使用，也可以与其他元素结合使用。类选择器的应用方式为在元素内部添加 class 属性，并将对应的样式类设置为 class 的属性值。

2. 伪类选择器

伪类选择器主要用于向指定的选择器添加特殊效果，比较常用的 CSS 伪类包括以下 3 种。

（1）锚伪类，应用于超链接元素，通过锚伪类的设置，超链接文字的不同状态都可以不同的方式显示。

（2）first-child、last-child、nth-child、nth-last-child 伪类，用于选择当前元素的子元素。

（3）E:hover、E:active 和 E:focus 选择器，与锚伪类作用相似，只不过应用范围更广泛，可以应用于 div、input 等多种元素。

2.7.3 控制页面样式

1. 控制圆角边框样式

CSS3 中可以通过对边框增加样式，实现圆角边框、弧形边框，设定边框线条样式、边框内部样式等效果。

通过 border-radius 可以指定圆角的半径，设定此属性来绘制圆角边框。各浏览器对 border-radius 属性的支持不同，要想正常应用此属性需针对不同浏览器分别设置，如表 2.2 所示。

表 2.2

浏 览 器	前 缀
Firefox	-moz-
Chrome	-webkit-
Safari	-webkit-

使用 border-radius 属性时，可对边框的 4 个角分别进行设置，设置方法如表 2.3 所示。

表 2.3

选 择 器	说 明
E:enabled	用于指定所选择元素处于可用状态时，应用的样式
E:disabled	用于指定所选择元素处于不可用状态时，应用的样式
E:read-only	用于指定所选择元素处于只读状态时，应用的样式
E:read-write	用于指定所选择元素处于非只读状态时，应用的样式
E:checked	用于指定单选框元素或复选框元素处于选取状态时，应用的样式
E:default	用于指定页面打开时，默认处于选中状态的单选框元素或复选框元素应用的样式
E:indeterminate	用于设定页面打开时，如果一组单选框中任一单选框被选中时，整组单选框元素应用的样式
E:selection	用于指定所选择元素处于选中状态时，应用的样式

border-top-left-radius：用于设置边框左上角半径。
border-top-right-radius：用于设置边框右上角半径。
border-bottom-left-radius：用于设置边框左下角半径。
border-bottom-right-radius：用于设置边框右下角半径。
示例代码如下：

```
<!DOCTYPE html>
<html>
<head>
<meta charset="utf-8">
<title>圆角</title>
<style>
#corners1 {
    border-radius: 25px;
    background: #8AC007;
```

```
        padding: 20px;
        width: 200px;
        height: 150px;
    }

    #corners2 {
        border-radius: 25px;
        border: 2px solid #8AC007;
        padding: 20px;
        width: 200px;
        height: 150px;
    }
</style>
</head>
<body>
<p> border-radius 属性允许向元素添加圆角</p>
<p>指定背景颜色元素的圆角:</p>
<p id="rcorners1">圆角</p>
<p>指定边框元素的圆角:</p>
<p id="rcorners2">圆角</p>
</body>
</html>
```

2．控制背景样式

CSS3 在之前版本基础上对背景样式补充了一些新的内容，追加了几个与背景相关的属性，如表 2.4 所示。

表 2.4

属　　性	功　能　说　明
background-clip	用于设定背景的显示范围
background-origin	用于设定绘制背景图像的起点
background-size	用于设定背景图像的大小
background-break	用于设定内联元素背景图像平铺时的循环方式

对于不同浏览器，应用格式如表 2.5 所示。

表 2.5

属　性	Firefox	Chrome	Safari	Opera
background-clip	加-moz-前缀	加-webkit-前缀	加-webkit-前缀	加-webkit-前缀
background-origin	加-moz-前缀	加-webkit-前缀	加-webkit-前缀	加-webkit-前缀
background-size	不加前缀	加-webkit-前缀	加-webkit-前缀	加-webkit-前缀

（1）background-clip。

该属性用于设定背景显示是否包括边框。如果该属性设置为 border，则背景范围包括边框区域；如果该属性设置为 padding，则背景范围不包括边框区域。

（2）background-origin。

该属性用于设定背景图绘制起点，在默认情况下背景图是从 padding 区域的左上角开始绘制的。通过设置 background-origin 属性可以改变绘制起点，该属性可取值包括 border、padding 和 content。当该属性设置为 border 时，将以 border 区域左上角为起点开始绘制背景图；当该属性设置为 padding 时，将以 padding 区域左上角为起点开始绘制背景图；当该属性设置为 content 时，将以 content 区域左上角为起点开始绘制背景图。

（3）background-size。

该属性用于设定背景图像的尺寸。

（4）background-break。

该属性用于设定内联元素背景图像平铺时的循环方式，可取值包括 bounding-box、each-box 和 continuous。当该属性设置为 bounding-box 时，背景图像在整个元素内平铺；当该属性设置为 each-box 时，背景图像在每一行中平铺；当该属性设置为 continuous 时，下行背景图像将继续前一行的背景图像继续平铺。

3．控制颜色样式

（1）使用 RGBA 设置颜色样式。

RGBA 在原来的 RGB 基础上，增加了 Alpha 通道值设定。Alpha 通道值的取值范围在 0～1 之间，从透明（0）逐渐过渡到不透明（1）。RGBA 颜色的应用格式如下：

```
rgba（r,g,b,a）
```

其参数分别代表红色值、绿色值、蓝色值及透明度。

（2）使用 HSLA 设置颜色样式。

HSLA 的应用格式为：

```
hsla(h,s,l,a)
```

其参数分别代表色调、饱和度、亮度及 Alpha 通道值。

4．控制页面布局

CSS3 提供了多栏布局和盒布局两种方式，可以使页面布局控制变得更加简单。

（1）多栏布局。

通过 column-count 属性实现多栏布局。使用该属性设定数值来设置对应的元素要分为几个栏目进行显示。在 Firefox 浏览器中使用 column-count 属性需增加"-moz-"前缀；在 Chrome 浏览器中使用 column-count 属性需增加"-webkit-"前缀。

（2）盒布局。

盒布局有两种方式，即水平布局和垂直布局。水平布局是将容器内的多个子区域以水平方式横向排列显示；垂直布局是将容器内的多个子区域以垂直方式纵向排列显示。在 CSS3 中将容器的 display 属性设置为 box 时，该容器子元素将以盒布局方式进行显示。与多栏布局相同，在不同浏览器中使用盒布局也要增加相应的前缀。

5. 渐变

CSS3 渐变（gradients）可以使操作对象在两个或多个指定的颜色之间显示平稳过渡。通过使用 CSS3 渐变，可以减少下载的事件和宽带的使用。此外，渐变效果的元素在放大时效果会更好，因为渐变是由浏览器生成的。

CSS3 定义了两种类型的渐变。

线性渐变（linear gradients）：向下/向上/向左/向右/对角方向；

径向渐变（radial gradients）：由中心定义。

示例代码如下：

```html
<!DOCTYPE html>
<html>
<head>
<meta charset="utf-8">
<title>渐变</title>
<style>
    #grad1 {
        height: 200px;
        background: -webkit-linear-gradient(yellow, red);   /* Safari 5.1 - 6.0 */
        background: -o-linear-gradient(yellow, red);        /* Opera 11.1 - 12.0 */
        background: -moz-linear-gradient(yellow, red);      /* Firefox 3.6 - 15 */
        background: linear-gradient(yellow, red);           /* 标准的语法（必须放在最后） */
    }
</style>
</head>
<body>
    <h3>线性渐变 - 从上到下</h3>
    <p>从顶部开始的线性渐变。起点是黄色，慢慢过渡到红色</p>
    <div id="grad1"></div>
    <p><strong>注意：</strong> Internet Explorer 9 及之前的版本不支持渐变</p>
</body>
</html>
```

从以上代码可以看出，径向渐变由其中心定义。为了创建一个径向渐变，必须至少定义两种颜色结点。颜色结点即想要呈现平稳过渡的颜色。同时，也可以指定渐变的中心、形状（圆形或椭圆形）、大小。默认情况下，渐变的中心是 center（表示在中心点）；渐变的形状是 ellipse（表示椭圆形）；渐变的大小是 farthest-corner（表示到最远的角落）。

2.7.4 插入内容

1. 插入文字

使用 before 选择器和 after 选择器，可以向所选择页面元素的前面或后面插入指定的文字信息。插入的文字信息，定义在选择器的 content 属性中。使用 content 属性不仅可以指定待插入的文字信息内容，还可以设置文字信息的样式。

before 选择器和 after 选择器的应用格式为：

```
元素:before{
```

```
        content:'内容'
}
元素:after{
        content: '内容'
}
```

2．插入图像

CSS3 在页面中插入图像也是通过 before 选择器和 after 选择器实现的。在插入图像时，content 属性赋值为图像文件的路径。

3．插入项目编号

使用 CSS3 插入项目编号可通过两个步骤实现，第一步是将选择器 content 属性设置为 counter；第二步是为待插入项目编号元素添加 counter-increment 样式属性。具体的应用格式如下：

```
元素:before{
        content:counter(name);
}
元素:{
        counter-increment: name;
}
元素:after{
        content:counter(name);
}
元素:{
         counter-increment: name;
}
```

其中计数器的名称可以任意命名，如果没有为元素添加 counter-increment 属性设置，则所有编号都为 0。

2.7.5　文字样式控制

1．为文字增加阴影效果

在 CSS3 中通过设置 text-shadow 属性，可以为页面中的文字增加阴影效果。text-shadow 的应用格式如下：

```
text-shadow : len len len color;
```

其中 len 分别用于设置阴影与文字的横向距离、阴影与文字的纵向距离及阴影的模糊半径；color 用于设置阴影的颜色。

2．设置单词及网址自动换行

使用 word-wrap 属性可设置长单词或网址的自动换行。word-wrap 的应用格式如下：

```
word-wrap : break-word;
```

当添加了 word-wrap 的设置后，遇到行尾为长单词或网址的情况，浏览器会自动截断并将剩余部分信息在下一行进行显示。

3．使用服务器端字体

CSS3 提供了使用服务器端字体的功能，通过该功能最大程度保证了网页的通用性。只要服务器端安装了指定的字体，客户无论在任何一台终端浏览网页，都能够正确显示文本字体样式。在 CSS3 中通过@font-face 属性来应用服务器端字体，其应用格式如下：

```
@font-face
{
font-family:WebFont;
src:url(path)
}
```

其中，font-family 属性值设置为 WebFont 用于声明使用服务器端的字体；src 指定了服务器端字体文件所在的路径。通过@font-face 还可以设置使用客户端本地字体，设置方法将 src 属性设置为 local(path)。当加入了客户端本地字体设置后，浏览器加载时首先会尝试使用本地字体文件，如果没有找到合适的字体文件时，将使用服务器端的字体文件。

2.7.6 元素变形处理

元素变形在 CSS3 中主要是通过 transform 属性实现的，在不同浏览器下 transform 应用的格式有所不同。在 CSS3 中通过@font-face 属性来应用服务器端字体，应用格式如表 2.6 所示。

表 2.6

浏　览　器	transform 应用格式
Chrome	-webkit-transform
Safari	-webkit-transform
Opera	-o-transform
Firefox	-moz-transform

1．缩放效果

使用 scale()方法指定缩放倍数可以实现文字或图像的缩放效果。scale()方法应用格式 scale(num)，参数 num 指定放大或缩小的倍数，当 num 小于 1 时原文字或图像将被缩小，否则会放大。

2．旋转效果

使用 rotate()方法指定旋转角度可以实现文字或图像的缩放效果。rotate()方法应用格式为 rotate(deg)，参数 deg 为图像旋转的角度。

3．移动效果

使用 translate()方法指定水平方向和垂直方向的移动距离，可以实现文字或图像的移动效果。translate()方法应用格式为：

```
translate(x,y);
```

参数 x 和参数 y 分别指定水平方向及垂直方向的位移距离。

4．倾斜效果

使用 skew()方法指定水平方向倾斜角度和垂直方向倾斜角度，可以实现文字或图像的倾斜效果。skew()方法应用格式为：

```
skew(degX,degY)
```

其中，参数 degX 和参数 degY 分别指定水平方向及垂直方向的倾斜角度。

2.7.7 样式过渡

样式过渡指的是将元素样式，从一个指定的属性值平滑过渡到另一个指定的属性值。通过样式过渡的应用，可以在页面中实现简单的动画效果。

CSS3 中使用 transition 属性实现样式过渡，其应用格式如下：

```
transition : property duration timing-function
```

参数说明：
- property 用于设置执行过渡处理的属性；
- duration 用于设置完成过渡所需要的时间；
- timing-function 用于设置过渡的方式；
- transition 与 transform 属性一样，在应用时需要针对不同的浏览器，增加相应的前缀。

2.7.8 复杂的样式过渡

使用 animations 属性可以实现复杂的样式过渡，通过定义多个样式转换过程的中间点不同的属性值，进而实现相对复杂的动画效果。使用 animations 属性需指定关键帧集合名称、变换间隔及变换方式。例如：

```
{
-webkit-animation-name:sizeChange; /*设置关键帧集合名称*/
-webkit-animation-duration:5s; /*设置变换间隔*/
}
@-webkit-keyframes sizeChange{    /*关键帧集合*/
    ......//关键帧 1 定义
    ......//关键帧 2 定义
}
```

第 3 章 JavaScript

本章介绍了 JavaScript 的一些基本知识，包括基本语法、JavaScript 函数的使用、常用的对象、Bom、Dom 及 Ajax 的相关知识。

3.1 JavaScript 简介

1995 年，当时的网景公司正凭借其 Navigator 浏览器成为 Web 时代开启时著名的第一代互联网公司。由于网景公司希望能在静态 HTML 页面上添加一些动态效果，由此网景开发了 JavaScript。一年后微软又模仿 JavaScript 开发了 JScript，为了让 JavaScript 成为全球标准，几个公司联合 ECMA（European Computer Manufacturers Association）组织定制了 JavaScript 语言的标准，被称为 ECMAScript 标准。

JavaScript 代码可以直接嵌在网页的任何地方，不过通常开发者都会把 JavaScript 代码放到<head>中，示例代码如下。

```html
<html>
<head>
  <script>
    alert('学习 JavaScript!');
  </script>
</head>
<body>
  ...
</body>
</html>
```

因为<script>…</script>包含的代码是 JavaScript 代码，所以可以直接被浏览器执行。也可以把 JavaScript 代码放到一个单独的 .js 文件中，然后在 HTML 中通过<script src="..."></script>引入该文件，示例代码如下：

```html
<html>
<head>
          <script src="js/a.js"></script>
</head>
<body>
      ...
</body>
</html>
```

其结果/js/a.js 就会被浏览器执行。把 JavaScript 代码放入一个单独的.js 文件中更利于维护代码，并且多个页面可以各自引用同一份.js 文件。在同一个页面中，开发者可以引入多个.js 文件，也可以在页面中多次编写<script> js 代码…</script>，浏览器按照顺序依次执行。

JavaScript 代码可以用任何文本编辑器来编写。通常采用以下文本编辑器：Visual Studio Code、Sublime Text、Notepad++，其目的是在 HTML 页面中引入 JavaScript，然后，通过浏览器加载该 HTML 页面，就可以在浏览器中调试 JavaScript 代码，如图 3.1 所示

图 3.1

首先，安装 Google Chrome 浏览器后，任意打开一个网页，然后单击菜单"查看（View）"→"开发者（Developer）"→"开发者工具（Developer Tools）"，浏览器窗口就会变为一分为二，下方就是开发者工具。

单击"控制台（Console）"选项，在这个面板里可以直接输入 JavaScript 代码，按回车键后执行。如果要查看一个变量的内容，在 Console 中输入 console.log(a);，按回车键后显示的值就是变量的内容。如果要关闭 Console，就单击右上角的"×"按钮。

3.2 JavaScript 语法

掌握一门语言应先从语法开始，如果在学习 JavaScript 之前已经接触过其他编程语言的学习，那么本节的内容你很快就能学会，如果没有，那就需要你认真掌握了。

3.2.1 基础语法

JavaScript 的语法和 Java 语言类似，每个语句都以符号";"结束，语句块用"{...}"。但是，JavaScript 并不强制要求在每个语句的结尾加"；"，浏览器中负责执行 JavaScript 代码的引擎会自动在每个语句的结尾补上"；"。但是让 JavaScript 引擎自动加分号，在某些情况下会改变程序的语义，导致运行结果与预期的不一致。

例如，下面的一行代码就是一个完整的赋值语句：

var x = 1;

下面的一行代码是一个字符串，但仍然可以视为一个完整的语句：

'Hello, iuap;'

下面的一行代码包含两个语句，每个语句用"；"表示语句结束：

```
var x = 1; var y = 2; // 不建议一行写多个语句!
```

语句块是一组语句的集合。如下面的代码先做了一个判断,如果判断成立,将执行{…}中的所有语句:

```
if (2 > 1) {
    x = 1;
    y = 2;
    z = 3;
}
```

注意花括号{…}内的语句具有缩进功能,通常是 4 个空格。缩进不是 JavaScript 语法要求必需的,但缩进有助于理解代码的层次,所以编写代码时要遵守缩进规则。另外{…}还可以嵌套,形成层级结构,示例代码如下:

```
if (2 > 1) {
    x = 1;
    y = 2;
    z = 3;
    if (x < y) {
        z = 4;
    }
    if (x > y) {
        z = 5;
    }
}
```

JavaScript 本身对嵌套的层级没有限制,但是过多的嵌套无疑会大大增加看懂代码的难度。遇到这种情况,需要把部分代码抽出来,作为函数来调用,这样可以减少代码的复杂度。

注释:

以//开头直到行末的字符被视为行注释,注释是给开发人员看的,JavaScript 引擎会自动忽略,示例代码如下:

```
// 这是一行注释
alert('hello iuap'); // 这也是注释
```

块注释是用/*…*/把多行字符包裹起来,把一大"块"视为一个注释,示例代码如下:

```
/* 从这里开始是块注释
仍然是注释
仍然是注释
注释结束 */
```

3.2.2 数据类型和变量

计算机可以处理文本、图形、音频、视频、网页等各种各样的数据。不同的数据需要定义不同的数据类型。在 JavaScript 中定义了以下数据类型:

1. Number

JavaScript 不区分整数和浮点数,统一用 Number 表示,以下都是合法的 Number 类型:

```
321;            // 整数 321
0.159;          // 浮点数 0.159
3.1315e3;       // 科学计数法表示 3.1415x1000，等同于 3141.5
-100;           // 负数
NaN;            // NaN 表示 Not a Number，当无法计算结果时用 NaN 表示
```

Infinity; // Infinity 表示无限大，当数值超过了 JavaScript 的 Number 所能表示的最大值时，就表示为 Infinity。

计算机中用十六进制表示整数，十六进制用 0x 为前缀，0~9，a~f 表示，如 0xff00、0xa5b4c3d2 等。

```
1 + 2; // 3
(1 + 2) * 5 / 2; // 7.5
2 / 0; // Infinity
0 / 0; // NaN
10 % 3; // 1
10.5 % 3; // 1.5
```

注意：%是求余运算。

2．字符串

字符串是以单引号'或双引号""括起来的任意文本，如'abc'、"xyz"等。请注意，''或""本身只是一种表示方式，不是字符串的一部分，因此，字符串'abc'只有 a、b、c 这 3 个字符。

3．布尔值

布尔值和布尔代数的表示完全一致，一个布尔值只有 true、false 两种值，所以可以直接用 true、false 表示布尔值，也可以通过布尔运算得出，示例代码如下：

```
true;       // 这是一个 true 值
false;      // 这是一个 false 值
2 > 1;      // 这是一个 true 值
2 >= 3;     // 这是一个 false 值
```

&& 运算是与运算，只有所有值都为 true，&& 运算结果才是 true：

```
true && true;           // 这个&&语句计算结果为 true
true && false;          // 这个&&语句计算结果为 false
false && true && false; // 这个&&语句计算结果为 false
```

|| 运算是或运算，只要其中有一个值为 true，|| 运算结果就是 true：

```
false || false;         // 这个||语句计算结果为 false
true || false;          // 这个||语句计算结果为 true
false || true || false; // 这个||语句计算结果为 true
```

!运算是非运算，它是一个单目运算符，把 true 变成 false，false 变成 true：

```
! true;   // 结果为 false
! false;  // 结果为 true
! (2 > 5); // 结果为 true
```

布尔值经常用在条件判断中,比如:

```
var age = 15;
if (age >= 18) {
    alert('adult');
} else {
    alert('teenager');
}
```

4.比较运算符

当需要对数据做比较时,可以通过比较运算符得到一个布尔值:

```
2 > 5; // false
5 >= 2; // true
7 == 7; // true
```

实际上,JavaScript 允许对任意数据类型进行比较:

```
false == 0; // true
false === 0; // false
```

JavaScript 中等运算符有两种,第一种是==比较,会自动转换数据类型再比较;第二种是===比较,不会自动转换数据类型,如果数据类型不一致,返回 false,如果一致,再比较。通常情况下第二种使用的比较多。

值得强调的还有一个特殊的运算符:NaN,该运算符代表与所有其他值都不相等,包括它自己:

```
NaN === NaN; // false
```

唯一能判断 NaN 的方法是通过 isNaN()函数:

```
isNaN(NaN); // true
```

最后要注意浮点数的相等比较:

```
1 / 3 === (1 - 2 / 3); // false
```

浮点数在运算过程中会产生误差,因为计算机无法精确表示无限循环小数。要比较两个浮点数是否相等,只能计算它们之差的绝对值,看是否小于某个阈值:

```
Math.abs(1 / 3 - (1 - 2 / 3)) < 0.0000001; // true
```

5.null 和 undefined

null 表示一个"空"的值,它和 0 及空字符串不同。0 是一个数值,表示长度为 0 的字符串,而 null 表示"空"。

在其他语言中,也有类似 JavaScript 的 null 表示,如 Java 用 null、Swift 用 nil、Python 用 None 表示。但是在 JavaScript 中,还有一个和 null 类似的 undefined,它表示"未定义"。

JavaScript 用 null 表示一个空的值,而 undefined 表示值未定义,因此大多数情况下都使用 null。undefined 仅仅用于判断函数参数是否传递的情况。

6. 数组

数组是一组按顺序排列的集合，集合的每个值称为元素。JavaScript 数组可以包括任意数据类型，例如：

```
[1, 2, 3.14, 'Hello', null, true];
```

上述数组包含 6 个元素。数组用"[]"表示，元素之间用","分隔。

还可以通过 Array()函数实现：

```
new Array(1, 2, 3); // 创建了数组[1, 2, 3]
```

数组的元素可以通过索引来访问，索引的起始值为 0：

```
var arr = [1, 2, 3.14, 'Hello', null, true];
arr[0]; // 返回索引为 0 的元素，即 1
arr[5]; // 返回索引为 5 的元素，即 true
arr[6]; // 索引超出了范围，返回 undefined
```

7. 对象

JavaScript 的对象是一组由键-值组成的无序集合，例如：

```
var person = {
    name: 'Tom',
    age: 20,
    tags: ['js', 'web', 'mobile'],
    city: 'Beijing',
    hasCar: true,
    code: null
};
```

JavaScript 对象的键都是字符串类型，值可以是任意数据类型。上述代码中 person 对象一共定义了 6 个键值对，其中每个键又称为对象的属性。例如，person 的 name 属性为'Tom'、code 属性为 null。所以要获取一个对象的属性，需要用对象变量属性名的方式：

```
person.name;    // 'Tom'
person.code;    // null
```

8. 变量

变量在 JavaScript 中就是用一个变量名表示的。变量可以是任意数据类型，变量名由大小写英文、数字、$和_的组合，但不能用数字开头，也不能是 JavaScript 的关键字，如 if、while 等。声明一个变量用 var 语句，如：

```
var a;              // 申明了变量 a，此时 a 的值为 undefined
var $b = 1;         // 申明了变量$b，同时给$b 赋值，此时$b 的值为 1
var s_007 = '007';  // s_007 是一个字符串
var Answer = true;  // Answer 是一个布尔值 true
var t = null;       // t 的值是 null
```

在 JavaScript 中，使用等号=对变量进行赋值。可以把任意数据类型赋值给变量，同一个变量可以反复赋值，而且可以是不同类型的变量，但是只能用 var 声明一次。例如：

```
var a = 123;     // a 的值是整数 123
a = 'ABC';       // a 变为字符串
```

由于变量本身类型不固定导致编辑的技术语言随之变化，其特点就是程序在运行时可以改变其结构。如新的函数可以被引进、已有的函数可以被删除等在结构上的变化，称之为动态语言，与之对应的是静态语言。静态语言在定义变量时必须指定变量类型，如果赋值的时候类型不匹配就会报错。如 Java 是静态语言，其赋值语句如下：

```
int a = 123;     // a 是整数类型变量，类型用 int 申明
a = "ABC";       // 错误：不能把字符串赋给整型变量
```

和静态语言相比，动态语言更灵活，就是这个原因。

请不要把赋值语句的等号等同于数学的等号，示例代码如下：

```
var x = 10;
x = x + 2;
```

如果从数学上理解 x = x + 2，那无论如何是不成立的。在程序中，赋值语句先计算右侧的表达式 x + 2，得到结果是 12，再赋给变量 x。由于 x 之前的值是 10，重新赋值后，x 的值变成 12。如果需要显示变量的内容，可以用 console.log(x)，打开 Chrome 的控制台就可以看到结果。

9. strict 模式

JavaScript 在设计之初，如果一个变量没有通过 var 申明就被使用，那么该变量就自动被声明为全局变量。在同一个页面不同的 JavaScript 文件中，如果都不用 var 申明，恰好都使用了变量 i，将造成变量 i 互相影响，产生难以调试的错误结果。使用 var 申明的变量则不是全局变量，它的范围被限制在该变量被申明的函数体内，同名变量在不同的函数体内互不冲突。为了解决这一问题，ECMA 在后续规范中推出了 strict 模式，在 strict 模式下运行的 JavaScript 代码，强制通过 var 申明变量，如果未使用 var 申明变量，将导致运行错误。启用 strict 模式的方法是在 JavaScript 代码的第一行写上：

```
'use strict';
```

10. 字符串

JavaScript 的字符串就是用 """ 或 """ 括起来的字符表示。

如果（'）本身也是一个字符，那就可以用 """ 括起来，如"I'm OK"包含的字符是 I、'、m、空格、O、K 这 6 个字符。如果字符串内部既包含"'"又包含"," 就可以使用转义字符\，如：

```
'I\'m \"OK\"!';
```

表示的字符串内容：I'm "OK"!

转义字符\可以转义很多字符，如\n 表示换行，\t 表示制表符，字符\本身也要转义，所以\\表示的字符就是\。ASCII 字符可以\x##形式的十六进制表示，如：

```
'\x41';          // 完全等同于 'A'
```

还可以用\u####表示一个 Unicode 字符:
'\u4e2d\u6587';   // 完全等同于 '中文'

11．多行字符串

由于多行字符串用\n写起来比较费事，所以最新的 ES6 标准新增了一种多行字符串的表示方法，用反引号 `` `...` `` 表示：

```
`这是一个
多行
字符串`;
```

12．操作字符串

字符串常见的操作如下：

```
var s = 'Hello, world!';
s.length; // 13
```

要获取字符串某个指定位置的字符，使用类似 array 的下标操作，索引号从 0 开始：

```
var s = 'Hello, world!';
s[0];       // 'H'
s[6];       // ' '
s[7];       // 'w'
s[12];      // '!'
s[13];      // undefined 超出范围的索引不会报错，但一律返回 undefined
```

需要特别注意的是，字符串是不可变的，如果对字符串的某个索引赋值，不会有任何错误，但是，也没有任何效果：

```
var s = 'Test';
s[0] = 'X';
alert(s); // s 仍然为'Test'
```

（1）toUpperCase

toUpperCase()的作用是把一个字符串全部变为大写，示例代码如下：

```
s.toLocaleUpperCase();
```

（2）toLowerCase

toLowerCase()的作用是把一个字符串全部变为小写，示例代码如下：

```
<html>
<head>
  <script >
    var s = 'Hello';
    alert("转大写"+s.toLocaleUpperCase());
    alert("转小写"+s.toLocaleLowerCase());
  </script>
</head>
<body>
```

```
...
</body>
</html>
```

（3）indexOf

indexOf()的作用是搜索指定字符串出现的位置：

```
var s = 'hello, world';
alert(s.indexOf('world'));     // 返回 7
alert(s.indexOf('World'));     // 没有找到指定的子串，返回-1
```

（4）substring

substring()用来返回指定索引区间的子串：

```
var s = 'hello, world'
s.substring(0, 5);     // 从索引 0 开始到 5（不包括 5），返回'hello'
s.substring(7);        // 从索引 7 开始到结束，返回'world'
```

13．数组

数组是有序的元素序列。若将有限个类型相同的变量集合命名，那么这个名称为数组名。组成数组的各个变量称为数组的分量，也称为数组的元素。在 JavaScript 中采用 array 命名，用以包含任意数据类型，并通过索引来访问每个元素。如果要取得 array 的长度，就直接访问 length 属性，示例代码如下：

```
var arr = [1, 2, 3.14, 'Hello', null, true];
arr.length; // 6
```

直接给 array 的 length 赋一个新值会导致 array 大小的变化：

```
var arr = [1, 2, 3];
arr.length; // 3
arr.length = 6;
arr; // arr 变为[1, 2, 3, undefined, undefined, undefined]
arr.length = 2;
arr; // arr 变为[1, 2]
```

array 可以通过索引把对应的元素修改为新值，因此，对 array 的索引进行赋值会直接修改这个 array：

```
var arr = ['A', 'B', 'C'];
arr[1] = 99;
arr; // arr 现在变为['A', 99, 'C']
```

如果通过索引赋值时，索引超过了范围，同样会引起 array 大小的变化：

```
var arr = [1, 2, 3];
arr[5] = 'x';
arr; // arr 变为[1, 2, 3, undefined, undefined, 'x']
```

值得一提的是，大多数编程语言是不允许直接改变数组大小的，越界访问索引会报错，但是 JavaScript 的 array 却不会有任何错误。在编写代码时，不建议直接修改 array 的大小，访问索引时要确保索引不会越界。与 string 类似，array 也可以通过 indexOf() 来搜索一个指定的元素位置：

```
var arr = [10, 20, '30', 'xyz'];
arr.indexOf(10);     // 元素 10 的索引为 0
arr.indexOf(20);     // 元素 20 的索引为 1
arr.indexOf(30);     // 元素 30 没有找到，返回-1
arr.indexOf('30');   // 元素'30'的索引为 2
```

（1）slice

slice()就是对应 string 的 substring()版本，它截取 array 的部分元素，然后返回一个新的 array：

```
var arr = ['A', 'B', 'C', 'D', 'E', 'F', 'G'];
 // 从索引 0 开始，到索引 3 结束，但不包括索引 3: ['A', 'B', 'C']
 alert(arr.slice(0, 3));
 // 从索引 3 开始到结束: ['D', 'E', 'F', 'G']
 alert(arr.slice(3));
```

slice()的起止参数包括开始索引，不包括结束索引。

如果不给 slice()传递任何参数，它就会从头到尾截取所有元素。利用这一特性，开发者可以很容易复制一个 array：

```
var arr = ['A', 'B', 'C', 'D', 'E', 'F', 'G'];
var aCopy = arr.slice();
aCopy;            // ['A', 'B', 'C', 'D', 'E', 'F', 'G']
aCopy === arr;    // false
```

（2）push 和 pop

push()向 array 的末尾添加若干元素，pop()则把 array 的最后一个元素删除掉，示例代码如下：

```
var arr = [1, 2];
arr.push('A', 'B');         // 返回 array 新的长度: 4
alert(arr); // [1, 2, 'A', 'B']
arr.pop(); // pop()返回'B'
alert(arr); // [1, 2, 'A']
arr.pop(); arr.pop(); arr.pop();    // 连续 pop 3 次
alert(arr); // []
arr.pop(); // 空数组继续 pop 不会报错，而是返回 undefined
alert(arr); // []
```

（3）unshift 和 shift

如果要往 array 的头部添加若干元素，可使用 unshift()方法；shift()方法则把 array 的第一个元素删掉，示例代码如下：

```
var arr = [1, 2];
arr.unshift('A', 'B');      // 返回 array 新的长度: 4
alert(arr);   // ['A', 'B', 1, 2]
arr.shift();  // 'A'
```

```
alert(arr);   // ['B', 1, 2]
arr.shift(); arr.shift(); arr.shift();    // 连续 shift 3 次
alert(arr);   // []
arr.shift();  // 空数组继续 shift 不会报错,而是返回 undefined
alert(arr);   // []
```

(4) sort

sort()可以对当前 array 进行排序,它会直接修改当前 array 的元素位置,直接调用时,按照默认顺序排序,示例代码如下:

```
var arr =['B','C','A'];
arr.sort();
alert(arr);//['A', 'B', 'C']
```

(5) reverse

reverse()的作用是把整个 array 元素反转,示例代码如下:

```
var arr = ['one', 'two', 'three'];
arr.reverse();
alert(arr); // ['three', 'two', 'one']
```

(6) splice

splice()方法从指定的索引开始删除若干元素,然后再从该位置添加若干元素,示例代码如下:

```
var arr = ['Microsoft', 'Apple', 'Yahoo', 'AOL', 'Excite', 'Oracle'];
// 从索引 2 开始删除 3 个元素,然后再添加 2 个元素:
arr.splice(2, 3, 'Google', 'Facebook'); // 返回删除的元素 ['Yahoo', 'AOL', 'Excite']
alert(arr); // ['Microsoft', 'Apple', 'Google', 'Facebook', 'Oracle']
// 只删除,不添加:
arr.splice(2, 2); // ['Google', 'Facebook']
alert(arr); // ['Microsoft', 'Apple', 'Oracle']
// 只添加,不删除:
arr.splice(2, 0, 'Google', 'Facebook'); // 返回[],因为没有删除任何元素
alert(arr); // ['Microsoft', 'Apple', 'Google', 'Facebook', 'Oracle']
```

(7) concat

concat()方法把当前的 array 和另一个 array 连接起来,并返回一个新的 array,但是 concat()方法并没有修改当前 array,而是返回了一个新的 array,示例代码如下:

```
var arr = ['A', 'B', 'C'];
var added = arr.concat([1, 2, 3]);
alert(added);      // ['A', 'B', 'C', 1, 2, 3]
alert(arr);        // ['A', 'B', 'C']
```

实际上,concat()方法可以接收任意元素和 array,并且自动把 array 拆开,然后全部添加到新的 array 里,示例代码如下:

```
var arr = ['A', 'B', 'C'];
arr.concat(1, 2, [3, 4]); // ['A', 'B', 'C', 1, 2, 3, 4]
```

(8) join

join()方法是一个非常实用的方法，可以把当前 array 的每个元素都用指定的字符串连接起来，然后返回连接后的字符串。如果 array 的元素不是字符串，将自动转换为字符串后再连接，示例代码如下：

```
var arr = ['A', 'B', 'C', 1, 2, 3];
alert(arr.join('-')); // 'A-B-C-1-2-3'
```

14．多维数组

如果数组的某个元素又是一个 array，则可以形成多维数组，例如：

```
var arr = [[1, 2, 3], [400, 500, 600], '-'];
```

上述 array 包含 3 个元素，其中头 2 个元素本身也是 array。

3.2.3 对象

JavaScript 的对象是一种无序的集合数据类型，它由若干键值对组成。

JavaScript 的对象用于描述现实世界中的某个对象。例如，为了描述公司新来的同事李明，可以用若干键值对来描述，示例代码如下：

```
var liming = {
    name: '李明',
    birth: 1990,
    school: 'No.1 Middle School',
    height: 1.70,
    weight: 65,
    score: null
};
```

JavaScript 用一个 {...} 表示一个对象，键值对以 xxx: xxx 形式申明，用","隔开。注意，最后一个键值对不需要在末尾加","，如果加了","有的浏览器（如低版本的 IE）将会报错。

上述对象申明了一个 name 属性，值是'李明'；birth 属性，值是 1990 及其他一些属性。最后，把这个对象赋值给变量 liming 后，就可以通过变量 liming 来获取李明的属性了，示例代码如下：

```
liming.name;    // '李明'
liming.birth;   // 1990
```

访问属性是通过"."操作符完成的，但这要求属性名必须是一个有效的变量名。如果属性名包含特殊字符，就必须用""括起来：

```
var xiaohong = {
    name: '小红',
    'middle-school': 'No.1 Middle School'
};
```

xiaohong 的属性名 middle-school 不是一个有效的变量，就需要用""括起来。访问这个属性也无法使用"."操作符，必须用['xxx']来访问：

```
xiaohong['middle-school'];      // 'No.1 Middle School'
xiaohong['name'];               // '小红'
xiaohong.name;                  // '小红'
```

也可以用 xiaohong['name'] 来访问 xiaohong 的 name 属性，不过 xiaohong.name 的写法更简洁。在编写 JavaScript 代码的时候，属性名尽量使用标准的变量名，这样就可以直接通过 object.prop 的形式访问一个属性了。

实际上 JavaScript 对象的所有属性都是字符串，不过属性对应的值可以是任意数据类型。但是如果访问一个不存在的属性，JavaScript 规定返回 undefined。由于 JavaScript 的对象是动态类型，开发者可以自由地给一个对象添加或删除属性，示例代码如下：

```
var liming = {
    name: '李明'
};
liming.age;                     // undefined
liming.age = 18;                // 新增一个 age 属性
liming.age;                     // 18
delete liming.age;              // 删除 age 属性
liming.age;                     // undefined
delete liming ['name'];         // 删除 name 属性
liming.name;                    // undefined
delete liming.school;           // 删除一个不存在的 school 属性也不会报错
```

如果需要检测 liming 是否拥有某一属性，可以用 in 操作符：

```
var liming = {
    name: '李明',
    birth: 1990,
    school: 'No.1 Middle School',
    height: 1.70,
    weight: 65,
    score: null
};
'name' in liming; // true
'grade' in liming; // false
```

如果 in 判断一个属性存在，这个属性不一定是 liming 的，它可能是 liming 继承得到的：

```
'toString' in liming; // true
```

因为 toString 定义在 object 对象中，而所有对象最终都会在原型链上指向 object，所以 liming 也拥有 toString 属性。

要判断一个属性是否为 liming 自身拥有的，而不是继承得到的，可以用 hasOwnProperty() 方法，示例代码如下：

```
var liming = {
    name: '李明'
};
alert(liming.hasOwnProperty('name')); // true
alert(liming.hasOwnProperty('toString')); // false
```

3.2.4 条件判断

条件语句是用来判断给定的条件是否满足（表达式值是否为0），并根据判断的结果（真或假）决定执行的语句，选择结构就是用条件语句来实现的，写程序时，常常需要指明多条执行路径，而在程序执行时，允许选择其中一条路径，或者说当给定条件成立时，则执行其中某语句。在高级语言中，一般都要有条件语句，JavaScript 使用 if () { ... } else { ... } 来进行条件判断。例如，根据年龄显示不同内容，可以用 if 语句实现，示例代码如下：

```javascript
var age = 20;
if (age >= 18) {         // 如果 age >= 18 为 true，则执行 if 语句块
    alert('adult');
} else {                 // 否则执行 else 语句块
    alert('teenager');
}
```

其中 else 语句是可选的。如果语句块只包含一条语句，那么可以省略{}，示例代码如下：

```javascript
var age = 20;
if (age >= 18)
    alert('adult');
else
    alert('teenager');
```

省略{}的危险之处在于，如果后来想添加一些语句，却忘了写{}，就改变了 if...else... 的语义，例如：

```javascript
var age = 20;
if (age >= 18)
    alert('adult');
else
    console.log('age < 18');     // 添加一行日志
    alert('teenager');           // <- 这行语句已经不在 else 的控制范围了
```

上述代码的 else 子句实际上只负责执行 console.log('age < 18');，原有的 alert('teenager');已经不属于 if...else... 的控制范围了，它每次都会执行。相反地，有{}的语句就不会出错：

```javascript
var age = 20;
if (age >= 18) {
    alert('adult');
} else {
    console.log('age < 18');
    alert('teenager');
}
```

如果还要更细致地判断条件，可以使用多个 if...else... 的组合：

```javascript
var age = 3;
if (age >= 18) {
    alert('adult');
} else if (age >= 6) {
```

```
        alert('teenager');
    } else {
        alert('kid');
    }
```

上述多个 if...else...的组合实际上相当于两层 if...else...：

```
var age = 3;
if (age >= 18) {
    alert('adult');
} else {
    if (age >= 6) {
        alert('teenager');
    } else {
        alert('kid');
    }
}
```

通常情况下把 else if 连写在一起来增加可读性。但是 if...else...语句的执行特点是二选一，所以在多个 if...else...语句中，如果某个条件成立，则后续就不再继续判断了。如果 if 的条件判断语句结果不是 true 或 false 的时候，例如：

```
var s = '123';
if (s.length) { // 条件计算结果为 3
    //
}
```

这时 JavaScript 则把 null、undefined、0、NaN 和空字符串视为 false，其他值一概视为 true，因此上述代码条件判断的结果是 true。

3.2.5 循环

如果要计算 1+2+3，通常可以直接写表达式：

```
1 + 2 + 3; // 6
```

但是，要计算 1+2+3+...+10000，直接写表达式显然不合适。为了让计算机能重复运算，就需要用循环语句。JavaScript 的循环有两种，一种是 for 循环，通过初始条件、结束条件和递增条件来循环执行语句块：

```
var x = 0;
var i;
for (i=1; i<=10000; i++) {
    x = x + i;
}
alert(x); // 50005000
```

for 循环的控制条件：i=1 这是初始条件，将变量 i 置为 1；i<=10000 这是判断条件，满足时就继续循环，不满足就退出循环；i++这是每次循环后的递增条件，由于每次循环后变量 i 都会加 1，因此它终将在若干次循环后不满足判断条件 i<=10000 而退出循环。for 循环最常用的地方是利用索引来遍历数组，示例代码如下：

```
var arr = ['Apple', 'Google', 'Microsoft'];
var i, x;
for (i=0; i<arr.length; i++) {
    x = arr[i];
    console.log(x);
}
```

for 循环的 3 个条件都是可以省略的,如果没有退出循环的判断条件,就必须使用 break 语句退出循环,否则就是死循环:

```
var x = 0;
for (;;) { // 将无限循环下去
    if (x > 100) {
        break; // 通过 if 判断来退出循环
    }
    x ++;
}
```

1. for ... in

for 循环的一个变体是 for ... in 循环,它可以把一个对象的所有属性依次循环出来:

```
var o = {
    name: 'Jack',
    age: 20,
    city: 'Beijing'
};
for (var key in o) {
    console.log(key); // 'name', 'age', 'city'
}
```

如果需要过滤掉对象继承的属性,则用 hasOwnProperty()来实现:

```
var o = {
    name: 'Jack',
    age: 20,
    city: 'Beijing'
};
for (var key in o) {
    if (o.hasOwnProperty(key)) {
        console.log(key); // 'name', 'age', 'city'
    }
}
```

由于 array 也是对象,而它的每个元素的索引被视为对象的属性,因此,for ... in 循环可以直接循环出 array 的索引:

```
var a = ['A', 'B', 'C'];
for (var i in a) {
    console.log(i); // '0', '1', '2'
```

```
    console.log(a[i]); // 'A', 'B', 'C'
}
```

2. while

for 循环在已知循环的初始和结束条件时非常有用。而上述忽略了条件的 for 循环容易让人看不清循环的逻辑，此时用 while 循环更佳。while 循环只有一个判断条件，条件满足时就不断循环；条件不满足时则退出循环。如要计算 100 以内所有奇数之和，可以用 while 循环实现，在循环内部变量 n 不断自减，直到变为-1 时，不再满足 while 条件，循环退出。

```
var x = 0;
var n = 99;
while (n > 0) {
    x = x + n;
    n = n - 2;
}
console.log(x);
```

3. do…while

最后一种循环是 do { ... } while()循环，它和 while 循环的唯一区别在于：不是在每次循环开始的时候判断条件，而是在每次循环完成的时候判断条件。用 do { ... } while()循环要小心，因为循环体会至少执行 1 次，而 for 和 while 循环则可能一次都不执行。

```
var n = 0;
do {
    n = n + 1;
} while (n < 100);

console.log(n); // 100
```

3.3 JavaScript 函数

函数是由事件驱动的或者当它被调用时执行的可重复使用的代码块。JavaScript 的函数同其他编程语言中的函数定义基本是一致的，都需要有函数名、参数和函数体。可以说在 JavaScript 中，大部分代码执行都是函数调用的结果，每次编写一段代码通常都会写入一个函数。

3.3.1 函数的定义与调用

1. 定义函数

在 JavaScript 中，定义函数的方式如下：

```
function abs(x) {
    if (x >= 0) {
        return x;
    } else {
```

```
        return -x;
    }
}
```

上述代码中，function 指出这是第一种函数定义的方式；abs 是函数的名称；(x)括号内列出函数的参数，多个参数以","分隔；{ ... }之间的代码是函数体，可以包含若干语句，甚至可以没有任何语句。但是函数体内部的语句一旦执行到 return 时，函数就执行完毕，并将结果返回。因此，函数内部通过条件判断和循环可以实现非常复杂的逻辑。如果没有 return 语句，函数执行完毕后也会返回结果，只是结果为 undefined。由于 JavaScript 的函数也是一个对象，上述定义的 abs()函数实际上是一个函数对象，而函数名 abs 可以视为指向该函数的变量。因此，第二种函数定义的方式如下，在这种方式中，function (x) { ... }是一个匿名函数，它没有函数名。但是，这个匿名函数赋值给了变量 abs，所以，通过变量 abs 就可以调用该函数，示例代码如下：

```
var abs = function (x) {
    if (x >= 0) {
        return x;
    } else {
        return -x;
    }
};
```

2．调用函数

计算机编译或运行时，使用某个函数来完成相关命令。对无参函数调用时则无实际参数表。实际参数表中的参数可以是常数、变量或其他构造类型数据及表达式。各实参之间用","分隔。调用函数时，按顺序传入参数即可，示例代码如下：

```
abs(10);      // 返回 10
abs(-9);      // 返回 9
```

由于 JavaScript 允许传入任意参数而不影响调用，因此传入参数比定义参数多也没有问题，虽然函数内部并不需要这些参数：

```
abs(10, '9999');              // 返回 10
abs(-9, 'ooo', 'aa', null);   // 返回 9
```

传入参数比定义少也没有问题：

```
abs(); // 返回 NaN
```

此时 abs(x)函数的参数 x 将收到 undefined，计算结果为 NaN。要避免收到 undefined，可以对参数进行检查：

```
function abs(x) {
    if (typeof x !== 'number') {
        throw 'Not a number';
    }
    if (x >= 0) {
        return x;
```

```
    } else {
        return -x;
    }
}
```

3. arguments

JavaScript 还有一个关键字 arguments，它只在函数内部起作用，并且永远指向当前函数调用者传入的所有参数。arguments 类似 array，但它不是一个 array：

```
function arg_test(x) {
    console.log('x = ' + x); // 10
    for (var i=0; i<arguments.length; i++) {
        console.log('arg ' + i + ' = ' + arguments[i]); // 10, 20, 30
    }
}
arg_test (10, 20, 30);
```

利用 arguments 可以获得调用者传入的所有参数。也就是说，即使函数不定义任何参数，也是可以拿到参数值的：

```
function abs() {
    if (arguments.length === 0) {
        return 0;
    }
    var x = arguments[0];
    return x >= 0 ? x : -x;
}
abs(); // 0
abs(10); // 10
abs(-9); // 9
```

实际上 arguments 最常用于判断传入参数的个数，可能会看到这样的写法：

```
// foo(a[, b], c)
// 接收 2~3 个参数，b 是可选参数，如果只传 2 个参数，b 默认为 null：
function arg_test(a, b, c) {
    if (arguments.length === 2) {
        // 实际拿到的参数是 a 和 b，c 为 undefined
        c = b; // 把 b 赋给 c
        b = null; // b 变为默认值
    }
    // ...
}
```

要把中间参数 b 变为"可选"参数，就只能通过 arguments 判断，然后重新调整参数并赋值。

4. rest 参数

用来接收函数的多余参数，组成一个数组，放在形参的最后，前面用...标识，如果传入的参数先绑定两个变量,则多余的参数以数组形式交给变量 rest,因此在形式上不再需要 arguments 就获取了全部参数。

3.3.2 变量作用域与解构赋值

如果一个变量在函数体内部声明,则整个函数体为该变量的变量作用域,在函数体外不可引用该变量,示例代码如下:

```
'use strict';
function scope_test() {
    var x = 1;
    x = x + 1;
}
x = x + 2; // ReferenceError! 无法在函数体外引用变量 x
```

如果两个不同的函数各自申明了同一个变量,那么该变量只在各自的函数体内起作用。换句话说,不同函数内部的同名变量互相独立,互不影响:

```
'use strict';
function scope_test1() {
    var x = 1;
    x = x + 1;
}
function scope_test2() {
    var x = 'A';
    x = x + 'B';
}
```

由于 JavaScript 的函数可以嵌套,此时,内部函数可以访问外部函数定义的变量,反过来则不行:

```
'use strict';
function scope_outter() {
    var x = 1;
    function scope_inner() {
        var y = x + 1;      // bar 可以访问 foo 的变量 x!
    }
    var z = y + 1;          // ReferenceError! foo 不可以访问 bar 的变量 y!
}
```

在使用时如果内部函数和外部函数的变量重名,则 JavaScript 的函数在查找变量时由自身函数定义开始,从"内"向"外"查找。如果内部函数定义了与外部函数重名的变量,则内部函数的变量将"屏蔽"外部函数的变量。

1. 变量提升

变量提升即将变量声明提升到其作用域的最开始部分。JavaScript 的函数定义会先扫描整个函数体的语句,把所有声明的变量"提升"到函数顶部,因此在函数内部定义变量时,必须首先声明所有变量。

2. 全局作用域

不在任何函数内定义的变量就具有全局作用域。实际上，JavaScript 默认有一个全局对象 window，全局作用域的变量被绑定到 window 的一个属性：

```javascript
'use strict';
var course = 'Learn JavaScript';
alert(course);              // 'Learn JavaScript'
alert(window.course);       // 'Learn JavaScript'
```

因此，直接访问全局变量 course 和访问 window.course 是完全一样的。由于函数定义有两种方式，以变量方式 var foo = function () {} 定义的函数实际上也是一个全局变量，因此，全局函数的定义也被视为一个全局变量，并绑定到 window 对象。

3. 名字空间

名字空间的存在是为了解决一个问题，当全局变量绑定到 window 上，不同的 JavaScript 文件如果使用了相同的全局变量，或者定义了相同名字的顶层函数，都会造成命名冲突，并且很难被发现，减少冲突的一个方法是把所有变量和函数全部绑定到一个全局变量中，示例代码如下：

```javascript
// 唯一的全局变量 MYAPP:
var MYAPP = {};
// 其他变量:
MYAPP.name = 'myapp';
MYAPP.version = 1.0;
// 其他函数:
MYAPP.scope_test = function () {
    return 'scope';
};
```

在上述代码中可以看到，把自己的代码全部放入唯一的名字空间 myapp 中，会大大减少全局变量冲突的可能。

4. 局部作用域

由于 JavaScript 的变量作用域是在函数内部进行规划的，在 for 循环等语句块中是无法定义具有局部作用域的变量的；为了解决块级作用域，ES6 引入了新的关键字 let，用 let 替代 var 可以声明一个块级作用域的变量：

```javascript
'use strict';
function scope_test() {
    var sum = 0;
    for (let i=0; i<100; i++) {
        sum += i;
    }
    // SyntaxError:
    i += 1;
}
```

5. 常量

由于 var 和 let 声明的是变量，如果要声明一个常量，在 ES6 之前是不行的，通常用全部大写的变量来表示，示例代码如下：

```
var PI = 3.14;
```

因此，ES6 标准引入了新的关键字 const 来定义常量，const 与 let 都具有块级作用域：

```
'use strict';
const PI = 3.14;
PI = 3;      // 某些浏览器不报错，但是无效果！
PI;          // 3.14
```

6. 解构赋值

从 ES6 开始，JavaScript 引入了解构赋值，可以同时对一组变量进行赋值。

直接对多个变量同时赋值：对数组元素进行解构赋值时，多个变量要用[...]括起来。如果数组本身还有嵌套，也可以通过下面的形式进行解构赋值，注意嵌套层次和位置要保持一致：

```
let [x, [y, z]] = ['hello', ['JavaScript', 'ES6']];
x; // 'hello'
y; // 'JavaScript'
z; // 'ES6'
```

解构赋值还可以忽略某些元素：

```
let [, , z] = ['hello', 'JavaScript', 'ES6'];   // 忽略前两个元素，只对 z 赋值第三个元素
z;                                              // 'ES6'
```

如果需要从一个对象中取出若干属性，也可以使用解构赋值，便于快速获取对象的指定属性：

```
'use strict';
var person = {
    name: '李明',
    age: 20,
    gender: 'male',
    passport: 'G-12345678',
    school: 'No.4 middle school'
};
var {name, age, passport} = person;
```

对一个对象进行解构赋值时，同样可以直接对嵌套的对象属性进行赋值，只要保证对应的层次一致即可，示例代码如下：

```
var person = {
    name: '李明',
    age: 20,
    gender: 'male',
    passport: 'G-12345678',
    school: 'No.4 middle school',
```

```
        address: {
            city: 'Beijing',
            street: 'No.1 Road',
            zipcode: '100001'
        }
};
var {name, address: {city, zip}} = person;
name;       // '李明'
city;       // 'Beijing'
zip;        // undefined, 因为属性名是 zipcode 而不是 zip
// 注意: address 不是变量,而是为了让 city 和 zip 获得嵌套的 address 对象的属性:
address;    // Uncaught ReferenceError: address is not defined
```

使用解构赋值向对象属性进行赋值时,如果对应的属性不存在,变量将被赋值为 undefined,这个方法和引用一个不存在的属性获得 undefined 是一致的。如果要使用的变量名和属性名不一致,可以用以下的语法获取:

```
var person = {
    name: '李明',
    age: 20,
    gender: 'male',
    passport: 'G-12345678',
    school: 'No.4 middle school'
};
// 把 passport 属性赋值给变量 id:
let {name, passport:id} = person;
name; // '李明'
id; // 'G-12345678'
// 注意: passport 不是变量,而是为了让变量 id 获得 passport 属性:
passport; // Uncaught ReferenceError: passport is not defined
```

解构赋值还可以使用默认值,这样就避免了不存在的属性返回 undefined 的问题:

```
var person = {
    name: '李明',
    age: 20,
    gender: 'male',
    passport: 'G-12345678'
};
// 如果 person 对象没有 single 属性,默认赋值为 true:
var {name, single=true} = person;
name; // '李明'
single; // true
```

有些情况,如果变量已经被声明了,再次赋值的时候,写法正确也会报语法错误:

```
// 声明变量:
var x, y;
// 解构赋值:
{x, y} = { name: '李明', x: 100, y: 200};
```

```
// 语法错误: Uncaught SyntaxError: Unexpected token =
```

这是因为 JavaScript 引擎把{开头的语句当作了块处理，于是=不再合法。解决方法是用小括号括起来：

```
({x, y} = { name: '李明', x: 100, y: 200});
```

7．使用场景

解构赋值在很多时候可以大大简化代码。例如，交换两个变量 x 和 y 的值，可以按照如下方式：

```
var x=1, y=2;
[x, y] = [y, x]
```

快速获取当前页面的域名和路径：

```
var {hostname:domain, pathname:path} = location;
```

如果一个函数接收一个对象作为参数，那么，可以使用解构直接把对象的属性绑定到变量中。例如，下面的函数可以快速创建一个 date 对象：

```
function buildDate({year, month, day, hour=0, minute=0, second=0}) {
    return new Date(year + '-' + month + '-' + day + ' ' + hour + ':' + minute + ':' + second);
}
```

它的方便之处在于传入的对象只需要 year、month 和 day 这三个属性：

```
buildDate({ year: 2017, month: 1, day: 1 });
// Sun Jan 01 2017 00:00:00 GMT+0800 (CST)
```

也可以传入 hour、minute 和 second 属性：

```
buildDate({ year: 2017, month: 1, day: 1, hour: 20, minute: 15 });
// Sun Jan 01 2017 20:15:00 GMT+0800 (CST)
```

使用解构赋值可以减少代码量，但是，需要在支持 ES6 解构赋值特性的现代浏览器中才能正常运行。目前支持解构赋值的浏览器包括 Chrome、Firefox、Edge 等。

3.3.3 方法

在一个对象中绑定函数称为这个对象的方法。在 JavaScript 中，方法的定义如下：

```
var liming = {
    name: '李明',
    birth: 1990
};
```

如果给 liming 绑定一个函数，就可以实现更多的功能。如写 age()方法，返回 liming 的年龄：

```
var liming= {
    name: '李明',
    birth: 1990,
    age: function () {
```

```
        var y = new Date().getFullYear();
        return y - this.birth;
    }
};
liming.age;      // function liming.age()
liming.age();    // 今年调用是 28, 明年调用就变成 29 了
```

从以上代码中可以看出,绑定到对象上的函数即为方法,它在内部使用了一个 this 关键字,在一个方法内部,this 是一个特殊变量,它始终指向当前对象,也就是 liming 这个变量。所以,this.birth 可以拿到 liming 的 birth 属性。

虽然在一个独立的函数调用中,根据是否为 strict 模式,this 指向 undefined 或 window,但是开发者还是可以控制 this 的指向的,要指定函数的 this 指向哪个对象,可以用函数本身的 apply 方法,它接收两个参数,第一个参数就是需要绑定的 this 变量;第二个参数是 array,表示函数本身的参数。用 apply 修复 getAge()调用:

```
function getAge() {
    var y = new Date().getFullYear();
    return y - this.birth;
}
var liming = {
    name: '李明',
    birth: 1990,
    age: getAge
};
liming.age(); // 28
getAge.apply(liming, []); // 28, this 指向 liming, 参数为空
```

3.3.4 高阶函数

JavaScript 的函数都指向某个变量。既然变量可以指向函数,函数的参数同样可以接收变量,那么一个函数就可以接收另一个函数作为参数,这种函数就称之为高阶函数,示例代码如下:

```
function add(x, y, f) {
    return f(x) + f(y);
}
```

当调用 add(-5, 6, Math.abs)时,参数 x、y 和 f 分别接收-5、6 和函数 Math.abs,根据函数定义,可以推导其计算过程为:

```
x = -5;
y = 6;
f = Math.abs;
f(x) + f(y) ==> Math.abs(-5) + Math.abs(6) ==> 11;
return 11;
```

1. sort

array 的 sort()方法就是用于排序的,这是在程序中经常用到的算法,比较的过程必须通

过函数的抽象来完成。sort()方法同时也是一个高阶函数,它还可以通过接收一个比较函数来实现自定义的排序。如果需要按数字大小排序,则示例代码如下:

```javascript
'use strict';
var arr = [10, 20, 1, 2];
arr.sort(function (x, y) {
    if (x < y) {
        return -1;
    }
    if (x > y) {
        return 1;
    }
    return 0;
});
console.log(arr); // [1, 2, 10, 20]
```

如果倒序排序,则可以把大的数值放到前面:

```javascript
var arr = [10, 20, 1, 2];
arr.sort(function (x, y) {
    if (x < y) {
        return 1;
    }
    if (x > y) {
        return -1;
    }
    return 0;
}); // [20, 10, 2, 1]
```

2. setTimeout

setTimeout(code, millisec)方法用于在指定的毫秒数后调用函数或计算表达式,是属于window的method方法,设定时间就会执行一个指定的method。

其中,code 为调用函数后要执行的 JavaScript 代码串;millisec 为在执行代码前需等待的毫秒数,这两个参数都必须存在。在使用中需要注意:①1000ms=1s;②如果只需要重复执行,则可以使用 setInterval() 方法;③使用 clearTimeout() 方法来阻止函数的执行。

3. setInterval()

setInterval()方法可按照指定的周期(ms)来调用函数或计算表达式。由 setInterval()返回的 ID 值可用作 clearInterval()方法的参数,在使用的时候该方法会不停地调用函数,直到 clearInterval()被调用或窗口被关闭,其语法格式如下:

```
setInterval(code,millisec[,"lang"])
```

其中两个参数在使用的时候都必须要有赋值,code 是要调用的函数或要执行的代码串。Millisec 是周期性执行或调用 code 之间的时间间隔,以 ms 计,示例代码如下:

```html
<html>
<body>
```

```
<input type="text" id="clock" size="35" />
<script language=javascript>
var int=self.setInterval("clock()",50)
function clock()
  {
  var t=new Date()
  document.getElementById("clock").value=t
  }
</script>
</form>
<button onclick="int=window.clearInterval(int)">
Stop interval</button>
</body>
</html>
```

4. 闭包

高阶函数除了可以接受函数作为参数外,还可以把函数作为结果值返回,称为闭包。下面以求和的函数代码为例进行说明,通常求和的方式如下:

```
function sum(arr) {
    return arr.reduce(function (x, y) {
        return x + y;
    });
}
sum([1, 2, 3, 4, 5]); // 15
```

但是,如果不需要立刻求和,而是在后面的代码中根据需要计算,要求返回求和的函数,则示例代码如下:

```
function lazy_sum(arr) {
    var sum = function () {
        return arr.reduce(function (x, y) {
            return x + y;
        });
    }
    return sum;
}
```

以上可以看出当调用 lazy_sum()时,返回的并不是求和结果,而是求和函数:

```
var f = lazy_sum([1, 2, 3, 4, 5]); // function sum()
```

只有当调用函数 f 时,才能真正计算求和的结果:

```
f(); // 15
```

由以上示例可以看出,在函数 lazy_sum 中定义了函数 sum,并且内部函数 sum 可以引用外部函数 lazy_sum 的参数和局部变量,当 lazy_sum 返回函数 sum 时,相关参数和变量都保存在返回的函数中,可见这种称为闭包的程序结构极好。

请再注意一点，当调用 lazy_sum()时，每次调用都会返回一个新的函数，即使传入相同的参数：

```
var f1 = lazy_sum([1, 2, 3, 4, 5]);
var f2 = lazy_sum([1, 2, 3, 4, 5]);
f1 === f2; // false
```

f1()和f2()的调用结果互不影响。在以上示例中，返回的函数在其定义内部引用了局部变量 arr，所以，当一个函数返回了一个函数后，其内部的局部变量还会被新函数引用。

但是还有一种情况，返回的函数并没有立刻执行，而是直到调用了 f()才执行，示例代码如下：

```
function count() {
    var arr = [];
    for (var i=1; i<=3; i++) {
        arr.push(function () {
            return i * i;
        });
    }
    return arr;
}
var results = count();
var f1 = results[0];
var f2 = results[1];
var f3 = results[2];
```

从上面的例子中可以看到，每次循环都创建了一个新的函数，然后，把创建的 3 个函数都添加到一个 array 中返回了。由此可能产生一个误解，认为调用 f1()、f2()和 f3()结果应该是 1、4、9，但实际结果是：

```
f1(); // 16
f2(); // 16
f3(); // 16
```

全部都是 16！原因在于返回的函数引用了变量 i，但它并非立刻执行，而是等到 3 个函数都返回时才进行调用，它们所引用的变量 i 已经变成了 4，因此最终结果为 16。由此可见，返回函数不要引用任何循环变量，或者后续会发生变化的变量。

如果一定要引用循环变量，则需要再创建一个函数，用该函数的参数绑定循环变量当前的值，无论该循环变量后续如何更改，已绑定到函数参数的值不变。

在面向对象的程序设计语言里，如 Java 和 C++，要在对象内部封装一个私有变量，可以用 private 修饰一个成员变量。如果在没有 class 机制，只有函数的情况下，借助闭包，同样可以封装一个私有变量。用 JavaScript 创建一个计数器，示例代码如下：

```
'use strict';
function create_counter(initial) {
    var x = initial || 0;
    return {
        inc: function () {
```

```
            x += 1;
            return x;
        }
    }
}
```

运行如下：

```
var c1 = create_counter();
c1.inc(); // 1
c1.inc(); // 2
c1.inc(); // 3
var c2 = create_counter(10);
c2.inc(); // 11
c2.inc(); // 12
c2.inc(); // 13
```

在返回的对象中，实现了一个闭包，该闭包携带了局部变量 x，并且，从外部代码根本无法访问到变量 x。可见闭包就是携带状态的函数，并且它的状态可以完全对外隐藏起来。另外，闭包还可以把多参数的函数变成单参数的函数。例如，要计算 xy 可以用 Math.pow(x, y) 函数，因为经常用到计算 x2 或 x3，可以利用闭包创建新的函数 pow2 和 pow3：

```
'use strict';
function make_pow(n) {
    return function (x) {
        return Math.pow(x, n);
    }
}
// 创建两个新函数:
var pow2 = make_pow(2);
var pow3 = make_pow(3);
console.log(pow2(5)); // 25
console.log(pow3(7)); // 343 窗体底端
```

3.4　JavaScript 常用对象

JavaScript 中的所有事物都是对象：字符串、数值、数组、函数……常用对象即在编码过程中经常用到的方法，由此使得编程更加迅速快捷。

3.4.1　math 对象

1．min()方法和 max()方法

math.min()用于确定一组数值中的最小值。math.max()用于确定一组数值中的最大值。

```
alert(Math.min(2,4,3,6,3,8,0,1,3));          //最小值
alert(Math.max(4,7,8,3,1,9,6,0,3,2));        //最大值
```

2. 舍入方法

math.ceil()执行向上舍入，即它总是将数值向上舍入为最接近的整数；
math.floor()执行向下舍入，即它总是将数值向下舍入为最接近的整数；
math.round()执行标准舍入，即它总是将数值四舍五入为最接近的整数。
示例代码如下：

```
alert(Math.ceil(25.9));           //26
alert(Math.ceil(25.5));           //26
alert(Math.ceil(25.1));           //26
alert(Math.floor(25.9));          //25
alert(Math.floor(25.5));          //25
alert(Math.floor(25.1));          //25
alert(Math.round(25.9));          //26
alert(Math.round(25.5));          //26
alert(Math.round(25.1));          //25
```

3. random()方法

math.random()方法返回介于 0～1 之间的一个随机数，不包括 0 和 1。如果想大于这个范围的话，可以套用一下公式：

```
值 = Math.floor(Math.random() * 总数 + 第一个值)
```

例如：

```
alert(Math.floor(Math.random() * 10 + 1));              //随机产生 1～10 之间的任意数
for (var i = 0; i<10;i ++) {
    document.write(Math.floor(Math.random() * 10 + 5));  //5～14 之间的任意数
    document.write('<br />');
}
```

为了更方便地传递范围，可以写成函数：

```
function selectFrom(lower, upper) {
    var sum = upper - lower + 1;                        //总数-第一个数+1
    return Math.floor(Math.random() * sum + lower);
}
for (var i=0 ;i<10;i++) {
    document.write(selectFrom(5,10));                   //直接传递范围即可
    document.write('<br />');
}
```

3.4.2 date 对象

在 JavaScript 中，date 对象用来表示日期和时间，如果需要获取系统当前时间，用法示例代码如下：

```
var now = new Date();
now; // Wed Jun 24 2018 19:49:22 GMT+0800 (CST)
now.getFullYear();            // 2018，年份
```

```
now.getMonth();           // 5，月份，注意月份范围是 0～11，5 表示六月
now.getDate();            // 24，表示 24 日
now.getDay();             // 3，表示星期三
now.getHours();           // 19，表示 24 小时制
now.getMinutes();         // 49，表示分钟
now.getSeconds();         // 22，表示秒
now.getMilliseconds();    // 875，表示毫秒数
now.getTime();            // 1435146562875，以 number 形式表示的时间戳
```

当前时间是浏览器从本机操作系统获取的时间，所以不一定准确，因为用户可以把当前时间设定为任何值。如果要创建一个指定日期和时间的 date 对象，示例代码如下：

```
var d = new Date(2018, 5, 19, 20, 15, 30, 123);
d; // Fri Jun 19 2018 20:15:30 GMT+0800 (CST)
```

在以上的代码中，月份范围用整数表示为 0～11，0 表示一月，1 表示二月……所以要表示 8 月，传入的是 7！JavaScript 的 date 对象月份值从 0 开始，牢记 0=1 月，1=2 月，2=3 月，……11=12 月。

还可以创建一个指定日期和时间的方法，它是解析一个符合 ISO 8601 格式的字符串：

```
var d = Date.parse('2018-08-17T03:37:31.057Z');
d; // 1534477051057
```

但它返回的不是 date 对象，而是一个时间戳。不过有时间戳就可以很容易把它转换为一个 date：

```
var d = new Date(1534477051057);
d; //2018-08-17T03:37:31.057Z
d.getMonth(); // 7
```

使用 date.parse()时传入的字符串使用实际月份值为 01～12，转换为 date 对象后 getMonth()获取的月份值为 0～11。

时区

date 对象表示的时间总是按浏览器所在时区显示的，同时可以显示调整后的 UTC 时间，而且任何浏览器都可以把一个时间戳正确转换为本地时间。

```
var d = new Date(1534477051057);
```

d.toLocaleString(); // 8/17/2018, 11:37:31 AM 本地时间（北京时区+8:00），显示的字符串与操作系统设定的格式有关。

d.toUTCString(); // Fri, 17 Aug 2018 03:37:31 GMT，UTC 时间，与本地时间相差 8 小时。

时间戳是一个自增的整数，它表示从 1970 年 1 月 1 日零时整的 GMT 时区开始的那一刻，到现在的毫秒数。所以，时间戳可以精确地表示一个时刻，并且与时区无关。所以，只需要传递时间戳，或者把时间戳从数据库里读出来，再让 JavaScript 自动转换为当地时间就可以了。

要获取当前时间戳，可以用下列代码实现：

```
'use strict';
```

```
    if (Date.now) {
        console.log(Date.now());  // 老版本 IE 没有 now()方法
    } else {
        console.log(new Date().getTime());
    }
```

3.4.3　RegExp

　　字符串是编程时涉及最多的一种数据结构，对字符串进行操作的需求几乎无处不在。如判断一个字符串是否为合法的 Email 地址，虽然可以编程提取@前后的子串，再分别判断是否为单词和域名，但这样做不但麻烦，而且代码难以复用。而正则表达式正好可以完整地处理这类问题，它是一种用来匹配字符串的常用方法。其设计思想是用一种描述性的语言来给字符串定义一个规则，凡是符合规则的字符串，就认为它合法，否则，该字符串就是不合法的。判断一个字符串是否合法的 Email 过程如下：

（1）创建一个匹配 Email 的正则表达式；

（2）用该正则表达式去匹配用户的输入来判断是否合法。

　　因为正则表达式也是用字符串表示的，需要先了解如何用字符来描述字符。

　　在正则表达式中，如果直接给出字符，就是精确匹配。用\d 可以匹配一个数字，\w 可以匹配一个字母或数字，以下是多种匹配方式：

'00\d'可以匹配'007'，但无法匹配'00A'；
'\d\d\d'可以匹配'010'；
'\w\w'可以匹配'js'；
.可以匹配任意字符，所以：
'js.'可以匹配'jsp'、'jss'、'js!'等。

　　要匹配变长的字符，可在正则表达式中，用*表示任意字符（包括 0 个），用"+"表示至少一个字符，用"?"表示 0 个或 1 个字符，用"{n}"表示 n 个字符，用"{n,m}"表示 n～m 个字符：

　　假如需要匹配：\d{3}\s+\d{3,8}。从左到右解读一下：

\d{3}表示匹配 3 个数字，如'010'；
\s 可以匹配一个空格（也包括 Tab 等空白符），所以\s+表示至少有一个空格，如匹配' '、'\t\t'等；
\d{3,8}表示 3～8 个数字，如'1234567'。

　　综合起来，上面的正则表达式可以匹配以任意空格隔开的带区号的电话号码。如果要匹配'010-12345'这样的号码，由于'-'是特殊字符，则在正则表达式中，要用'\'转义，所以，上面的正则是\d{3}\-\d{3,8}。但是，如果出现带有空格的情况，则需要更复杂的匹配方式。要做更精确的匹配，可以用[]表示范围，如：

[0-9a-zA-Z_]可以匹配一个数字、字母或者下画线；
[0-9a-zA-Z_]+可以匹配至少由一个数字、字母或者下画线组成的字符串，如'a100'、'0_Z'、'js2015'等；
[a-zA-Z_\$][0-9a-zA-Z_\$]*可以匹配由字母或下画线、$开头，后接任意由一个数字、字母或者下画线、$组成的字符串，也就是 JavaScript 允许的变量名；
[a-zA-Z_\$][0-9a-zA-Z_\$]{0,19}更精确地限制了变量的长度是 1～20 个字符（前面 1 个字符+后面最多 19 个字符）；
A|B 可以匹配 A 或 B，所以(J|j)ava(S|s)cript 可以匹配'JavaScript'、'Javascript'、'javaScript'或者'javascript'；

^表示行的开头，^\d 表示必须以数字开头；
$表示行的结束，\d$表示必须以数字结束；

JavaScript 有两种方式创建一个正则表达式：

第一种方式是直接通过/正则表达式/写出来，第二种方式是通过 new RegExp（'正则表达式'）创建一个 RegExp 对象。

两种写法的作用一样：

```
var re1 = /ABC\-001/;
var re2 = new RegExp('ABC\\-001');
re1; // /ABC\-001/
re2; // /ABC\-001/
```

但是如果使用第二种写法，因为字符串的转义问题，字符串的两个\\实际上是一个\。

```
var re = /^\d{3}\-\d{3,8}$/;
re.test('010-12345'); // true
re.test('010-1234x'); // false
re.test('010 12345'); // false
```

RegExp 对象的 test()方法用于测试给定的字符串是否符合条件。

用正则表达式切分字符串比用固定的字符更灵活：

```
'a b   c'.split(' '); // ['a', 'b', '', '', 'c']
```

如无法识别连续的空格，可用正则表达式试试：

```
'a b   c'.split(/\s+/); // ['a', 'b', 'c']
```

无论多少个空格都可以正常地分隔加入：

```
'a,b, c  d'.split(/[\s\,]+/); // ['a', 'b', 'c', 'd']
```

再加入; 'a,b;; c d'.split(/[\s\,\;]+/); // ['a', 'b', 'c', 'd']

如果用户输入了一组标签，下次记得用正则表达式把不规范的输入转化成正确的数组。

除了简单判断是否匹配之外，正则表达式还有提取子串的强大功能。用()表示目前要提取的分组，如：

^(\d{3})-(\d{3,8})$分别定义了两个组，可以直接从匹配的字符串中提取出区号和本地号码：

```
var re = /^(\d{3})-(\d{3,8})$/;
re.exec('010-12345'); // ['010-12345', '010', '12345']
re.exec('010 12345'); // null
```

如果正则表达式中定义了组，就可以在 RegExp 对象上用 exec()方法提取出子串来。exec()方法在匹配成功后，会返回一个 array，第一个元素是正则表达式匹配到的整个字符串；后面的字符串表示匹配成功的子串；exec()方法在匹配失败时返回 null。当需要提取子串时，示例代码如下：

```
var re = /^(0[0-9]|1[0-9]|2[0-3]|[0-9])\:(0[0-9]|1[0-9]|2[0-9]|3[0-9]|4[0-9]|5[0-9]|[0-9])\:(0[0-9]|1[0-9]|2[0-9]|3[0-9]|4[0-9]|5[0-9]|[0-9])$/;
```

```
re.exec('19:05:30'); // ['19:05:30', '19', '05', '30']
```

需要特别指出的是,正则匹配默认的是贪婪匹配,即匹配尽可能多的字符,举例如下,需要匹配出数字后面的 0:

```
var re = /^(\d+)(0*)$/;
re.exec('102300'); // ['102300', '102300', '']
```

由于\d+采用贪婪匹配,直接把后面的 0 全部匹配了,结果 0*只能匹配空字符串了。必须让\d+采用非贪婪匹配(也就是尽可能少匹配),才能把后面的 0 匹配出来,加个"?"就可以让\d+采用非贪婪匹配:

```
var re = /^(\d+?)(0*)$/;
re.exec('102300'); // ['102300', '1023', '00']
```

另外,正则表达式还有几个特殊的标志,最常用的是 g,表示全局匹配:

```
var r1 = /test/g;
// 等价于:
var r2 = new RegExp('test', 'g');
```

全局匹配可以多次执行 exec()方法来搜索一个匹配的字符串。当指定 g 标志后,每次运行 exec(),正则表达式本身都会更新 lastIndex 属性,表示上次匹配到的最后索引:

```
var s = 'JavaScript, VBScript, JScript and ECMAScript';
var re=/[a-zA-Z]+Script/g;
// 使用全局匹配:
re.exec(s);        // ['JavaScript']
re.lastIndex;      // 10
re.exec(s);        // ['VBScript']
re.lastIndex;      // 20
re.exec(s);        // ['JScript']
re.lastIndex;      // 29
re.exec(s);        // ['ECMAScript']
re.lastIndex;      // 44
re.exec(s);        // null,直到结束仍没有匹配到
```

3.4.4 JSON

JSON 是 JavaScript Object Notation 的缩写,它是一种数据交换格式。

在 JSON 出现之前,大家一直用 XML 来传递数据。但是,随着 DTD、XSD、XPath、XSLT 等复杂的规范出现后,应用就变得非常复杂不便。所以在 2002 年道格拉斯·克罗克福特(Douglas Crockford)发明了 JSON 这种超轻量级的数据交换格式。他设计的 JSON 实际上是 JavaScript 的一个子集,数据类型如下。

number:指和 JavaScript 的 number 完全一致;
boolean:指 JavaScript 的 true 或 false;
string:指 JavaScript 的 string;
null:指 JavaScript 的 null;
array:指 JavaScript 的 array 表示方式——[];

object：指 JavaScript 的 { ... } 表示方式。

以上的数据可以任意组合，并且 JSON 还规定字符集必须是 UTF-8，为了统一解析，JSON 的字符串规定必须用双引号""，Object 的键也必须用双引号""。可见 JSON 非常简单，当它成为 ECMA 标准后，几乎所有编程语言都有解析 JSON 的库，而在 JavaScript 中，完全可以直接使用 JSON，因为 JavaScript 内置了 JSON 的解析。

把任何 JavaScript 对象变成 JSON，就是把这个对象序列化成一个 JSON 格式的字符串，这样才能够通过网络传递给其他计算机。如果收到一个 JSON 格式的字符串，只需要把它反序列化成一个 JavaScript 对象，就可以在 JavaScript 中直接使用这个对象了。

序列化即将对象的状态信息转换为可以存储或传输的形式过程。其作用是在使用的时候将其当前状态写入到临时或持久性存储区以后，可以通过从存储区中读取或反序列化对象的状态，重新创建该对象。通常情况下，对象实例的所有字段都会被序列化，由此可见数据会被表示为实例的序列化数据。以下举例说明：把小明这个对象序列化成 JSON 格式的字符串。

```
'use strict';
var lihua= {
    name: '小明 ',
    age: 14,
    gender: true,
    height: 1.65,
    grade: null,
    'middle-school': '\"W3C\" Middle School',
    skills: ['HTML', 'Java', 'C++', 'React']
};
```

按缩进输出：

```
JSON.stringify(lihua, null, '   ');
```

结果：

```
{
  "name": "李华",
  "age": 14,
  "gender": true,
  "height": 1.65,
  "grade": null,
  "middle-school": "\"W3C\" Middle School",
  "skills": [
    "HTML",
    "Java",
    "C++",
    "React"
  ]
}
```

第二个参数用于控制如何筛选对象的键值，如果只需要输出指定的属性，可以传入 array：

```
JSON.stringify(lihua, ['name', 'skills'], '   ');
```

结果：

```
{
    "name": "李华",
    "skills": [
        "HTML",
        "Java",
        "C++",
        "React"
    ]
}
```

同样可以传入一个函数，这样对象的每个键值对都会被函数先处理：

```
function convert(key, value) {
    if (typeof value === 'string') {
        return value.toUpperCase();
    }
    return value;
}
JSON.stringify(lihua, convert, '    ');
```

以上的代码把所有属性值都变成了大写：

```
{
    "name": "李华",
    "age": 14,
    "gender": true,
    "height": 1.65,
    "grade": null,
    "middle-school": "\"W3C\" MIDDLE SCHOOL",
    "skills": [
        "HTML",
        "JAVA",
        "C++",
        "REACT"
    ]
}
```

如果需要精确控制如何序列化小明，可以给 lihua 定义一个 toJSON()的方法，直接返回 JSON 应该序列化的数据：

```
var lihua = {
    name: '李华',
    age: 14,
    gender: true,
    height: 1.65,
    grade: null,
    'middle-school': '\"W3C\" Middle School',
    skills: ['HTML', 'Java', 'C++', 'React'],
```

```
        toJSON: function () {
            return { //  只输出 name 和 age，并且改变了 key:
                'Name': this.name,
                'Age': this.age
            };
        }
    };
    JSON.stringify(lihua); // '{"Name":"小明","Age":14}'
```

反序列化的概念和作用与序列化正好相反，即把字节序列恢复为对象的过程称为对象的反序列化。用一个实例解释：拿到一个 JSON 格式的字符串，直接用 JSON.parse()把它变成一个 JavaScript 对象：

```
JSON.parse('[1,2,3,true]');                // [1, 2, 3, true]
JSON.parse('{"name":"李华","age":14}');    // Object {name: '李华', age: 14}
JSON.parse('true');                        // true
JSON.parse('123.45');                      // 123.45
```

JSON.parse()还可以接收一个函数，用来转换解析出的属性：

```
'use strict';
```

3.5 面向对象编程

面向对象的编程其本质是以建立模型体现出来的抽象思维过程和面向对象的方法为基础进行编程开发。通常会用的一些基本概念，如类、对象、实例等。类是对象的类型模板，是对事物共有规律的一个抽象，如定义 Student 类来表示学生，类本身是一种类型，Student 表示学生类型，但不表示具体的某个学生；实例是根据类创建的对象，如根据 Student 类可以创建出 lihua、xiaohong、xiaojun 等多个实例，每个实例表示一个具体的学生，他们全都属于 Student 类型。以上这些基本概念，被大多数面向对象编程语言的开发者所使用，但是在 JavaScript 中有所不同。

3.5.1 面向对象编程基础

JavaScript 不区分类和实例的概念，而是通过原型来实现面向对象编程的。

原型是指当需要创建 lihua 这个具体的学生时，当前并没有一个 Student 类型可用。但是有一个现成的对象可以使用，示例代码如下：

```
var robot = {
    name: 'Robot',
    height: 1.6,
    run: function () {
        console.log(this.name + ' is running...');
    }
};
```

可以看出这个 robot 对象有名字、身高，还会跑，有点像李华，即可以此为基础修改，把它改名为 Student，然后创建出 lihua：

```
var Student = {
    name: 'Robot',
    height: 1.2,
    run: function () {
        console.log(this.name + ' is running...');
    }
};
var lihua = {
    name: '李华'
};
lihua.__proto__ = Student;
```

可以看到最后一行代码把 lihua 的原型指向了对象 Student。

```
lihua.name; // '李华'
lihua.run(); // 李华 is running...
```

lihua 有自己的 name 属性，但并没有定义 run()方法。不过，由于李明是从 Student 继承而来的，只要 Student 有 run()方法，lihua 也可以调用。由此可见，JavaScript 的原型链和 Java 的 Class 区别在于，它没有"Class"的概念，所有对象都是实例，所以继承关系本质就是把一个对象的原型指向另一个对象。例如，把 lihua 的原型指向其他对象：

```
var Bird = {
    fly: function () {
        console.log(this.name + ' is flying...');
    }
};
lihua.__proto__ = Bird;
```

现在 lihua 已经无法 run()了，因为在程序中他已经变成了一只鸟：

```
lihua.fly(); // 李华 is flying...
```

在 JavaScrip 代码运行时期，可以把 lihua 从 Student 变成 Bird，或者变成任何对象。

3.5.2 创建对象

JavaScript 对每个创建对象都会设置一个原型，指向其原型对象。当用 obj.xxx 访问一个对象的属性时，JavaScript 引擎先在当前对象上查找该属性，如果没有找到，就到其原型对象上找；如果还没有找到，就一直上溯到 Object.prototype 对象；最后如果还没有找到，就只能返回 undefined。

例如，创建一个 array 对象：

```
var arr = [1, 2, 3];
```

其原型链：

```
arr ----> Array.prototype ----> Object.prototype ----> null
```

Array.prototype 定义了 indexOf()、shift()等方法，因此可以在所有的 array 对象上直接调用这些方法。当创建一个函数时：

```
function foo() {
    return 0;
}
```

函数也是一个对象，其原型链为：

```
foo ----> Function.prototype ----> Object.prototype ----> null
```

由于 Function.prototype 定义了 apply() 等方法，因此，所有函数都可以调用 apply() 方法。但是如果原型链很长，那么访问一个对象属性的效率就会因为花更多的时间查找而变得更慢。

除了直接用 { ... } 创建一个对象外，JavaScript 还可以用一种构造函数的方法来创建对象。首先定义一个构造函数：

```
function Student(name) {
    this.name = name;
    this.hello = function () {
        console.log('Hello, ' + this.name + '!');
    }
}
```

在 JavaScript 中，构造函数用关键字 new 来调用这个函数，并返回一个对象：

```
var xiaoming = new Student('小明');
xiaoming.name;           // '小明'
xiaoming.hello();        // Hello, 小明!
```

在上述代码中如果不写 new，则该函数就是一个普通函数，它返回 undefined。但是，如果使用了关键字 new，它就变成了一个构造函数，绑定的 this 指向新创建的对象，并默认返回 this，也就不需要在最后写 return this;。

新创建的 xiaoming 的原型链：

```
xiaoming ----> Student.prototype ----> Object.prototype ----> null
```

由上述代码可见，xiaoming 的原型指向函数 Student 的原型。如果又创建了 xiaohong、xiaojun 等多个对象，则这些对象的原型与 xiaoming 是一样的。

```
xiaoming  ↘
xiaohong ―→ Student.prototype ----> Object.prototype ----> null
xiaojun   ↗
```

用 new Student() 创建的对象还从原型上获得了一个 constructor 属性，它指向函数 Student 本身：

```
xiaoming.constructor === Student.prototype.constructor;    // true
Student.prototype.constructor === Student;                 // true
Object.getPrototypeOf(xiaoming) === Student.prototype;     // true
xiaoming instanceof Student;                               // true
```

如果一个函数被定义为用于创建对象的构造函数，但是调用时缺少调用函数 new，则在 strict 模式下，this.name = name 将报错，因为 this 绑定为 undefined。在非 strict 模式下，this.name= name 不报错，因为 this 绑定为 window。于是无意间创建了全局变量 name，并且返回 undefined，但是由此以后，项目的编码方向就错了。所以为了防止这些错误，一种方法是通过工具如jslint进行检测；另一种方法是进行内部封装，示例说明：createStudent()函数，在内部封装所有的new操作：

```javascript
function Student(props) {
    this.name = props.name || '匿名';    // 默认值为'匿名'
    this.grade = props.grade || 1;        // 默认值为 1
}

Student.prototype.hello = function () {
    alert('Hello, ' + this.name + '!');
};

function createStudent(props) {
    return new Student(props || {})
}
```

由此可以看出，createStudent()函数有两个优点：一是不需要 new 来调用；二是参数传递非常灵活。

```javascript
var xiaoming = createStudent({
    name: '小明'
});
xiaoming.grade; // 1
```

所以如果创建的对象有很多属性，只需要传递需要的某些属性，剩下的属性可以用默认值。由于参数是一个 Object，所以不用记忆参数的顺序。

3.5.3 原型继承

在传统的编程语言中，大多是基于 Class 的语言，如 Java、C++。继承的本质是扩展一个已有的 Class，并生成新的 Subclass。由于这类语言严格区分类和实例，继承实际上是类型的扩展。但是，JavaScript 由于采用原型继承，是无法直接扩展一个 Class 的，因为根本不存在 Class 这种类型。这种情况可以采用原型继承的方法，首先构造 Student 函数：

```javascript
function Student(props) {
    this.name = props.name || 'Unnamed';
}

Student.prototype.hello = function () {
    alert('Hello, ' + this.name + '!');
};
```

以及 Student 的原型链，如图 3.2 所示。

其次基于 Student 扩展出 PrimaryStudent，可以先定义出 PrimaryStudent：

```javascript
function PrimaryStudent(props) {
    // 调用 Student 构造函数，绑定 this 变量:
    Student.call(this, props);
    this.grade = props.grade || 1;
}
```

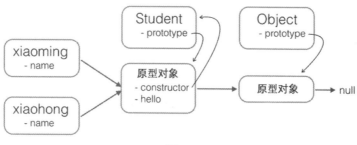

图 3.2

但是，调用了 Student 构造函数不等于继承了 Student，PrimaryStudent 创建对象的原型为：

new PrimaryStudent() ----> PrimaryStudent.prototype ----> Object.prototype ----> null

必须想办法把原型链修改为：

new PrimaryStudent() ----> PrimaryStudent.prototype ----> Student.prototype ----> Object.prototype ----> null

继承关系使用正确的情况下，新的基于 PrimaryStudent 创建的对象不但能调用 PrimaryStudent.prototype 定义的方法，而且可以调用 Student.prototype 定义的方法。所以必须借助一个中间对象来实现正确的原型链，这个中间对象的原型要指向 Student.prototype。

```javascript
// PrimaryStudent 构造函数:
function PrimaryStudent(props) {
    Student.call(this, props);
    this.grade = props.grade || 1;
}
// 空函数 F:
function F() {
}
// 把 F 的原型指向 Student.prototype:
F.prototype = Student.prototype;
// 把 PrimaryStudent 的原型指向一个新的 F 对象，F 对象的原型正好指向 Student.prototype:
PrimaryStudent.prototype = new F();
// 把 PrimaryStudent 原型的构造函数修复为 PrimaryStudent:
PrimaryStudent.prototype.constructor = PrimaryStudent;

// 继续在 PrimaryStudent 原型（就是 new F()对象）上定义方法:
PrimaryStudent.prototype.getGrade = function () {
    return this.grade;
};
// 创建 xiaoming:
var xiaoming = new PrimaryStudent({
    name: '小明',
    grade: 2
});
xiaoming.name; // '小明'
xiaoming.grade; // 2
```

```
// 验证原型:
xiaoming.__proto__ === PrimaryStudent.prototype; // true
xiaoming.__proto__.__proto__ === Student.prototype; // true
// 验证继承关系:
xiaoming instanceof PrimaryStudent; // true
xiaoming instanceof Student; // true
```

函数 F 仅用于桥接，创建了一个 new F()实例，而且，没有改变原有 Student 定义的原型链。如果把继承这个动作用一个 inherits()函数封装起来，还可以隐藏 F 的定义，并简化代码：

```
function inherits(Child, Parent) {
    var F = function () {};
    F.prototype = Parent.prototype;
    Child.prototype = new F();
    Child.prototype.constructor = Child;
}
```

这个 inherits()函数可以复用：

```
function Student(props) {
    this.name = props.name || 'Unnamed';
}

Student.prototype.hello = function () {
    alert('Hello, ' + this.name + '!');
}

function PrimaryStudent(props) {
    Student.call(this, props);
    this.grade = props.grade || 1;
}

// 实现原型继承链:
inherits(PrimaryStudent, Student);

// 绑定其他方法到 PrimaryStudent 原型:
PrimaryStudent.prototype.getGrade = function () {
    return this.grade;
};
```

3.5.4 继承

JavaScript 的对象模型是基于原型实现的，缺点是继承的实现需要编写大量代码，并且需要正确实现原型链。从 ES6 开始引入了新的关键字 class，目的就是让定义类变得更简单。仍然以函数实现 Student 的方法为例进行说明：

```
function Student(name) {
    this.name = name;
}
```

```javascript
Student.prototype.hello = function () {
    alert('Hello, ' + this.name + '!');
}
```

如果用新的 class 关键字来编写 Student，则示例代码如下：

```javascript
class Student {
    constructor(name) {
        this.name = name;
    }

    hello() {
        alert('Hello, ' + this.name + '!');
    }
}
```

通过比较可以发现，class 的定义包含了构造函数 constructor 和定义在原型对象上的函数 hello()，这样就避免了 Student.prototype.hello = function () {...}分散的代码，然后再创建一个 Student 对象即可：

```javascript
var xiaoming = new Student('小明');
xiaoming.hello();
```

class 的继承在 ES6 中变得更加方便，如从 Student 派生一个 PrimaryStudent 需要编写的代码量巨大。但是根据现在的变化，原型继承的中间对象、原型对象的构造函数等都不需要考虑了，直接通过 extends 来实现，就节省了很多时间：

```javascript
class PrimaryStudent extends Student {
    constructor(name, grade) {
        super(name); // 记得用 super 调用父类的构造方法!
        this.grade = grade;
    }

    myGrade() {
        alert('I am at grade ' + this.grade);
    }
}
```

以上代码 PrimaryStudent 的定义也是通过 class 关键字实现的，而 extends 则表示原型链对象来自 Student。子类的构造函数可能会与父类不太相同，如 PrimaryStudent 需要 name 和 grade 两个参数，并且需要通过 super(name)来调用父类的构造函数，否则父类的 name 属性无法正常初始化。PrimaryStudent 已经自动获得了父类 Student 的 hello 方法，同时又在子类中定义了新的 myGrade 方法。

ES6 引入的 class 和原有的 JavaScript 原型继承区别不大，class 的作用就是让 JavaScript 引擎去实现原来需要开发者编写的原型链代码，通常会使用 Babel 这个工具。

3.6 BOM

浏览器对象模型（Browser Object Model，BOM）是用于描述这种对象与对象之间层次关系的模型。浏览器对象模型提供了独立于内容的，可以与浏览器窗口进行互动的对象结构。BOM 由多个对象组成，其中代表浏览器窗口的 window 对象是 BOM 的顶层对象，其他对象都是该对象的子对象。由于现代浏览器几乎实现了 JavaScript 交互性方面的相同方法和属性，因此常被认为是 BOM 的方法和属性，其结构如图 3.3 所示。

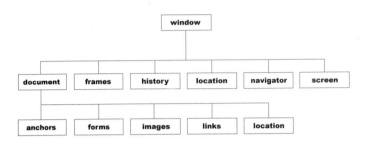

图 3.3

3.6.1 window 对象

window 对象是整个 BOM 的核心，所有对象和集合都以某种方式回接到 window 对象。虽然 window 对象表示整个浏览器窗口，但不包含其中的内容。所以 JavaScript 全局对象、函数及变量均可自动成为 window 对象的成员。全局变量是 window 对象的属性，全局函数是 window 对象的方法，甚至 HTML DOM 的 document 也是 window 对象的属性之一：

window.document.getElementById("header");

与此相同：

document.getElementById("header");

window 对象所代表的浏览器尺寸，对于 Internet Explorer、Chrome、Firefox、Opera 及 Safari 如下所示：

window.innerHeight：浏览器窗口的内部高度（包括滚动条）。

window.innerWidth：浏览器窗口的内部宽度（包括滚动条）。

对于 Internet Explorer 如下所示：

document.documentElement.clientHeight
document.documentElement.clientWidth

或者

document.body.clientHeight
document.body.clientWidth

通常情况下，几乎涵盖所有的浏览器：

var w=window.innerWidth

```
|| document.documentElement.clientWidth
|| document.body.clientWidth;
var h=window.innerHeight
|| document.documentElement.clientHeight
|| document.body.clientHeight;
```

还有一些其他功能，如打开、关闭、移动、调整等方法如下：

```
window.open() - 打开新窗口
window.close() - 关闭当前窗口
window.moveTo() - 移动当前窗口
window.resizeTo() - 调整当前窗口的尺寸
```

3.6.2　navigator 对象

navigator 对象表示浏览器的信息，最常用的属性如下所示。

navigator.appName：浏览器名称；

navigator.appVersion：浏览器版本；

navigator.language：浏览器设置的语言；

navigator.platform：操作系统类型；

navigator.userAgent：浏览器设定的 User-Agent 字符串。

```
'use strict';
console.log('appName = ' + navigator.appName);
console.log('appVersion = ' + navigator.appVersion);
console.log('language = ' + navigator.language);
console.log('platform = ' + navigator.platform);
console.log('userAgent = ' + navigator.userAgent);
```

3.6.3　screen 对象

screen 对象表示屏幕的信息，常用的属性如下：

screen.width：屏幕宽度，以像素为单位；

screen.height：屏幕高度，以像素为单位；

screen.colorDepth：返回颜色位数，如 8、16、24。

```
console.log('Screen size = ' + screen.width + ' x ' + screen.height);
```

3.6.4　history 对象

JavaScript 对访问该对象的方法做出了限制，主要集中在对浏览器的单击功能上，history 属于 window.history 对象，为了保护用户隐私，在编写时可不使用 window 这个前缀，主要方法如下：

history.back()：与在浏览器中单击后退按钮相同；

history.forward()：与在浏览器中单击向前按钮相同。

Window History Back：history.back()方法加载历史列表中的前一个 URL。

如果需要在页面上创建后退按钮，代码如下：

```
<html>
```

```
<head>
<script>
function goBack()
  {
  window.history.back()
  }
</script>
</head>
<body>

<input type="button" value="Back" onclick="goBack()">

</body>
</html>
```

代码输出:

Window History Forward

history forward() 的作用是加载历史列表中的下一个 URL,该功能与在浏览器中单击前进按钮的作用是相同的。例如,在页面上创建一个向前的按钮,其代码如下:

```
<html>
<head>
<script>
function goForward()
  {
  window.history.forward()
  }
</script>
</head>
<body>
<input type="button" value="Forward" onclick="goForward()">
</body>
</html>
```

3.6.5 location 对象

location 对象包含有关当前 URL 的信息,该方法存在的目的是为 href 属性设置新的 URL,使浏览器读取并显示新的 URL 内容。该作用是通过 href 属性完成的,目的是达到超链接效果,href 属性是一个可读/写的字符串,可设置或返回当前显示文档的完整 URL,其语法格式如下:

location.href=URL

示例代码如下:

```
//假设当前的 URL 是:
location.href=http://www.iuap.com:8080/path/index.html?a=1&b=2#TOP
<html>
<body>
```

```
<script type="text/javascript">
document.write(location.href);
</script>
</body>
</html>
```

代码输出：

http://www.iuap.com:8080/path/index.html?a=1&b=2#TOP

如果用 location.href 获得 URL 各个部分的值，其示例代码如下：

```
location.protocol;       // 'http'
location.host;           // 'www.iuap.com'
location.port;           // '8080'
location.pathname;       // '/path/index.html'
location.search;         // '?a=1&b=2'
location.hash;           // 'TOP'
```

如果要加载一个新页面，可以调用 location.assign()；如果要重新加载当前页面，则调用 location.reload()方法。

```
if (confirm('重新加载当前页' + location.href + '?')) {
    location.reload();
} else {
    location.assign('/'); // 设置一个新的 URL 地址
}
```

3.6.6　document 对象

document 对象表示当前页面。由于 HTML 在浏览器中 DOM 形式表示为树形结构，因此 document 对象就是整个 DOM 树的根节点。document 的 title 属性虽然是从 HTML 文档中的 <title>xxx</title> 读取的，但是可以动态改变，示例代码如下：

```
document.title = '努力学习 JavaScript!';
```

如果要查找 DOM 树的某个节点，需要从 document 对象开始查找，最常用的方式是根据 ID 和 Tag Name：

```
<dl id="drink-menu" style="border:solid 1px #ccc;padding:6px;">
    <dt>摩卡</dt>
    <dd>热摩卡咖啡</dd>
    <dt>酸奶</dt>
    <dd>北京老酸奶</dd>
    <dt>果汁</dt>
    <dd>鲜榨苹果汁</dd>
</dl>
```

用 document 对象提供的 getElementById()和 getElementsByTagName()方法可以根据 ID 获得一个 DOM 节点，根据 Tag 名称获得一组 DOM 节点：

```
var menu = document.getElementById('drink-menu');
```

```
var drinks = document.getElementsByTagName('dt');
var i, s, menu, drinks;

menu = document.getElementById('drink-menu');
menu.tagName; // 'DL'
drinks = document.getElementsByTagName('dt');
s = '提供的饮料有:';
for (i=0; i<drinks.length; i++) {
    s = s + drinks[i].innerHTML + ',';
}
console.log(s);
```

document 对象还有一个 Cookie 属性,可以获取当前页面的 Cookie,Cookie 是由服务器发送的 key-value 标示符,因为 HTTP 协议是无状态的,所以服务器需要区分是哪个用户发过来的请求,Cookie 的作用由此产生。当一个用户成功登录后,服务器发送一个 Cookie 给浏览器,如 user=ABC123XYZ,此后,浏览器访问该网站时,就会在请求时附上这个 Cookie,服务器根据 Cookie 即可区分出用户,另外 Cookie 还可以存储网站的一些设置。例如,页面显示的语言等。此外,JavaScript 可以通过 document.cookie 读取到当前页面的 Cookie:

```
document.cookie; // 'v=123; remember=true; prefer=zh'
```

由于 JavaScript 能读取到页面的 Cookie,而用户的登录信息通常也存在于 Cookie 中,这就造成了巨大的安全隐患,因为在 HTML 页面中引入第三方 JavaScript 代码是允许的:

```
<!-- 当前页面在 www.example.com -->
<html>
    <head>
        <script src="http://www.foo.com/jquery.js"></script>
    </head>
    ...
</html>
```

很多情况下在引入第三方的 JavaScript 中有可能存在恶意代码,如上所示,www.foo.com 网站将直接获取 www.example.com 网站的用户登录信息。为了解决此类问题,服务器在设置 Cookie 时可以使用 httpOnly,设定了 httpOnly 的 Cookie 将不能被 JavaScript 读取,这个行为由浏览器实现,所以为了确保安全,服务器端在设置 Cookie 时,应该始终坚持使用 httpOnly。

3.7 DOM

当网页被加载时,浏览器会创建页面的文档对象模型(Document Object Model),被构造为对象的树,称之为 HTML DOM。因为当 HTML 文档被浏览器解析后就是一棵 DOM 树,所以要改变 HTML 的结构,就需要通过 JavaScript 来操作 DOM。操作一个 DOM 节点方法有以下 4 种。

更新:更新该 DOM 节点的内容,相当于更新了该节点表示的 HTML 内容。
遍历:遍历该 DOM 节点下的子节点,以便进一步操作。
添加:在该 DOM 节点下新增一个子节点,相当于动态增加了一个 HTML 节点。

删除：将该节点从 HTML 中删除，相当于删掉了该 DOM 节点的内容，以及它包含的所有子节点。

在操作一个 DOM 节点前，需要通过各种方式先拿到这个 DOM 节点。最常用的方法是 document.getElementById() 和 document.getElementsByTagName()，以及 CSS 选择器 document.getElementsByClassName()。由于 ID 在 HTML 文档中是唯一的，所以 document.getElementById() 可以直接定位唯一的一个 DOM 节点。document.getElementsByTagName() 和 document.getElementsByClassName() 则是返回一组 DOM 节点。通常有两种方法：

第一种方法先精确地选择 DOM 定位父节点，再从父节点开始选择，以缩小范围。
例如：

```
// 返回 ID 为'test'的节点：
var test = document.getElementById('test');

// 先定位 ID 为'test-table'的节点，再返回其内部所有 tr 节点：
var trs = document.getElementById('test-table').getElementsByTagName('tr');

// 先定位 ID 为'test-div'的节点，再返回其内部所有 class 包含 red 的节点：
var reds = document.getElementById('test-div').getElementsByClassName('red');

// 获取节点 test 下的所有直属子节点：
var cs = test.children;

// 获取节点 test 下第一个和最后一个子节点：
var first = test.firstElementChild;
var last = test.lastElementChild;
```

第二种方法是使用 querySelector() 和 querySelectorAll()，需要了解 selector 语法，然后使用条件来获取节点：

```
// 通过 querySelector 获取 ID 为 q1 的节点：
var q1 = document.querySelector('#q1');
// 通过 querySelectorAll 获取 q1 节点内符合条件的所有节点：
var ps = q1.querySelectorAll('div.highlighted > p');
```

在规范上，DOM 节点是指 Element，但是 DOM 节点实际上是 node，在 HTML 中，node 包括 element、comment、CDATA_SECTION 等很多种，以及根节点 document 类型。通常情况下使用 element，也就是实际控制页面结构的 node，其他类型的 node 忽略即可，因为根节点 document 已经自动绑定为全局变量 document。

3.7.1 更新操作

拿到一个 DOM 节点后，对它进行更新有两种方法：第一种方法是修改 innerHTML 属性，该方法不但可以修改一个 DOM 节点的文本内容，还可以直接通过 HTML 片段修改 DOM 节点内部的子树：

它可以直接修改节点的文本：

```
// 获取<p id="p-id">...</p>
var p = document.getElementById('p-id');
```

```
// 设置文本为 abc:
p.innerHTML = 'ABC'; // <p id="p-id">ABC</p>
// 设置 HTML:
p.innerHTML = 'ABC <span style="color:red">RED</span> XYZ';
// <p>...</p>的内部结构已修改
```

但是用 innerHTML 时要注意是否需要写入 HTML，如果写入的字符串是通过网络获取的，则要注意对字符编码来避免 XSS 攻击。第二种方法是修改 innerText 或 textContent 属性，这样可以自动对字符串进行 HTML 编码，并保证无法设置任何 HTML 标签：

```
// 获取<p id="p-id">...</p>
var p = document.getElementById('p-id');
// 设置文本:
p.innerText = '<script>alert("Hi")</script>';
// HTML 被自动编码，无法设置一个<script>节点:
// <p id="p-id">&lt;script&gt;alert("Hi")&lt;/script&gt;</p>
```

两者的区别在于读取属性时，innerText 不返回隐藏元素的文本，而 textContent 返回所有文本。

通常情况下，修改 CSS 也是经常需要类似的操作。DOM 节点的 style 属性对应所有的 CSS，可以直接获取或设置；因为 CSS 允许 font-size 这样的名称，但它并非是 JavaScript 有效的属性名，所以需要在 JavaScript 中改写命名 fontSize：

```
// 获取<p id="p-id">...</p>
var p = document.getElementById('p-id');
// 设置 CSS:
p.style.color = '#ff0000';
p.style.fontSize = '20px';
p.style.paddingTop = '2em';
```

3.7.2 插入操作

当获得了某个 DOM 节点时，如果 DOM 节点是空的，并且需要在这个 DOM 节点内插入新的 DOM。直接使用 innerHTML = 'child'就可以修改 DOM 节点的内容，相当于"插入"了新的 DOM 节点。如果这个 DOM 节点不是空的，则该方法就不适合，因为 innerHTML 会直接替换掉原来的所有子节点。通常有两种方法：

一种方法是使用 appendChild，把一个子节点添加到父节点的最后一个子节点中。例如，

```
<!-- HTML 结构 -->
<p id="js">JavaScript</p>
<div id="list">
    <p id="java">Java</p>
    <p id="python">Python</p>
    <p id="scheme">Scheme</p>
</div>
```

把<p id="js">JavaScript</p>添加到<div id="list">的最后一项：

```
var js = document.getElementById('js'),
```

```
    list = document.getElementById('list');
list.appendChild(js);
```

现在，HTML 结构如下：

```
<!-- HTML 结构 -->
<div id="list">
    <p id="java">Java</p>
    <p id="python">Python</p>
    <p id="scheme">Scheme</p>
    <p id="js">JavaScript</p>
</div>
```

因为插入的 js 节点已经存在于当前的文档树中，因此这个节点首先会从原先的位置删除，再插入到新的位置。但是更多的时候会从零创建一个新的节点，然后插入到指定位置，方法如下：

```
var list = document.getElementById('list'),
    haskell = document.createElement('p');
haskell.id = 'haskell';
haskell.innerText = 'Haskell';
list.appendChild(haskell);
```

这样就动态添加了一个新的节点：

```
<!-- HTML 结构 -->
<div id="list">
    <p id="java">Java</p>
    <p id="python">Python</p>
    <p id="scheme">Scheme</p>
    <p id="haskell">Haskell</p>
</div>
```

动态创建一个节点然后添加到 DOM 树中，可以实现很多功能。例如，动态创建了一个<style>节点，然后把它添加到<head>节点的末尾，这样就动态地给文档添加了新的 CSS 定义：

```
var d = document.createElement('style');
d.setAttribute('type', 'text/css');
d.innerHTML = 'p { color: red }';
document.getElementsByTagName('head')[0].appendChild(d);
```

另一种方法是如果要把子节点插到指定的位置，则可以使用 parentElement.insertBefore（newElement, referenceElement），子节点会插到 referenceElement 之前。

仍然以上面的 HTML 为例，假定把 Haskell 插到 Python 之前：

```
<!-- HTML 结构 -->
<div id="list">
    <p id="java">Java</p>
    <p id="python">Python</p>
    <p id="scheme">Scheme</p>
```

```
</div>
```

代码如下：

```
var
    list = document.getElementById('list'),
    ref = document.getElementById('python'),
    haskell = document.createElement('p');
haskell.id = 'haskell';
haskell.innerText = 'Haskell';
list.insertBefore(haskell, ref);
```

新产生的 HTML 结构如下：

```
<!-- HTML 结构 -->
<div id="list">
    <p id="java">Java</p>
    <p id="haskell">Haskell</p>
    <p id="python">Python</p>
    <p id="scheme">Scheme</p>
</div>
```

由此可见，使用 insertBefore 重点是要拿到一个"参考子节点"的引用。很多时候，需要循环遍历一个父节点的所有子节点，则可以通过迭代 children 属性实现：

```
var
    i, c,
    list = document.getElementById('list');
for (i = 0; i < list.children.length; i++) {
    c = list.children[i]; // 拿到第 i 个子节点
}
```

3.7.3 删除操作

删除一个 DOM 节点首先要获得该节点本身及其父节点，然后再调用父节点的 removeChild 函数把自己删掉：

```
// 拿到待删除节点：
var self = document.getElementById('to-be-removed');
// 拿到父节点：
var parent = self.parentElement;
// 删除：
var removed = parent.removeChild(self);
removed === self; // true
```

删除后的节点虽然不在文档树中了，但还在内存里，可以随时再次被添加到别的位置；当遍历一个父节点的子节点并进行删除操作时，children 属性为只读，并且它在子节点变化时会实时更新。

3.7.4 事件

网页中的每个元素都可以产生某些可以触发 JavaScript 函数的事件。例如，可以在用户单击某个按钮时产生一个 onClick 事件来触发某个函数，这些事情称之为 Dom 事件，该事件不但在 HTML 页面中定义，而且是可以被 JavaScript 侦测到的行为。事件举例：

- 鼠标单击；
- 页面或图像载入；
- 鼠标悬浮于页面的某个热点之上；
- 在表单中选取输入框；
- 确认表单；
- 键盘按键。

这些事件通常与函数配合使用，当事件发生时函数才会执行。

1．onload 和 onUnload

当用户进入或离开页面时就会触发 onload 和 onUnload 事件。onload 事件常用来检测访问者的浏览器类型和版本，然后根据这些信息载入特定版本的网页；onUnload 事件则与之相反。这两个事件也常被用来处理用户进入或离开页面时所建立的 Cookie。例如，当某用户第一次进入页面时，可以使用消息框来询问用户的姓名，姓名会保存在 Cookie 中，当用户再次进入这个页面时，就可以使用另一个消息框来和这个用户打招呼："Welcome John Doe!"。

2．onFocus、onBlur 和 onChange

onFocus、onBlur 和 onChange 事件通常相互配合用来验证表单。

onChange 事件用来改变用户的域。用户一旦改变了域的内容，checkEmail()函数就会被调用。

```
<input type="text" size="30" id="email" onchange="checkEmail()">
```

3．onSubmit

onSubmit 用于在提交表单之前验证所有的表单域。当用户单击表单中的确认按钮时，checkForm()函数就会被调用。假若域的值无效，此次提交就会被取消。checkForm()函数的返回值是 true 或者 false。如果返回值为 true，则提交表单，反之取消提交。

```
<form method="post" action="xxx.htm" onsubmit="return checkForm()">
```

4．onMouseOver 和 onMouseOut

onMouseOver 和 onMouseOut 都用来创建"动态"按钮，但是当 onMouseOver 事件被脚本侦测到时，就会弹出一个警告框：

```
<a href="http://www.w3school.com.cn"
onmouseover="alert('An onMouseOver event');return false">
<img src="w3school.gif" width="100" height="30">
</a>
```

3.8 Ajax

Ajax 是一种用于创建快速动态网页的技术。在无须重新加载整个网页的情况下，能够更新部分网页的内容。其方法是通过在后台与服务器进行少量数据交换，使网页实现异步更新。传统的网页技术正好与之相反，如果需要更新内容，则必须重载整个网页页面。

3.8.1 同步和异步

Ajax 技术的重点即异步技术。

与异步对应的是同步，同步是指在发送方发出数据后，等接收方发回响应后，才发下一个数据包的通信方式。同步过程如下：提交请求→等待服务器处理→处理完毕返回，这期间客户端浏览器不能进行任何操作。

异步是指发送方发出数据后，不等接收方发回响应，接着发送下一个数据包的通信方式，异步过程如下：请求通过事件触发→服务器处理（这时浏览器仍然可以处理其他事情）→处理完毕。

3.8.2 Ajax 核心

Ajax 核心是 JavaScript 对象 XmlHttpRequest。该对象在 Internet Explorer 5 中首次引入，是一种支持异步请求的技术。其目的是可以使用 JavaScript 向服务器提出请求并处理响应，而不阻塞用户。XMLHttpRequest 是 XMLHTTP 组件的对象，通过这个对象，Ajax 可以像桌面应用程序一样只同服务器进行数据层面的交换，而不用每次都刷新界面，也不用每次将数据处理的工作都交给服务器来做；这样既减轻了服务器负担又加快了响应速度，缩短了用户等待的时间。由于 XMLHttpRequest 最早是在 IE5 中以 ActiveX 组件的形式实现的，非 W3C 标准。由于非标准所以实现方法不统一，创建 XMLHttpRequest 对象的方法也有所不同，通常的情况如下：

（1）Internet Explorer 把 XMLHttpRequest 实现为一个 ActiveX 对象；

（2）其他浏览器（Firefox、Safari、Opera…）则把它实现为一个本地的 JavaScript 对象。

因为 XMLHttpRequest 可以在不同浏览器上实现，所以可以用同样的方式访问实例的属性和方法，而不需要讨论这个实例创建的方法是什么。XMLHttpRequest 对象的初始化：

```
function createXmlHttpRequest(){
    var xmlHttp;
    try{    //Firefox, Opera 8.0+, Safari
            xmlHttp=new XMLHttpRequest();
    }catch (e){
            try{    //Internet Explorer
                    xmlHttp=new ActiveXObject("Msxml2.XMLHTTP");
            }catch (e){
                    try{
                            xmlHttp=new ActiveXObject("Microsoft.XMLHTTP");
                    }catch (e){}
            }
    }
    return xmlHttp;
}
```

XMLHttpRequest 对象通常用于在后台与服务器交换数据，在与服务器交换数据时，通常还涉及其他的函数，主要内容如下。

（1）abort()：停止当前请求。

（2）getAllResponseHeaders()：把 HTTP 请求的所有响应首部作为键/值对返回。

（3）getResponseHeader("headerLabel")：返回指定首部的串值。

（4）open("method","url")：建立对服务器的调用，method 参数可以是 GET、POST。URL 参数可以是相对 URL 或绝对 URL。

（5）send(content)：向服务器发送请求；

（6）setRequestHeader("label", "value")：把指定首部设置为所提供的值。在设置任何首部之前必须先调用 open()。

XMLHttpRequest 对象属性包含以下 3 个关键部分：

（1）onreadystatechange 事件；

（2）open 方法；

（3）send 方法。

1．Onreadystatechange 事件

该事件处理函数由服务器触发，而不是用户触发。在 Ajax 执行过程中，服务器会通知客户端当前的通信状态，这依靠更新 XMLHttpRequest 对象的 readyState 来实现。因为改变 readyState 属性是服务器对客户端连接操作的一种方式，所以每次 readyState 属性的改变都会触发 readystatechange 事件。

2．open 方法

XMLHttpRequest 对象的 open 方法允许程序员用一个 Ajax 调用向服务器发送请求。

（1）method。

请求类型，类似"GET"或"POST"的字符串。如果从服务器检索一个文件，而不需要发送任何数据，使用 GET 方法。该方法可以通过附加在 URL 上的查询字符串来发送数据，但是数据大小限制为 2000 个字符。如果需要向服务器发送数据，用 POST。但是在某些情况下，有些浏览器会把多个 XMLHttpRequest 请求的结果缓存在同一个 URL 中，因为对每个请求的响应不同，所以导致结果会混乱，为此可以采用把当前时间戳追加到 URL 的最后方，确保 URL 的唯一性，从而解决这个问题，代码方式如下：

```
var url = "GetAndPostExample?timeStamp=" + new Date().getTime();
```

（2）URL。

路径字符串，用于指向所请求服务器上的文件，可以是绝对路径或相对路径。

（3）asynch。

表示请求是否要异步传输，默认值为 true（异步）。指定 true，在读取后面的脚本之前，不需要等待服务器的响应。指定 false，当脚本处理过程经过该点时会停下来，一直等到 Ajax 请求执行完毕，再继续执行。

3．send 方法

send 方法为已经待命的请求发送指令。data 代表将要传递给服务器的字符串。若选用的

是 GET 请求，则不会发送任何数据，给 send 方法传递 null 即可。选择 request.send（null）方法，当向 send()方法提供参数时，要确保 open()中指定的方法是 POST，如果没有数据作为请求体的一部分发送，则使用 null。示例代码如下：

（1）获取 XMlHttpRequest 对象。

```
function ajaxFunction(){
    var xmlHttp;
    try{ // Firefox, Opera 8.0+, Safari
        xmlHttp=new XMLHttpRequest();
    }
    catch (e){
        try{// Internet Explorer
            xmlHttp=new ActiveXObject("Msxml2.XMLHTTP");
        }
        catch (e){
            try{
                xmlHttp=new ActiveXObject("Microsoft.XMLHTTP");
            }
            catch (e){}
        }
    }
    return xmlHttp;
}
```

（2）设置监听，处理响应。

```
var data = null;
var xhr = ajaxFunction();
xhr.onreadystatechange=function(){
    if(xhr.readyState==4){
        if(xhr.status==200||xhr.status==304){
            data = xhr.responseText;
        }
    }
}
```

（3）开启连接。

```
xhr.open("GET","../testServlet?timeStamp="+newDate().getTime()+"&c=19",true);
```

（4）发送请求。

```
    //～GET 方式：
xhr.send(null);
//～POST 方式：如果请求类型是 POST 的话，则需要设置请求首部信息
xhr.send("a=7&b=8");
```

3.8.3 安全限制

从上述代码可以看到，URL 使用的是相对路径，如果改为绝对路径就会出现错误，并且在 Chrome 的控制台里，还可以看到错误信息。在默认情况下，JavaScript 在发送 Ajax 请求时，URL 的域名必须和当前页面完全一致，除此之外，协议需要相同，端口号需要相同。如果需要用 JavaScript 请求外域的 URL，其方法有以下 3 种：

（1）通过 Flash 插件发送 HTTP 请求，这种方式可以绕过浏览器的安全限制，但必须安装 Flash，并且跟 Flash 交互。

（2）通过在同源域名下架设一个代理服务器来转发，JavaScript 负责把请求发送到代理服务器，代理服务器再把结果返回。这样就遵守了浏览器的同源策略，但是需要对服务器端单独做开发，示例代码如下：

```
'/proxy?url=http://www.sina.com.cn'
```

（3）利用浏览器允许跨域引用 JavaScript 资源的方法，这种方法称为 JSONP，但是该方法有限制，只能用 GET 请求，并且要求返回 JavaScript，示例代码如下：

```html
<html>
<head>
    <script src="http://example.com/abc.js"></script>
    ...
</head>
<body>
...
</body>
</html>
```

JSONP 通常以函数调用的形式返回。例如，返回 JavaScript 内容如下：

```
foo('data');
```

由以上代码可以看出，如果在页面中事先准备好 foo() 函数，然后给页面动态加一个 <script> 节点，相当于动态读取外域的 JavaScript 资源，最后接收回调。

假如需要进行股票查询 URL，示例代码如下：

http://api.money.126.net/data/feed/0000001,1399001?callback=refreshPrice，

将得到如下返回：

```
refreshPrice({"0000001":{"code": "0000001", ... });
```

因此首先要在页面中准备好回调函数：

```javascript
function refreshPrice(data) {
    var p = document.getElementById('test-jsonp');
    p.innerHTML = '当前价格：' +
        data['0000001'].name +': ' +
        data['0000001'].price + '; ' +
        data['1399001'].name + ': ' +
        data['1399001'].price;
```

}

其次用 getPrice()函数触发,完成跨域加载数据:

```
function getPrice() {
    var
        js = document.createElement('script'),
        head = document.getElementsByTagName('head')[0];
    js.src = 'http://api.money.126.net/data/feed/0000001,1399001?callback=refreshPrice';
    head.appendChild(js);
}
```

CORS

如果浏览器支持 HTML5,就可以使用新的跨域策略 CORS。CORS(Cross-Origin Resource Sharing)是 HTML5 规范定义的如何跨域访问资源的方法。当 JavaScript 向外域发起请求后,浏览器收到响应,首先检查 Access-Control-Allow-Origin 是否包含本域,如果是,则此次跨域请求成功,如果不是,则请求失败,JavaScript 将无法获取到响应的任何数据。

假设本域是 my.com,外域是 sina.com,只要响应 Access-Control-Allow-Origin 为 http://my.com,或者是*,本次请求就成功。可见,跨域能否成功,取决于对方服务器是否设置了一个正确的 Access-Control-Allow-Origin。这种跨域请求称之为"简单请求",简单请求包括 GET、HEAD 和 POST 三种方法,这里不再详述。

第 4 章　ECMAScript 6

本章使用 Babel 工具讲解 ECMAScript 6（ES6）的知识，以及一些 ES6 的新特性，供读者查阅。

4.1　Babel 介绍

ES6 是 JavaScript 语言的标准，JavaScript 是 ES6 的实现技术。ES6 标准的出现是为了使 JavaScript 语言可以用来编写大型、复杂的应用程序，成为企业级开发语言。核心的知识是 ES6 的转换器，通常采用的工具是 Traceur 和 Babel。

Babel 是一个通用、多用途的 JavaScript 编译器，也被称为转换编译，其作用是把最新标准编写的 JavaScript 代码向下编译成可以随处使用的版本。它不但能支持像 React 所用的 JSX 语法，同时还支持用于静态类型检查的流式语法。更重要的是，Babel 自身被分解成了数个核心模块，任何人都可以利用它们来创建下一代的 JavaScript 工具。

由于 JavaScript 没有统一的构建平台，因此 Babel 正式集成了对所有主流工具的支持，从 Gulp 到 Browserify，从 Ember 到 Meteor，Babel 都有正式的集成支持。

4.1.1　babel-cli

Babel 提供 babel-cli 工具，用于命令行转码，其安装命令如下：

```
$ npm install --global babel-cli
```

基本用法如下：

```
# 转码结果输出到标准输出
$ babel example.js
# 转码结果写入一个文件
# --out-file 或 -o 参数指定输出文件
$ babel example.js --out-file compiled.js
# 或者
$ babel example.js -o compiled.js
# 整个目录转码
# --out-dir 或 -d 参数指定输出目录
$ babel src --out-dir lib
# 或者
$ babel src -d lib
# -s 参数生成 source map 文件
$ babel src -d lib -s
```

为了支持不同项目使用不同版本的 Babel，需要将 babel-cli 安装在项目之中：

```
# 安装
$ npm install --save-dev babel-cli
```

改写 package.json。

```
{
  // ...
  "devDependencies": {
    "babel-cli": "^6.0.0"
  },
  "scripts": {
    "build": "babel src -d lib"
  },
}
```

转码时执行的命令如下:

```
$ npm run build
```

4.1.2 babel-node

babel-cli 工具自带 babel-node 命令,提供了一个支持 ES6 的 REPL 环境,它支持 node 的 REPL 环境的所有功能,而且可以直接运行 ES6 代码。该工具不需要单独安装,是随 babel-cli 一起安装的,执行后就可进入 REPL 环境,示例代码如下:

```
$ babel-node
> (x => x * 2)(1)
2
```

babel-node 命令可以直接运行 ES6 脚本,并将上述代码放入脚本文件 es6.js 中,然后直接运行,示例代码如下:

```
$ babel-node es6.js
2
```

babel-node 也可以安装在项目中:

```
$ npm install --save-dev babel-cli
```

然后,改写 package.json,示例代码如下:

```
{
  "scripts": {
    "script-name": "babel-node script.js"
  }
}
```

上述代码中,可以使用 babel-node 替代 node,这样 script.js 本身就不用做任何转码处理了。

4.1.3 babel-register

如果需要使用 require 加载以.js、.jsx、.es 和.es6 为后缀名的文件时,则需要使用 Babel 进行转码,因此需要通过 babel-register 模块对 require 命令进行改写,因为 babel-register 只会对使用 require 命令加载的文件转码，而不会对当前文件转码，所以这种实时转码的方式，只适用在开发过程中使用，示例代码如下：

```
$ npm install --save-dev babel-register
```

使用时，必须首先加载 babel-register：

```
require("babel-register");
require("./index.js");
```

4.1.4　babel-core

如果某些代码需要调用 Babel 的 API 进行转码，则需要使用 babel-core 模块，安装命令如下：

```
$ npm install babel-core --save
```

然后在项目中就可以调用 babel-core，示例代码如下：

```
var babel = require('babel-core');
// 字符串转码
babel.transform('code();', options);
// => { code, map, ast }
// 文件转码（异步）
babel.transformFile('filename.js', options, function(err, result) {
  result; // => { code, map, ast }
});
// 文件转码（同步）
babel.transformFileSync('filename.js', options);
// => { code, map, ast }
// Babel AST 转码
babel.transformFromAst(ast, code, options);
// => { code, map, ast }
```

配置对象 options，示例代码如下：

```
var es6Code = 'let x = n => n + 1';
var es5Code = require('babel-core')
  .transform(es6Code, {
    presets: ['latest']
  })
  .code;
// '"use strict";\n\nvar x = function x(n) {\n  return n + 1;\n};'
```

上述代码中，transform 方法的第一个参数代表字符串，表示需要被转换的 ES6 代码；第二个参数代表需要转换的配置对象。

4.1.5　babel-polyfill

Babel 默认的转码只针对新的 JavaScript 句法，对于 API 及 Iterator、Generator、Set、Maps、Proxy、Reflect、Symbol、Promise 等全局对象，和一些定义在全局对象上的方法都不会进行转码。假如 ES6 在 array 对象上新增了 Array.from 方法，因为该方法不符合要求，Babel

就不会对该方法转码，如果需要使这个方法运行，必须使用 babel-polyfill，安装命令如下：

```
$ npm install --save babel-polyfill
```

然后，在脚本头部加入如下代码：

```
import 'babel-polyfill';
// 或者
require('babel-polyfill');
```

Babel 默认不用转码的 API 非常多，详细清单可以查看 babel-plugin-transform-runtime 模块的 definitions.js 文件。

4.2 配置 Babel

使用 Babel，首先要知道 .babelrc 是 Babel 的全局配置文件，所以 Babel 操作（包括 babel-core、babel-node）基本都会来读取这个配置，该文件用来设置转码规则和插件，存放位置在项目的根目录下。

4.2.1 .babelrc

使用 Babel 的第一步，就是配置该文件，基本格式如下：

```
{
  "presets": [],
  "plugins": []
}
```

presets 字段设定转码规则，官方提供以下的规则集，读者可以根据需要选择安装。

```
# 最新转码规则
$ npm install --save-dev babel-preset-latest
# react 转码规则
$ npm install --save-dev babel-preset-react
# 不同阶段语法提案的转码规则（共有 4 个阶段），根据需要选装一个
$ npm install --save-dev babel-preset-stage-0
$ npm install --save-dev babel-preset-stage-1
$ npm install --save-dev babel-preset-stage-2
$ npm install --save-dev babel-preset-stage-3
```

然后，将这些规则加入 .babelrc。

```
{
  "presets": [
    "latest",
    "react",
    "stage-2"
  ],
  "plugins": []
}
```

4.2.2 babel-preset-es2015

采用 Babel 工具把 es2015 编译成 ES5，需要安装"es2015" Babel 预设：

```
$ npm install --save-dev babel-preset-es2015
```

修改 .babelrc 文件来包含这个预设：

```
  {
    "presets": [
+     "es2015"
    ],
    "plugins": []
  }
```

4.2.3 babel-preset-react

设置 react，需要安装预设：

```
$ npm install --save-dev babel-preset-react
```

并且在.babelrc 文件里补充代码如下：

```
  {
    "presets": [
      "es2015",
+     "react"
    ],
    "plugins": []
  }
```

4.2.4 babel-preset-stage-x

JavaScript 的标准在阶段 4 被正式采纳，所以需要安装 4 个不同阶段的预设，每种预设都相互依赖：

```
babel-preset-stage-0
babel-preset-stage-1
babel-preset-stage-2
babel-preset-stage-3
```

然后添加如下代码到.babelrc 配置的文件中。

```
  {
    "presets": [
      "es2015",
      "react",
+     "stage-2"
    ],
    "plugins": []
  }
```

4.3 ES6 介绍

ECMAScript 6.0（ES6）是 JavaScript 语言的下一代标准，已经在 2015 年 6 月正式发布。它的目标是使 JavaScript 语言可以用来编写复杂的大型应用程序，成为企业级开发语言。ES6 从开始制定到最后发布，花费了整整 15 年的时间。现在各大浏览器的最新版本，对 ES6 的支持度已经越来越高。通过 JavaScript 的服务器运行环境 node 命令进行查看：

```
$ node --v8-options | grep harmony
```

4.4 Babel 基础

本章将讲解 Babel 的基础用法、常见用法等问题，是学习 Babel 必须要掌握的知识。

4.4.1 let 和 const 命令

let 命令用来声明变量。它的用法类似于 var，但是用 let 声明的变量，只在 let 命令所在的代码块内有效，在使用变量前必须进行声明，否则会报错。

const 命令用来声明一个只读的常量。一旦使用 const 命令声明，常量的值就不能改变。

4.4.2 arrows 箭头函数

箭头函数相当于匿名函数，并且简化了函数定义。它没有 function 关键字，而是一个类似箭头的函数，因为 ES6 标准中允许使用"箭头"（=>）定义函数，示例代码如下：

```
var f = v => v;
// 等同于
var f = function (v) {
    return v;
};
```

如果箭头函数需要参数或需要多个参数，则使用一个圆括号代表参数部分，示例代码如下：

```
var f = () => 5;
// 等同于
var f = function () { return 5 };
var sum = (num1, num2) => num1 + num2;
// 等同于
var sum = function(num1, num2) {
    return num1 + num2;
};
```

若箭头函数的代码块部分多于一条语句，则需要使用大括号将语句括起来，并且使用 return 语句返回，示例代码如下：

```
var sum = (num1, num2) => { return num1 + num2; }
```

由于大括号会被解释为代码块，所以若箭头函数直接返回一个对象，必须在对象外面加上括号，否则代码会报错，示例代码如下：

```javascript
// 报错
let getTempItem = id => { id: id, name: "Temp" };
// 不报错
let getTempItem = id => ({ id: id, name: "Temp" });
```

还有一种特殊情况，虽然代码可以正常运行，但会得到错误的结果，示例代码如下：

```javascript
let foo = () => { a: 1 };
foo() // undefined
```

上述代码中，目的是返回一个对象{ a:1 }，但是由于引擎认为大括号是代码块，所以执行了一行语句 a:1。这时，a 被解释为语句的标签，因此实际执行的语句是 1，执行完毕，函数结束，没有返回值。

如果箭头函数只有一行语句，且不需要返回值，可以不用写大括号，示例代码如下：

```javascript
let fn = () => void doesNotReturn();
```

箭头函数可以与变量结构结合使用，示例代码如下：

```javascript
const full = ({ first, last }) => first + ' ' + last;
// 等同于
function full(person) {
    return person.first + ' ' + person.last;
}
```

由以上示例可以看出，使用箭头函数可以将代码表达得更加简洁。在下方的代码示例中，只写了两行代码就定义了两个简单的工具函数。如不使用箭头函数，则可能需要多行代码，示例代码如下：

```javascript
const isEven = n => n % 2 == 0;
const square = n => n * n;
```

箭头函数还有一个重要作用，即简化回调函数，示例代码如下：

```javascript
// 正常函数写法
[1,2,3].map(function (x) {
    return x * x;
});
// 箭头函数写法
[1,2,3].map(x => x * x);
```

很多情况下需要将 rest 参数与箭头函数结合使用，示例代码如下：

```javascript
const numbers = (...nums) => nums;
numbers(1, 2, 3, 4, 5)
// [1,2,3,4,5]
const headAndTail = (head, ...tail) => [head, tail];
headAndTail(1, 2, 3, 4, 5)
// [1,[2,3,4,5]]
```

由以上示例可以看出，箭头函数在使用时容易产生错误的地方有 4 处：

（1）函数体内的 this 对象，指向的是定义时所在的对象，而不是使用时所在的对象。

（2）不可以做构造函数使用，也不可以使用 new 命令，否则会抛出错误。

（3）不可以使用 arguments 对象，因为该对象在函数体内不存在。如果要用，可以用 rest 参数代替。

（4）不可以使用 yield 命令，因为箭头函数不能做 generator 函数。

4.4.3 .class、extends 和 super

通常情况下，如果需要模拟一个 js 的类，一般会采用构造函数加原型的方式来实现，示例代码如下：

```javascript
function Point(x,y){
  this.x = x;
  this.y = y;
}
Point.prototype.toString = function () {
  return '(' + this.x + ', ' + this.y + ')';
}
```

为了使对象的创建、继承更加直观，父类方法的调用、实例化等概念更加便于理解和使用，ES6 提供原生的 class 支持，添加了类的使用，示例代码如下：

```javascript
//类的定义  class Animal {
//ES6 中新型构造器  constructor(name) {
        this.name = name;
    }
//实例方法  sayName() {
        console.log('My name is '+this.name);
    }
}//类的继承 class Programmer extends Animal {
constructor(name) { //直接调用父类构造器进行初始化
        super(name);
    }
    program() {
        console.log("I'm coding...");
    }
} }
//测试类 var animal=new Animal('dummy'), zf=new Programmer('zf');
animal.sayName();
//输出 'My name is dummy' zf.sayName();
//输出 'My name is zf' zf.program();
//输出 'I'm coding... '
```

4.4.4 解构赋值

ES6 允许按照一定模式，从数组和对象中提取值，对变量进行赋值，这被称为解构。ES6 中解构赋值的种类包括对数组、对象、字符串、布尔值、函数参数。例如，一个函数要返回多个值，常规的做法是返回一个对象，将每个值作为这个对象的属性返回。但在 ES6 中，利用解构这一特性，可以直接返回一个数组，然后数组中的值会被自动解析到接收该值的对应变量中，参见下载代码 **4.4.4**。

4.4.5 对象的扩展

1．字符串扩展

ES6 加强了对 Unicode 的支持，并且扩展了字符串对象，其中包括字符的 Uincode 表示法、codePointAt()、String.formCodePoint()、字符串的遍历器接口、at()、normalize()、includes()、startsWith()、endsWith()、repeat()、padStart()、padEnd()、matchAll()、String.raw()等。

2．数组的扩展

（1）扩展运算符。

扩展运算符用"..."表示。该运算符主要用于函数调用。如 rest 参数逆运算，将一个数组转为用"；"分隔的参数序列，示例代码如下：

```
function push(array, ...items) {
    array.push(...items);
}

function add(x, y) {
    return x + y;
}
const numbers = [4, 38];
add(...numbers) // 42
```

（2）array.from()。

array.from 方法用于将两类对象转为真正的数组，其语法格式如下：

```
Array.from(arrayLike[, mapFn[, thisArg]])
```

其中，arrayLike 代表需要转换成数组的伪数组对象和可迭代对象。mapFn 属于可选参数，如果指定了该参数，新数组中的每个元素则会执行该回调函数。thisArg 属于可选参数，执行回调函数 mapFn 时 this 对象的返回值。如果需要把一个类似数组的对象转为真正的数组，其示例代码如下：

```
let arrayLike = {
    '0': 'a',
    '1': 'b',
    '2': 'c',
    length: 3
};
// ES5 的写法
var arr1 = [].slice.call(arrayLike); // ['a', 'b', 'c']
// ES6 的写法
let arr2 = Array.from(arrayLike); // ['a', 'b', 'c']
```

（3）array.of()。

array.of 方法用于将一组值，转换为数组。该方法的主要目的是弥补数组构造函数 array()

的不足。因为参数个数的不同，会导致 array() 的行为有差异，通常情况下可以用来替代 array() 或 new array()，并且不存在由于参数不同而导致的重载，其语法格式如下：

Array.of(element0[, element1[, ...[, elementN]]])

其中，elementN 代表任意个参数，按顺序成为返回数组中的元素返回值。

（4）copyWithin()。

copyWithin 方法用于在当前数组内部，将指定位置的成员复制到其他位置并且覆盖原有成员，然后再返回当前数组，其语法格式如下：

Array.prototype.copyWithin(target, start = 0, end = this.length)

它需要接受 3 个数值型参数，若接收到的不是数值型参数，则会自动转为数值。其中，

① target：从该位置开始替换数据，如果为负值，则表示倒数；0 为基底的索引，复制序列到该位置；如果是负数，则 target 从末尾开始计算；如果 target 大于或等于 arr.length，则不会发生复制；如果 target 在 start 之后，则复制的序列将被修改，以符合 arr.length 函数。

② start：从该位置开始读取数据，默认为 0。如果为负值，则表示倒数。以 0 为基底的索引，开始复制元素的起始位置。如果是负数，则 start 从末尾开始计算。如果 start 被忽略，则 copyWithin 会从 0 开始复制。

③ end：到该位置前停止读取数据，默认等于数组长度。如果为负值，则表示倒数。以 0 为基底的索引，开始复制元素的结束位置，则 copyWithin 会复制到该位置，但不包括 end 这个位置的元素。如果是负数，则 end 将从末尾开始计算。

（5）find() 和 findIndex()。

find 方法用于找出第一个符合条件的数组成员。它的参数是一个回调函数，所有数组成员依次执行该回调函数，直到找出第一个返回值为 true 的成员，然后再返回该成员。如果没有符合条件的成员，则返回 undefined，其语法格式如下：

arr.find(callback[, thisArg])

其中，callback：在数组每一项上执行的函数，接收 3 个参数。
- element：当前遍历到的元素。
- index：当前遍历到的索引。
- array：数组本身。

thisArg：指定 callback 的 this 参数。该方法的返回值，当某个元素通过 callback 的测试时，返回数组中的一个值，否则返回 undefined。

findIndex 方法与 find 方法非常类似，返回第一个符合条件的数组成员的位置，如果所有成员都不符合条件，则返回-1，其语法格式如下：

arr.findIndex(callback[, thisArg])

其中，callback：针对数组中的元素，都会执行该回调函数，执行时会自动传入下面的 3 个参数。
- element：当前元素。
- index：当前元素的索引。
- array：调用 findIndex 的数组。

thisArg：执行 callback 时作为 this 对象的值。

（6）fill()。

fill 方法使用给定值，填充一个数组，其语法格式如下：

```
arr.fill(value[, start[, end]])
```

其中，

value：用来填充数组元素的值。

start：起始索引，默认值为 0。

end：终止索引，默认值为 this.length。

返回值是修改后的数组。

（7）entries()、keys()和 values()。

ES6 提供 3 个新的方法：entries()，keys()和 values()，这 3 个函数都是通过 for…of 循环对数组进行遍历的，并且都返回一个遍历器对象，不同的是 keys()是对键名的遍历、values()是对键值的遍历、entries()是对键值对的遍历，示例代码如下：

```
for (let index of ['a', 'b'].keys()) {
        console.log(index);
}
// 0
// 1
for (let elem of ['a', 'b'].values()) {
        console.log(elem);
}
// 'a'
// 'b'
for (let [index, elem] of ['a', 'b'].entries()) {
        console.log(index, elem);
}
// 0 "a"
// 1 "b"
```

（8）includes()。

includes 方法返回一个布尔值，表示某个数组是否包含给定的值，与字符串的 includes 方法类似，其语法格式如下：

```
arr.includes(searchElement)
arr.includes(searchElement, fromIndex)
```

其中，

searchElement：指需要查找的元素值。

fromIndex：从该索引处开始查找 searchElement。如果为负值，则按升序从 array.length + fromIndex 的索引开始搜索，默认为 0，示例代码如下：

```
[1, 2, 3].includes(2)           // true
[1, 2, 3].includes(4)           // false
[1, 2, NaN].includes(NaN)       // true
```

如果第二个参数为负数,则表示倒数的位置。如果它大于数组长度则会重置为从 0 开始,示例代码如下:

```
[1, 2, 3].includes(3, 3);      // false
[1, 2, 3].includes(3, -1);     // true
```

(9)数组的空位。

数组的空位指数组的某一个位置没有任何值。例如,array 构造函数返回的数组都是空位,示例代码如下:

```
Array(3) // [ , , ]
```

上述代码中,array(3)返回一个具有 3 个空位的数组,其中空位不是 undefined,一个位置的值等于 undefined,依然是有值的,但是空位是没有任何值的,示例代码如下:

```
0 in [undefined, undefined, undefined]     // true
0 in [ , , ]                               // false
```

上述代码说明,第一个数组的 0 号位置是有值的,第二个数组的 0 号位置没有值。值得注意:ES6 明确地将空位转为 undefined。

3. 对象的扩展

随着应用复杂度的不断提升,使用对象的方式和难度也在持续增长,ES6 通过多种方式来加强对象的使用,通过简单的语法扩展,提供更多操作对象及与对象交互的方法,以此提升对象的使用效率。

(1)属性的简洁表示法。

ES6 允许直接写入变量和函数作为对象的属性和方法,示例代码如下:

```
const foo = 'bar';
const baz = {foo};
baz // {foo: "bar"}
// 等同于
const baz = {foo: foo};
```

从以上代码可以看出,ES6 允许在对象中直接写变量,属性名为变量名,属性值为变量的值。

(2)属性名表达式。

通常定义对象的属性有两种方法。一种方法是直接用标识符作为属性名,如 obj.foo = true;另一种方法是用表达式作为属性名,这时要将表达式放在方括号之内,如 obj['a' + 'bc'] = 123。

(3)方法的 name 属性。

函数的 name 属性用于返回对象的函数名,示例代码如下:

```
const person = {
  sayName() {
    console.log('hello!');
  },
};
```

```
person.sayName.name    // "sayName"
```

如果对象的方法使用了取值函数（getter）和存值函数（setter），则 name 属性应该在该方法属性描述对象的 get 和 set 属性上面，返回值则是方法名前加上 get 和 set，示例代码如下：

```
const obj = {
  get foo() {},
  set foo(x) {}
};
obj.foo.name
// TypeError: Cannot read property 'name' of undefined
const descriptor = Object.getOwnPropertyDescriptor(obj, 'foo');
descriptor.get.name // "get foo"
descriptor.set.name // "set foo"
```

（4）Object.is()。

当需要比较两个值是否相等时，只有两个运算符：相等运算符（==）和严格相等运算符（===），但是两者都有缺点。在 ES6 中提出"Same-value equality"同值相等算法，用来解决两者的缺陷问题。Object.is 用来比较两个值是否严格相等，与严格比较运算符（===）的行为基本一致，其语法格式如下：

```
Object.is(value1, value2);
```

其中，

参数 value1：需要比较的第一个值。

参数 value2：需要比较的第二个值。

返回值：表示两个参数是否相同的 Boolean，示例代码如下：

```
Object.is('foo', 'foo')
// true
Object.is({}, {})
// false
```

需要特别注意：+0 不等于-0；NaN 等于自身。

```
+0 === -0                //true
NaN === NaN              // false
Object.is(+0, -0)        // false
Object.is(NaN, NaN)      // true
```

（5）Object.assign()。

① 语法。

Object.assign(target, ...sources)

② 参数。

target 是指目标对象；

sources 是指源对象。

③ 返回值。

返回值是指目标对象。

④ 介绍。

Object.assign 方法用于对象的合并,将源对象的所有可枚举属性,复制到目标对象中。该方法的第一个参数是目标对象,后面的参数都是源对象。如果目标对象与源对象有同名属性,或多个源对象有同名属性,则后面的属性会覆盖前面的属性,示例代码如下:

```
const target = { a: 1, b: 1 };
const source1 = { b: 2, c: 2 };
const source2 = { c: 3 };
Object.assign(target, source1, source2);
target // {a:1, b:2, c:3}
```

Object.assign 方法实行的是浅复制,而不是深复制。也就是说,如果源对象某个属性的值是对象,那么目标对象复制得到的就是这个对象的引用,示例代码如下:

```
const obj1 = {a: {b: 1}};
const obj2 = Object.assign({}, obj1);
obj1.a.b = 2;
obj2.a.b // 2
```

⑤ 常见用途。

Object.assign 方法有很多用处。

● 为对象添加属性,示例代码如下:

```
class Point {
  constructor(x, y) {
    Object.assign(this, {x, y});
  }
}
```

上面通过 Object.assign 方法,将 x 属性和 y 属性添加到 Point 类的对象实例。

● 为对象添加方法,示例代码如下:

```
Object.assign(SomeClass.prototype, {
  someMethod(arg1, arg2) {
    ...
  },
  anotherMethod() {
    ...
  }
});
// 等同于如下的写法
SomeClass.prototype.someMethod = function (arg1, arg2) {
  ...
};
SomeClass.prototype.anotherMethod = function () {
  ...
};
```

以上代码使用了对象属性的简洁表示法,直接将两个函数放在大括号中,再使用 assign 方法添加到 SomeClass.prototype 之中。

- 克隆对象，示例代码如下：

```
function clone(origin) {
  return Object.assign({}, origin);
}
```

上述代码将原始对象复制到一个空对象，就得到了原始对象的克隆，但是采用这种方法克隆，只能克隆原始对象自身的值，不能克隆它继承的值。如果需要保持继承链，可以采用下面的代码：

```
function clone(origin) {
  let originProto = Object.getPrototypeOf(origin);
  return Object.assign(Object.create(originProto), origin);
}
```

- 合并多个对象。将多个对象合并到某个对象，示例代码如下：

```
const merge =
  (target, ...sources) => Object.assign(target, ...sources);
```

如果希望合并后返回一个新对象，则可以改写上述函数，对一个空对象合并，示例代码如下：

```
const merge =
  (...sources) => Object.assign({}, ...sources);
```

- 为属性指定默认值，示例代码如下：

```
const DEFAULTS = {
  logLevel: 0,
  outputFormat: 'html'
};
function processContent(options) {
  options = Object.assign({}, DEFAULTS, options);
  console.log(options);
  // ...
}
```

上述代码中，DEFAULTS 对象是默认值，options 对象是用户提供的参数。Object.assign 方法将 DEFAULTS 和 options 合并成一个新对象，如果两者有同名属性，则 option 的属性值会覆盖 DEFAULTS 的属性值。但是存在浅复制的问题，DEFAULTS 对象和 options 对象的所有属性的值，最好适用简单类型，不要指向另一个对象。否则，DEFAULTS 对象的该属性很可能不起作用，示例代码如下：

```
const DEFAULTS = {
  url: {
    host: 'example.com',
    port: 7070
  },
};
processContent({ url: {port: 8000} })
```

```
//  {
//      url: {port: 8000}
//  }
```

上述代码的原意是将 url.port 改成 8000，url.host 不变，但实际结果却是 options.url 覆盖掉 DEFAULTS.url，所以 url.host 就不存在了。

（6）属性的可枚举性和遍历。

对象的每个属性都有一个描述对象，用来控制该属性的行为。Object.getOwnPropertyDescriptor 方法可以获取该属性的描述对象，示例代码如下：

```
let obj = { foo: 123 };
Object.getOwnPropertyDescriptor(obj, 'foo')
//  {
//      value: 123,
//      writable: true,
//      enumerable: true,
//      configurable: true
//  }
```

描述对象的 enumerable 属性称为可枚举性，如果该属性为 false，则表示某些操作会忽略当前属性。其中，有 4 个操作会忽略 enumerable 为 false 的属性。

① for…in 循环：只遍历对象自身和继承可枚举的属性。

② Object.keys()：返回对象自身所有可枚举属性的键名。

③ JSON.stringify()：只串行化对象自身可枚举的属性。

④ Object.assign()：忽略 enumerable 为 false 的属性，只复制对象自身的可枚举的属性。

ES6 有 5 种方法可以遍历对象的属性。

① for…in。

for…in 循环遍历对象自身和继承的可枚举属性（不含 Symbol 属性）。

② Object.keys(obj)。

Object.keys 返回一个数组，包括对象自身的所有可枚举属性，但是不包含继承和 Symbol 属性的键名。

③ Object.getOwnPropertyNames(obj)。

Object.getOwnPropertyNames 返回一个数组，包含对象自身的所有属性或是可枚举的键名，但不包含 Symbol 属性。

④ Object.getOwnPropertySymbols(obj)。

Object.getOwnPropertySymbols 返回一个数组，包含对象自身的所有 Symbol 属性的键名。

⑤ Reflect.ownKeys(obj)。

Reflect.ownKeys 返回一个数组，包含对象自身的所有键名，不论键名是 Symbol 或字符串，或是否可枚举。

（7）Object.getOwnPropertyDescriptors()。

① 语法：

```
Object.getOwnPropertyDescriptor(obj, prop)
```

② 参数：
obj 是指需要查找的目标对象；
prop 是指目标对象内属性名称（String 类型）。
③ 返回值：
如果指定的属性存在于对象上，则返回其属性描述符对象，否则返回 undefined。
Object.getOwnPropertyDescriptor 方法会返回某个对象属性的描述对象。ES2017 引入了 Object.getOwnPropertyDescriptors 方法，返回指定对象所有自身属性（非继承属性）的描述对象，示例代码如下：

```
const obj = {
  foo: 123,
  get bar() { return 'abc' }
};
Object.getOwnPropertyDescriptors(obj)
// { foo:
//    { value: 123,
//      writable: true,
//      enumerable: true,
//      configurable: true },
//   bar:
//    { get: [Function: get bar],
//      set: undefined,
//      enumerable: true,
//      configurable: true } }
```

上述代码中，Object.getOwnPropertyDescriptors 方法返回一个对象，所有原对象的属性名都是该对象的属性名，对应的属性值就是该属性的描述对象。

（8）Object.setPrototypeOf()、Object.getPrototypeOf()和__proto__属性、。

① Object.setPrototypeOf()。

● 语法：

Object.setPrototypeOf(obj, prototype)

● 参数：
obj 是指要设置其原型的对象；
prototype 是指该对象的新原型（一个对象或 null）。

② Object.getPrototypeOf()

● 语法：

Object.getPrototypeOf(object)

● 参数：
obj 是指要返回其原型的对象。

③ __proto__属性。

__proto__属性用来读取或设置当前对象的 prototype 对象。目前,所有浏览器（包括 IE11）都部署了这个属性，示例代码如下：

```
// es5 的写法
const obj = {
  method: function() { ... }
```

```
};
obj.__proto__ = someOtherObj;
// es6 的写法
var obj = Object.create(someOtherObj);
obj.method = function() { ... };
```

该属性没有写入 ES6 的正文,而是写入了附录,原因是__proto__是一个内部属性,而不是一个正式的对外 API,只是由于浏览器广泛支持,才被加入了 ES6。标准明确规定,只有浏览器必须部署这个属性,其他运行环境不一定需要部署,而且新的代码在识别时最好认为这个属性是不存在的。因此,无论从语义的角度,还是从兼容性的角度,都不要使用这个属性,而使用下面的 Object.setPrototypeOf()写操作、Object.getPrototypeOf()读操作、Object.create()生成操作代替。实现上,__proto__调用的是 Object.prototype.__proto__,示例代码如下:

```
Object.defineProperty(Object.prototype, '__proto__', {
  get() {
    let _thisObj = Object(this);
    return Object.getPrototypeOf(_thisObj);
  },
  set(proto) {
    if (this === undefined || this === null) {
      throw new TypeError();
    }
    if (!isObject(this)) {
      return undefined;
    }
    if (!isObject(proto)) {
      return undefined;
    }
    let status = Reflect.setPrototypeOf(this, proto);
    if (!status) {
      throw new TypeError();
    }
  },
});
function isObject(value) {
  return Object(value) === value;
}
```

如果一个对象本身部署了__proto__属性,该属性的值就是对象原型,示例代码如下:

```
Object.getPrototypeOf({ __proto__: null })
// null
```

Object.setPrototypeOf 方法的作用与__proto__相同,用来设置一个对象的 prototype 对象,返回参数对象本身。它是 ES6 正式推荐的设置原型对象的方法。

```
// 格式
Object.setPrototypeOf(object, prototype)
```

```
// 用法
const o = Object.setPrototypeOf({}, null);
```

该方法等同于如下的函数:

```
function (obj, proto) {
  obj.__proto__ = proto;
  return obj;
}
```

Object.getPrototypeOf 方法与 Object.setPrototypeOf 方法配套,用于读取一个对象的原型对象。

```
//格式
Object.getPrototypeOf(obj);
```

(9) super 关键字。

this 关键字总是指向函数所在的当前对象,ES6 又新增了另一个类似的关键字 super,用于指向当前对象的原型对象,示例代码如下:

```
const proto = {
  foo: 'hello'
};
const obj = {
  foo: 'world',
  find() {
    return super.foo;
  }
};
Object.setPrototypeOf(obj, proto);
obj.find() // "hello"
```

上述代码中,对象 obj 的 find 方法,通过 super.foo 引用了原型对象 proto 的 foo 属性,super 关键字表示原型对象时,只能用在对象的方法之中,用在其他地方都会报错。

(10) Object.keys()、Object.values()和 Object.entries()。

Object.keys 方法,返回一个数组,成员是参数对象自身(不含继承的)所有可遍历(enumerable)属性的键名,示例代码如下:

```
var obj = { foo: 'bar', baz: 42 };
Object.keys(obj)
// ["foo", "baz"]
```

Object.values 方法,返回一个数组,成员是参数对象自身(不含继承的)所有可遍历(enumerable)属性的键值,示例代码如下:

```
const obj = { foo: 'bar', baz: 42 };
Object.values(obj)
// ["bar", 42]
```

Object.entries 方法,返回一个数组,成员是参数对象自身(不含继承的)所有可遍历(enumerable)属性的键值对数组,示例代码如下:

```
const obj = { foo: 'bar', baz: 42 };
Object.entries(obj)
// [ ["foo", "bar"], ["baz", 42] ]
```

（11）对象的扩展运算符。

对象的扩展运算符（...）用于取出参数对象的所有可遍历属性，复制到当前对象之中，这等同于使用 Object.assign 方法，示例代码如下：

```
const [a, ...b] = [1, 2, 3];
a // 1
b // [2, 3]
```

4．函数的扩展

（1）函数参数的默认值。

ES6 允许为函数的参数设置默认值，即直接写在参数定义的后面，示例代码如下：

```
function log(x, y = 'World') {
    console.log(x, y);
}
log('Hello') // Hello World
log('Hello', 'China') // Hello China
log('Hello', '') // Hello
```

参数变量是默认声明的，所以不能用 let 或 const 再次声明：

```
function foo(x = 5) {
    let x = 1; // error
    const x = 2; // error
}
```

使用参数默认值时，函数不能有同名参数：

```
// 不报错
function foo(x, x, y) {
    // ...
}
// 报错
function foo(x, x, y = 1) {
    // ...
}
// SyntaxError: Duplicate parameter name not allowed in this context
```

通常情况下，定义了默认值的参数是函数的尾参数。指定了默认值以后，函数的 length 属性，将返回没有指定默认值的参数个数。也就是说，指定了默认值后，length 属性将失效，示例代码如下：

```
(function (a) {}).length              // 1
(function (a = 5) {}).length          // 0
(function (a, b, c = 5) {}).length    // 2
```

（2）rest 参数。

ES6 引入 rest 参数（形式为...变量名），用于获取函数的多余参数。rest 参数搭配的变量是一个数组，该变量将多余的参数放入数组中，示例代码如下：

```
// arguments 变量的写法
function sortNumbers() {
   return Array.prototype.slice.call(arguments).sort();
}
// rest 参数的写法
const sortNumbers = (...numbers) => numbers.sort();
```

通过对上述代码的两种写法比较后可以发现，rest 参数的写法更简洁。arguments 对象不是数组，而是一个类似数组的对象。所以为了使用数组的方法，必须使用 Array.prototype.slice.call 先将其转为数组。相同情况下 rest 参数就不存在这个问题，因为该函数就是一个真正的数组，数组特有的方法都可以使用，所以 rest 参数之后不能再有其他参数（只能是最后一个参数），否则会报错，示例代码如下：

```
// 报错
function f(a, ...b, c) {
   // ...
}
```

在函数中定义 rest 参数时，也会使 length 属性失真，示例代码如下：

```
(function(a) {}).length       // 1
(function(...a) {}).length    // 0
(function(a, ...b) {}).length // 1
```

（3）name 属性。

函数的 name 属性，返回该函数的函数名，示例代码如下：

```
function foo() {}
foo.name // "foo"
```

ES6 对这个属性的行为做出了一些修改。如果将一个匿名函数赋值给一个变量，ES5 的 name 属性会返回空字符串，而 ES6 的 name 属性会返回实际的函数名，示例代码如下：

```
var f = function () {};
// ES5
f.name // ""
// ES6
f.name // "f"
```

上述代码中，变量 f 等于一个匿名函数，ES5 和 ES6 的 name 属性返回的值不同。

（4）双冒号运算符。

箭头函数可以绑定 this 对象，大量减少了显式绑定 this 对象的写法，如 call、apply、bind 等。但是，箭头函数并不适用于所有场合，所以提出了"函数绑定"运算符用来取代 call、apply、bind 调用。函数绑定运算符是并排的两个冒号（::），双冒号左边是一个对象，右边是一个函数。该运算符会自动将左边的对象作为上下文环境（this 对象），绑定到右边的函数上面，示例代码如下：

```
foo::bar;
// 等同于
bar.bind(foo);

foo::bar(...arguments);
// 等同于
bar.apply(foo, arguments);

const hasOwnProperty = Object.prototype.hasOwnProperty;
function hasOwn(obj, key) {
    return obj::hasOwnProperty(key);
}
```

如果双冒号左边为空，右边是一个对象的方法，则等于将该方法绑定在该对象上面，示例代码如下：

```
var method = obj::obj.foo;
// 等同于
var method = ::obj.foo;
let log = ::console.log;
// 等同于
var log = console.log.bind(console);
```

如果双冒号运算符的运算结果还是一个对象，则可以采用链式写法：

```
import { map, takeWhile, forEach } from "iterlib";
getPlayers()
::map(x => x.character())
::takeWhile(x => x.strength > 100)
::forEach(x => console.log(x));
```

（5）尾调用优化。

尾调用是函数式编程的一个重要概念，目的是在某个函数的最后一步时调用另一个函数，示例代码如下：

```
function f(x){
    return g(x);
}
```

上述代码中，函数 f 的最后一步是调用函数 g，这就叫尾调用。

（6）函数参数的尾逗号。

允许函数的最后一个参数有尾逗号。此前，函数定义和调用时，都不允许最后一个参数后面出现逗号：

```
function clownsEverywhere(
    param1,
    param2
) { /* ... */ }
```

```
clownsEverywhere(
    'foo',
    'bar'
);
```

上述代码中,如果在 param2 或 bar 后面加一个逗号,就会报错。

5. 正则的扩展

RegExp 构造函数,示例代码如下:

```
new RegExp(/abc/ig, 'i')
```

如果 RegExp 构造函数的第一个参数是一个正则对象,那么可以使用第二个参数指定修饰符。而且,返回的正则表达式会忽略原有的正则表达式的修饰符,只使用新指定的修饰符。

正则的扩展包括字符串的正则方法、u 修饰符、RegExp.prototype.unicode 属性、y 修饰符、RegExp.prototype.sticky 属性、RegExp.prototype.flags 属性、s 修饰符、dotAll 模式、后行断言、Unicode 属性类、具名组匹配、RegExp.prototype.matchAll 等内容。

字符串对象共有 4 个方法,可以使用正则表达式:match()、replace()、search()和 split()。ES6 将这 4 个方法,在语言内部全部调用 RegExp 的实例方法实现,从而做到所有与正则相关的方法全都定义在 RegExp 对象上,具体如下:

String.prototype.match 调用 RegExp.prototype[Symbol.match]。
String.prototype.replace 调用 RegExp.prototype[Symbol.replace]。
String.prototype.search 调用 RegExp.prototype[Symbol.search]。
String.prototype.split 调用 RegExp.prototype[Symbol.split]。

4.4.6 Default、Rest 和 Spread

1. Default 默认参数值

定义函数的时候指定参数的默认值,而不用通过逻辑或操作符来达到目的,示例代码如下:

```
function sayHello(name){
    //传统指定默认参数的方式
    var name=name||'dude';
    console.log('Hello '+name);
}
//运用 ES6 的默认参数
function sayHello2(name='dude'){
    console.log(`Hello ${name}`);
}
sayHello();        //输出:Hello dude
sayHello('zf');    //输出:Hello zf
sayHello2();       //输出:Hello dude
sayHello2('zf');   //输出:Hello zf
```

2. Rest 剩余参数

该函数本身是一种不定参数，在函数中使用命名参数的同时接收不定数量的未命名参数。在以前的 JavaScript 的版本中，代码可以通过 arguments 变量来达到这一目的。不定参数的格式是 3 个句点后紧跟代表所有不定参数的变量名。如下面这个例子中，"…x"代表了所有传入 add 函数的参数：

```javascript
// rest
function restFunc(a, ...rest) {
    console.log(a)
    console.log(rest)
}
restFunc(1);
restFunc(1, 2, 3, 4);
```

再来看一个例子：

```javascript
//将所有参数相加的函数
function add(...x){
        return x.reduce((m,n)=>m+n);
}
//传递任意个数的参数
console.log(add(1,2,3));//输出：6
console.log(add(1,2,3,4,5));//输出：15
```

3. Spread 扩展操作符

扩展操作符则是另一种形式的"语法糖"，它允许传递数组或者类数组直接作为函数的参数而不用通过 Apply：

```javascript
var people=['zf','John','Sherlock'];
function sayHello(people1,people2,people3){
        console.log(`Hello ${people1},${people2},${people3}`);
}
//将一个数组以拓展参数的形式传递，它能很好地映射到每个单独的参数
sayHello(...people);             //输出：Hello zf,John,Sherlock
//在以前，如果需要传递数组当参数，需要使用函数的 Apply 方法
sayHello.apply(null,people);     //输出：Hello zf,John,Sherlock
```

4.4.7 Set、WeakSet 和 Map、WeakMap

1. Set

Set 本身是一个构造函数用来生成 Set 数据结构的。它是 ES6 提供的新型数据结构，其作用类似于数组，但是成员的值都是唯一的，示例代码如下：

```javascript
const s = new Set();
[2, 3, 5, 4, 5, 2, 2].forEach(x => s.add(x));
```

```
for (let i of s) {
   console.log(i);
}
// 2 3 5 4
```

Set 函数可以接受一个数组或者具有 iterable 接口的其他数据结构作为参数,用来初始化,因为结构的实例有两种属性。①Set.prototype.constructor 函数,默认就是 Set 函数;②Set.prototype.size 函数,返回值是 Set 实例的成员总数。

Set 实例的方法分为两大类:操作方法用于操作数据;遍历方法用于遍历成员。操作方法有 4 种:add(value)、delete(value)、has(value)和 clear()。

add(value):添加某个值,返回 Set 结构本身。

delete(value):删除某个值,返回一个布尔值,表示删除是否成功。

has(value):返回一个布尔值,表示该值是否为 Set 的成员。

clear():清除所有成员,没有返回值。

2. WeakSet

WeakSet 是一个构造函数,可以使用 new 命令创建 WeakSet 数据结构。WeakSet 结构与 Set 类似,但是有两个重要区别。首先,WeakSet 的成员只能是对象,而不能是其他类型的值;其次,WeakSet 中的对象都是弱引用,在其他对象都不再引用该对象的情况下,即垃圾回收机制不考虑 WeakSet 对该对象的引用,垃圾回收机制会自动回收该对象所占用的内存,其语法格式如下:

```
const ws = new WeakSet();
```

作为构造函数,WeakSet 可以接受一个数组或类似数组的对象作为参数,该数组的所有成员都会自动成为 WeakSet 实例对象的成员,示例代码如下:

```
const a = [[1, 2], [3, 4]];
const ws = new WeakSet(a);
// WeakSet {[1, 2], [3, 4]}
```

WeakSet 结构有以下 3 种方法。

(1) WeakSet.prototype.add(value):向 WeakSet 实例添加一个新成员;

(2) WeakSet.prototype.delete(value):删除 WeakSet 实例的指定成员;

(3) WeakSet.prototype.has(value):返回一个布尔值,表示某个值是否在 WeakSet 实例之中。

3. Map

JavaScript 的对象是 Hash 结构,本质上是键值对的集合,但是传统上只能用字符串当作键。这给其使用带来了很大的限制,示例代码如下:

```
const data = {};
const element = document.getElementById('myDiv');
data[element] = 'metadata';
data['[object HTMLDivElement]'] // "metadata"
```

上述代码原意是将一个 DOM 节点作为对象 data 的键,但是由于对象只接受字符串作为键名，所以 element 被自动转为字符串[object HTMLDivElement]。为了解决这个问题，ES6 提供了 Map 数据结构。它类似于对象，也是键值对的集合，但是"键"的范围不限于字符串，各种类型的值（包括对象）都可以当作键。由此可见，Object 结构提供了"字符串-值"的对应，Map 结构提供了"值-值"的对应，这是一种更完善的 Hash 结构实现，示例代码如下：

```
const m = new Map();
const o = {p: 'Hello World'};
m.set(o, 'content')
m.get(o)        // "content"
m.has(o)        // true
m.delete(o)     // true
m.has(o)        // false
```

上述代码使用 Map 结构的 Set 方法，将对象 o 当作 m 的一个键，然后又使用 get 方法读取这个键，接着使用 delete 方法删除了这个键。

4．WeakMap

WeakMap 结构与 Map 结构类似，也是用于生成键值对的集合，示例代码如下：

```
// WeakMap 可以使用 Set 方法添加成员
const wm1 = new WeakMap();
const key = {foo: 1};
wm1.set(key, 2);
wm1.get(key) // 2
// WeakMap 也可以接受一个数组
// 作为构造函数的参数
const k1 = [1, 2, 3];
const k2 = [4, 5, 6];
const wm2 = new WeakMap([[k1, 'foo'], [k2, 'bar']]);
wm2.get(k2) // "bar"
```

WeakMap 与 Map 的区别有两点：首先，WeakMap 只接受对象作为键名（null 除外），不接受其他类型的值作为键名：

```
const map = new WeakMap();
map.set(1, 2)
// TypeError: 1 is not an object!
map.set(Symbol(), 2)
// TypeError: Invalid value used as weak map key
map.set(null, 2)
// TypeError: Invalid value used as weak map key
```

上述代码中，如果将数值 1 和 Symbol 值作为 WeakMap 的键名，都会报错。

其次，WeakMap 键名所指向的对象，不计入垃圾回收机制。WeakMap 的设计目的在于，当需要在某个对象上面存放一些数据时，形成对于这个对象的引用，示例代码如下：

```
const e1 = document.getElementById('foo');
const e2 = document.getElementById('bar');
const arr = [
```

```
    [e1, 'foo 元素'],
    [e2, 'bar 元素'],
];
```

上述代码中，e1 和 e2 是两个对象，通过 arr 数组对这两个对象添加一些文字说明。这就形成了 arr 对 e1 和 e2 的引用。一旦不再需要这两个对象，必须手动删除这个引用，否则垃圾回收机制就不会释放 e1 和 e2 占用的内存：

```
// 不需要 e1 和 e2 的时候
// 必须手动删除引用
arr [0] = null;
arr [1] = null;
```

WeakMap 的专用场合是其键所对应的对象，可能会在将来消失，所以 WeakMap 引用的只是键名，而不是键值。键值依然是正常引用，这样做的一个目的是防止内存泄露：

```
const wm = new WeakMap();
let key = {};
let obj = {foo: 1};
wm.set(key, obj);
obj = null;
wm.get(key)
// Object {foo: 1}
```

上述代码中，键值 obj 是正常引用。所以，即使在 WeakMap 外部消除了 obj 的引用，WeakMap 内部的引用依然存在。

4.4.8 Proxy

Proxy 提供了一种机制，其作用是当外界对该对象进行访问时，必须先通过机制的审核，因此可以对外界的访问进行过滤和改写，在使用时也常被译为"代理器"。因为 Proxy 可以用于修改某些操作的默认行为，等同于在语言层面做出修改，所以属于一种"元编程"行为，即对编程语言进行编程，示例代码如下：

```
var obj = new Proxy({}, {
  get: function (target, key, receiver) {
    console.log(`getting ${key}!`);
    return Reflect.get(target, key, receiver);
  },
  set: function (target, key, value, receiver) {
    console.log(`setting ${key}!`);
    return Reflect.set(target, key, value, receiver);
  }
});
```

上述代码对一个空对象架设了一层拦截，重新定义了属性的读取（get）和设置（set）行为，并设置了拦截行为的对象 obj，去读/写其属性就会得到下面的结果：

```
obj.count = 1
//  setting count!
++obj.count
```

```
// getting count!
// setting count!
// 2
```

以上代码说明，Proxy 重载了点运算符，另外 ES6 还原生成提供 Proxy 构造函数，示例代码如下：

```
var proxy = new Proxy(target, handler);
```

其中，new Proxy()表示生成一个 Proxy 实例；target 参数表示所要拦截的目标对象；handler 参数也是一个对象，用来定制拦截行为，示例代码如下：

```
var proxy = new Proxy({}, {
  get: function(target, property) {
    return 88;
  }
});
proxy.time // 88
proxy.name // 88
proxy.title // 88
```

从以上代码中可以看出，作为构造函数 Proxy 接受两个参数，第一个参数是在没有 Proxy 介入的情况下，针对所要代理的目标对象；第二个参数是一个配置对象，对于每一个被代理的操作，需要提供一个对应的处理函数，该函数将拦截对应的操作。例如，以上代码中，配置对象有一个 get 方法，用来拦截对目标对象属性的访问请求，get 方法的两个参数分别代表目标对象和所要访问对象的属性。从结果可以看到，由于拦截函数总是返回 88，所以访问任何属性都得到 88。很多情况下会有一些特例出现，如果 handler 没有设置任何拦截，则等同于直接通向原对象，示例代码如下：

```
var target = {};
var handler = {};
var proxy = new Proxy(target, handler);
proxy.a = 'b';
target.a // "b"
```

从以上代码中可以看出，handler 是一个空对象，没有任何拦截效果，访问 Proxy 就等同于访问 target，针对这种情况，建议将 Proxy 对象设置到 object.proxy 属性中，从而达到可以在 object 对象上调用的目的：

```
var object = { proxy: new Proxy(target, handler) };
```

同时 Proxy 还有一个作用，它的实例也可以作为其他对象的原型对象使用，示例代码如下：

```
var proxy = new Proxy({}, {
  get: function(target, property) {
    return 35;
  }
});
let obj = Object.create(proxy);
```

130

obj.time // 35

从以上代码中可以看出，Proxy 对象是 obj 对象的原型，obj 对象本身并没有 time 属性，所以会在 Proxy 对象上读取该属性，导致被拦截，可见如果需要同一个拦截器函数，则需要设置拦截多个操作，示例代码如下：

```javascript
var handler = {
  get: function(target, name) {
    if (name === 'prototype') {
      return Object.prototype;
    }
    return 'Hello, ' + name;
  },
  apply: function(target, thisBinding, args) {
    return args[0];
  },
  construct: function(target, args) {
    return {value: args[1]};
  }
};
var fproxy = new Proxy(function(x, y) {
  return x + y;
}, handler);
fproxy(1, 2)                              // 1
new fproxy(1, 2)                          // {value: 2}
fproxy.prototype === Object.prototype     // true
fproxy.foo === "Hello, foo"               // true
```

对于可以设置，但没有设置拦截的操作，则直接在目标对象上，按照原来的方式产生结果。以下是 Proxy 支持的 13 种拦截。

（1）get(target, propKey, receiver)：读取拦截对象的属性，如 proxy.foo 和 proxy['foo']。

（2）set(target, propKey, value, receiver)：设置拦截对象属性的属性，如 proxy.foo = v 或 proxy['foo'] = v，返回一个布尔值。

（3）has(target, propKey)：拦截 propKey in proxy 的操作，返回一个布尔值。

（4）deleteProperty(target, propKey)：拦截 delete proxy[propKey]的操作，返回一个布尔值。

（5）ownKeys(target)：拦截 Object.getOwnPropertyNames(proxy)、Object.getOwnPropertySymbols(proxy)、Object.keys(proxy)、for…in 的操作，返回一个数组。该方法返回目标对象所有自身属性的属性名，而 Object.keys()的返回结果仅包括目标对象自身的可遍历属性。

（6）getOwnPropertyDescriptor(target,propKey)：拦截 Object.getOwnPropertyDescriptor(proxy, propKey)的操作，返回属性的描述对象。

（7）defineProperty(target, propKey, propDesc)：拦截 Object.defineProperty(proxy, propKey, propDesc)、Object.defineProperties(proxy, propDescs)的操作，返回一个布尔值。

（8）preventExtensions(target)：拦截 Object.preventExtensions(proxy)的操作，返回一个布尔值。

（9）getPrototypeOf(target)：拦截 Object.getPrototypeOf(proxy)的操作，返回一个对象。

（10）isExtensible(target)：拦截 Object.isExtensible(proxy)的操作，返回一个布尔值。

（11）setPrototypeOf(target, proto)：拦截 Object.setPrototypeOf(proxy, proto)的操作，返回一个布尔值。如果目标对象是函数，那么还有两种额外操作可以拦截。

（12）apply(target, object, args)：拦截 Proxy 实例作为函数调用的操作，如 proxy(...args)、proxy.call(object, ...args)、proxy.apply(...)。

（13）construct(target, args)：拦截 Proxy 实例作为构造函数调用的操作，如 new proxy(...args)。

Proxy.revocable 方法的作用是返回一个可取消的 Proxy 实例，其语法格式如下：

```
Proxy.revocable(target, handler);
```

参数说明：

- target 代表用 Proxy 包装的任何类型的目标对象。
- handler 代表一个对象，其属性是当执行一个操作时定义代理行为的函数。该函数的返回值，则返回一个包含了所生成的代理对象本身，以及该代理对象撤销方法的对象，示例代码如下：

```
let target = {};
let handler = {};
let {proxy, revoke} = Proxy.revocable(target, handler);
proxy.foo = 123;
proxy.foo    // 123
revoke();
proxy.foo    // TypeError: Revoked
```

其中，Proxy.revocable 方法返回一个对象，该对象的 Proxy 属性是 Proxy 实例，revoke 属性是一个函数，可以取消 Proxy 实例。从以上代码中可以看出，当执行 revoke 函数之后，再访问 Proxy 实例就会抛出一个错误。因为 Proxy.revocable 的一个要求是其目标对象不允许直接访问，必须通过代理访问，一旦访问结束，就收回代理权，不允许再次访问。虽然 Proxy 可以代理针对目标对象的访问，但它不是目标对象的透明代理，即使在不做任何拦截的情况下，也无法保证与目标对象的行为一致，主要原因就是在 Proxy 代理的情况下，目标对象内部的 this 关键字会指向 Proxy 代理，参见下载代码 **4.4.8**。

实例：Web 服务的客户端

因为 Proxy 对象可以拦截目标对象的任意属性，所以比较合适进行 Web 服务的客户端开发：

```
const service = createWebService('http://example.com/data');
service.employees().then(json => {
  const employees = JSON.parse(json);
  // …
});
```

上述代码新建了一个 Web 服务的接口，这个接口可以返回各种数据。Proxy 可以拦截这个对象的任意属性，因此不用为每一种数据都写一个适配方法，而是只写一个 Proxy 拦截就可以了：

```
function createWebService(baseUrl) {
  return new Proxy({}, {
    get(target, propKey, receiver) {
      return () => httpGet(baseUrl+'/' + propKey);
    }
  });
}
```

4.4.9 Reflect

Reflect 对象与 Proxy 对象一样，也是 ES6 为了操作对象而提供的新 API。Reflect 对象的设计目的如下：

（1）将 Object 对象的一些明显属于语言内部的方法（如 Object.defineProperty），放到 Reflect 对象上。现阶段某些方法仍同时在 Object 对象和 Reflect 对象上部署，未来的新方法将只部署在 Reflect 对象上。也就是说，从 Reflect 对象上可以拿到语言内部的方法。

（2）修改某些 Object 方法的返回结果，让其变得更合理。如 Object.defineProperty(obj, name, desc)在无法定义属性时，会抛出一个错误，而 Reflect.defineProperty(obj, name, desc)则会返回 false：

```
// 以前的用法
try {
  Object.defineProperty(target, property, attributes);
  // success
} catch (e) {
  // failure
}
// 当前的用法
if (Reflect.defineProperty(target, property, attributes)) {
  // success
} else {
  // failure
}
```

（3）让 Object 操作都变成函数行为。某些 Object 操作是命令式的，如 name in obj 和 delete obj [name]，而 Reflect.has(obj, name)和 Reflect.deleteProperty(obj, name)则让它们变成了函数行为：

```
// 以前的用法
'assign' in Object // true
// 当前的用法
Reflect.has(Object, 'assign') // true
```

（4）Reflect 对象的方法与 Proxy 对象的方法逐一对应，只要是 Proxy 对象的方法，就能在 Reflect 对象上找到对应的方法。这就让 Proxy 对象可以方便地调用对应的 Reflect 方法，完成默认行为，作为修改行为的基础。因此不管 Proxy 怎么修改默认行为，总可以在 Reflect 上获取默认行为：

```
Proxy(target, {
```

```
    set: function(target, name, value, receiver) {
        var success = Reflect.set(target,name, value, receiver);
        if (success) {
            log('property ' + name + ' on ' + target + ' set to ' + value);
        }
        return success;
    }
});
```

上述代码中,用 Proxy 方法拦截 target 对象的属性赋值行为。它采用 Reflect.set 方法赋值给对象的属性,确保完成原有的行为,然后再部署额外的功能,示例代码如下:

```
var loggedObj = new Proxy(obj, {
    get(target, name) {
        console.log('get', target, name);
        return Reflect.get(target, name);
    },
    deleteProperty(target, name) {
        console.log('delete' + name);
        return Reflect.deleteProperty(target, name);
    },
    has(target, name) {
        console.log('has' + name);
        return Reflect.has(target, name);
    }
});
```

上述代码中,每一个 Proxy 对象的拦截操作,如 get、delete、has 内部都调用对应的 Reflect 方法,保证原生行为能够正常执行。例如,添加的工作就是将每一个操作输出一行日志,有了 Reflect 对象以后,很多操作会更易读:

```
// 以前的用法
Function.prototype.apply.call(Math.floor, undefined, [1.75]) // 1
// 当前的用法
Reflect.apply(Math.floor, undefined, [1.75]) // 1
```

1. 静态方法

Reflect 对象一共有 13 个静态方法:

Reflect.apply(target, thisArg, args);

Reflect.construct(target, args);

Reflect.get(target, name, receiver);

Reflect.set(target, name, value, receiver);

Reflect.defineProperty(target, name, desc);

Reflect.deleteProperty(target, name);

Reflect.has(target, name);

Reflect.ownKeys(target);

Reflect.isExtensible(target);
Reflect.preventExtensions(target);
Reflect.getOwnPropertyDescriptor(target, name);
Reflect.getPrototypeOf(target);
Reflect.setPrototypeOf(target, prototype)。

2. Reflect.get(target, name, receiver)

用 Reflect.get 方法查找并返回 target 对象的 name 属性，如果没有该属性，则返回 undefined，示例代码如下：

```
var myObject = {
  foo: 1,
  bar: 2,
  get baz() {
    return this.foo + this.bar;
  },
}
Reflect.get(myObject, 'foo') // 1
Reflect.get(myObject, 'bar') // 2
Reflect.get(myObject, 'baz') // 3
```

如果 name 属性部署读取了函数(getter)，则读取函数的 this 绑定 receiver，**参见下载代码 4.4.9**。

3. Reflect.apply(func, thisArg, args)

Reflect.apply 方法等同于 Function.prototype.apply.call(func, thisArg, args)，用于绑定 this 对象后执行给定的函数。通常绑定一个函数的 this 对象，可以这样写 fn.apply(obj, args)，但是如果函数定义了自己的 apply 方法，就只能写成 Function.prototype.apply.call(fn, obj, args)，可见采用 Reflect 对象可以简化这种操作：

```
const ages = [11, 33, 12, 54, 18, 96];
// 当前的用法
const youngest = Math.min.apply(Math, ages);
const oldest = Math.max.apply(Math, ages);
const type = Object.prototype.toString.call(youngest);
// 当前的用法
const youngest = Reflect.apply(Math.min, Math, ages);
const oldest = Reflect.apply(Math.max, Math, ages);
const type = Reflect.apply(Object.prototype.toString, youngest, []);
```

4. Reflect.defineProperty(target, propertyKey, attributes)

Reflect.defineProperty 方法基本等同于 Object.defineProperty，用来为对象定义属性。

```
function MyDate() {
  /*...*/
}
// 当前的用法
```

```
Object.defineProperty(MyDate, 'now', {
  value: () => Date.now()
});
// 当前的用法
Reflect.defineProperty(MyDate, 'now', {
  value: () => Date.now()
});
```

如果 Reflect.defineProperty 的第一个参数不是对象,则会抛出错误,如 Reflect.defineProperty(1, 'foo')。该方法通常与 Proxy.defineProperty 配合使用:

```
const p = new Proxy({}, {
  defineProperty(target, prop, descriptor) {
    console.log(descriptor);
    return Reflect.defineProperty(target, prop, descriptor);
  }
});
p.foo = 'bar';
// {value: "bar", writable: true, enumerable: true, configurable: true}
p.foo // "bar"
```

上述代码中,Proxy.defineProperty 对属性赋值设置了拦截,然后使用 Reflect.defineProperty 完成了赋值。

5. Reflect.getOwnPropertyDescriptor(target, propertyKey)

Reflect.getOwnPropertyDescriptor 作用基本等同于 Object.getOwnPropertyDescriptor,用于得到指定属性的描述对象,将来会替代后者:

```
var myObject = {};
Object.defineProperty(myObject, 'hidden', {
  value: true,
  enumerable: false,
});
// 当前的用法
Var theDescriptor = Object.getOwnPropertyDescriptor(myObject, 'hidden');
// 当前的用法
var theDescriptor = Reflect.getOwnPropertyDescriptor(myObject, 'hidden');
```

Reflect.getOwnPropertyDescriptor 和 Object.getOwnPropertyDescriptor 的区别:如果第一个参数不是对象,则 Object.getOwnPropertyDescriptor(1, 'foo')不报错,返回 undefined;而 Reflect.getOwnPropertyDescriptor(1, 'foo')会抛出错误,表示参数非法。

6. Reflect.isExtensible(target)

Reflect.isExtensible 方法对应 Object.isExtensible 方法,返回一个布尔值,表示当前对象是否可扩展:

```
const myObject = {};
// 当前的用法
Object.isExtensible(myObject) // true
```

```
// 当前的用法
Reflect.isExtensible(myObject) // true
```

如果参数不是对象，则 Object.isExtensible 会返回 false，因为非对象本来就是不可扩展的。但 Reflect.isExtensible 会报错：

```
Object.isExtensible(1) // false
Reflect.isExtensible(1) // 报错
```

7. Reflect.preventExtensions(target)

Reflect.preventExtensions 方法对应 Object.preventExtensions 方法，用于让一个对象变为不可扩展。它返回一个布尔值，表示是否操作成功：

```
var myObject = {};
// 当前的用法
Object.preventExtensions(myObject) // Object {}
// 当前的用法
Reflect.preventExtensions(myObject) // true
```

如果参数不是对象，Object.preventExtensions 在 ES5 环境报错。在 ES6 环境返回传入的参数，Reflect.preventExtensions 会报错：

```
// ES5 环境
Object.preventExtensions(1) // 报错
// ES6 环境
Object.preventExtensions(1) // 1
// 当前的用法
Reflect.preventExtensions(1) // 报错
```

8. Reflect.ownKeys(target)

Reflect.ownKeys 方法用于返回对象的所有属性，基本等同于 Object.getOwnPropertyNames 与 Object.getOwnPropertySymbols 之和：

```
var myObject = {
  foo: 1,
  bar: 2,
  [Symbol.for('baz')]: 3,
  [Symbol.for('bing')]: 4,
};
// 当前的用法
Object.getOwnPropertyNames(myObject)
// ['foo', 'bar']
Object.getOwnPropertySymbols(myObject)
//[Symbol(baz), Symbol(bing)]
// 当前的用法
Reflect.ownKeys(myObject)
// ['foo', 'bar', Symbol(baz), Symbol(bing)]
```

实例：使用 Proxy 实现观察者模式

观察者模式指的是函数自动观察数据对象，一旦对象有变化，函数就会自动执行，示例代码如下：

```
const person = observable({
  name: '张三',
  age: 20
});
function print() {
  console.log('${person.name}, ${person.age}')
}
observe(print);
person.name = '李四';
// 输出
// 李四, 20
```

上述代码中，数据对象 person 是观察目标，函数 print 是观察者。一旦数据对象发生变化，print 就会自动执行。在下面的代码中，使用 Proxy 写了一个观察者模式的最简单实现，即实现 observable 和 observe 这两个函数。思路是 observable 函数返回一个原始对象的 Proxy 代理，拦截赋值操作，触发充当观察者的各个函数，示例代码如下：

```
const queuedObservers = new Set();
const observe = fn => queuedObservers.add(fn);
const observable = obj => new Proxy(obj, {set});
function set(target, key, value, receiver) {
  const result = Reflect.set(target, key, value, receiver);
  queuedObservers.forEach(observer => observer());
  return result;
}
```

上述代码中，先定义了一个 Set 集合，所有观察者函数都放进这个集合。然后，observable 函数返回原始对象的代理，拦截赋值操作。拦截到函数 Set 之中，会自动执行所有观察者。

4.4.10 Promise 对象

1. 含义

Promise 是异步编程的一种解决方案，比传统的解决方案——回调函数和事件更合理。它是由社区最早提出和实现的，ES6 将其写进了语言标准，统一了用法，原生提供了 Promise 对象。Promise 本质是一个容器，保存着某个未来才会结束事件（通常是一个异步操作）的结果。从语法上说，Promise 是一个对象，从它可以获取异步操作的消息。Promise 提供统一的 API，各种异步操作都可以用同样的方法进行处理。

Promise 对象有以下两个特点。

（1）对象的状态不受外界影响。Promise 对象代表一个异步操作，其有 3 种状态：pending（进行中）、fulfilled（已成功）和 rejected（已失败）。只有异步操作的结果，可以决定当前是哪一种状态，任何其他操作都无法改变这个状态。Promise 就是"承诺"的意思，表示其他手段无法改变。

（2）一旦状态改变，就不会再变，任何时候都可以得到这个结果。Promise 对象的状态改变，只有两种可能：从 pending 变为 fulfilled 和从 pending 变为 rejected。只要这两种情况发生，状态就固定了，不会再变了，会一直保持这个结果，这时就称为 resolved（已定型）。如果改变已经发生了，即使再对 Promise 对象添加回调函数，也会立即得到这个结果。这与事件（Event）完全不同，事件的特点：如果错过了再去监听，则得不到结果。

有了 Promise 对象就可以将异步操作以同步操作的流程表达出来，避免了层层嵌套的回调函数。此外，Promise 对象提供统一的接口，使控制异步操作更加容易。

Promise 也有一些缺点。首先，无法取消 Promise，一旦新建就会立即执行，无法中途取消。其次，如果不设置回调函数，Promise 内部抛出的错误，不会反应到外部。再次，当处于 pending 状态时，无法得知目前进展到哪一个阶段（刚刚开始还是即将完成）。

2．基本用法

ES6 规定，Promise 对象是一个构造函数，用来生成 Promise 实例。下面创造了一个 Promise 实例，示例代码如下：

```javascript
const promise = new Promise(function(resolve, reject) {
  // ... some code
  if (/* 异步操作成功 */){
    resolve(value);
  } else {
    reject(error);
  }
});
```

Promise 构造函数接受一个函数作为参数，该函数的两个参数分别是 resolve 和 reject。resolve 函数的作用是将 Promise 对象的状态从"未完成"变为"成功"（从 pending 变为 resolved），在异步操作成功时调用，并将异步操作的结果作为参数传递出去；reject 函数的作用是将 Promise 对象的状态从"未完成"变为"失败"（从 pending 变为 rejected），在异步操作失败时调用，并将异步操作报出的错误，作为参数传递出去。所以 Promise 实例生成以后，可以用 then 方法分别指定 resolved 状态和 rejected 状态的回调函数：

```javascript
promise.then(function(value) {
  // success
}, function(error) {
  // failure
});
```

then 方法可以接受两个回调函数作为参数。第一个回调函数是 Promise 对象的状态变为 resolved 时调用；第二个回调函数是 Promise 对象的状态变为 rejected 时调用，这两个函数都接受 Promise 对象传出的值作为参数，下面是一个 Promise 对象的简单例子：

```javascript
function timeout(ms) {
  return new Promise((resolve, reject) => {
    setTimeout(resolve, ms, 'done');
  });
}
```

```
timeout(100).then((value) => {
  console.log(value);
});
```

上述代码中，timeout 方法返回一个 Promise 实例，表示一段时间后才会发生的结果。过了指定的时间（ms 参数）以后，Promise 实例的状态变为 resolved，就会触发 then 方法绑定的回调函数。

```
let promise = new Promise(function(resolve, reject) {
  console.log('Promise');
  resolve();
});
promise.then(function() {
  console.log('resolved.');
});
console.log('Hi!');
// Promise
// Hi!
// resolved
```

上述代码中，Promise 新建后立即执行，首先输出的是 Promise。然后，then 方法指定的回调函数，将在当前脚本所有同步任务执行完才会执行，所以 resolved 最后输出。下面是异步加载图片的例子：

```
function loadImageAsync(url) {
  return new Promise(function(resolve, reject) {
    const image = new Image();
    image.onload = function() {
      resolve(image);
    };
    image.onerror = function() {
      reject(new Error('Could not load image at ' + url));
    };
    image.src = url;
  });
}
```

上述代码中，使用 Promise 包装了一个图片加载的异步操作。如果加载成功，就调用 resolve 方法，否则就调用 reject 方法。**参见下载代码 4.4.10。**

3. Promise.prototype.then()

它的作用是为 Promise 实例添加状态改变时的回调函数，其语法格式如下：

```
p.then(onFulfilled, onRejected);
p.then(function(value) {
     // fulfillment
   }, function(reason) {
     // rejection
});
```

（1）参数 onFulfilled。

当 Promise 变成接受状态时作为回调函数被调用。该函数有一个参数，即接受的最终结果。如果传入的 onFulfilled 参数类型不是函数，则会在内部被替换为(x) => x，即原样返回 Promise 最终结果的函数。

（2）参数 onRejected。

当 Promise 变成拒绝状态时，该参数作为回调函数被调用（参考 Function）。该函数有一个参数，即拒绝的原因。

因为 Promise 实例具有 then 方法，所以 then 方法是定义在原型对象 Promise.prototype 上的。它的作用是为 Promise 实例添加状态改变时的回调函数。前面说过，then 方法的第一个参数是 resolved 状态的回调函数，第二个参数（可选）是 rejected 状态的回调函数。

then 方法返回的是一个新的 Promise 实例（注意，不是原来那个 Promise 实例）。因此可以采用链式写法，即 then 方法后面再调用另一个 then 方法：

```
getJSON("/posts.json").then(function(json) {
    return json.post;
}).then(function(post) {
    // ...
});
```

上述代码使用 then 方法，依次指定了两个回调函数。第一个回调函数完成以后，会将返回结果作为参数，传入第二个回调函数。可见采用链式的 then，可以指定一组按照次序调用的回调函数。这时，前一个回调函数，有可能返回的还是一个 Promise 对象，这属于异步操作，而后一个回调函数，会等待该 Promise 对象的状态发生变化，才会被调用：

```
getJSON("/post/1.json").then(function(post) {
    return getJSON(post.commentURL);
}).then(function funcA(comments) {
    console.log("resolved: ", comments);
}, function funcB(err){
    console.log("rejected: ", err);
});
```

上述代码中，第一个 then 方法指定的回调函数，返回的是另一个 Promise 对象。这时，第二个 then 方法指定的回调函数，就会等待这个新的 Promise 对象状态发生变化。如果变为 resolved 就调用 funcA；如果状态变为 rejected 就调用 funcB。

如果采用箭头函数，上述代码可以写得更简洁：

```
getJSON("/post/1.json").then(
    post => getJSON(post.commentURL)
).then(
    comments => console.log("resolved: ", comments),
    err => console.log("rejected: ", err)
);
```

4．Promise.prototype.catch()

该函数的作用是用于指定发生错误时，通过回调函数返回一个值，其语法格式如下：

```
p.catch(onRejected);
p.catch(function(reason) {
});
```

(1)参数 onRejected。

当 Promise 函数被调用时返回一个 Function。

(2)参数 reason。

代表 rejection 的原因。如果 onRejected 抛出一个错误或返回一个本身失败的 Promise，通过 catch()返回的 Promise 被 rejected；否则，它将显示为成功，即 resolved。

```
getJSON('/posts.json').then(function(posts) {
  // ...
}).catch(function(error) {
  // 处理 getJSON 和前一个回调函数运行时发生的错误
  console.log('发生错误！', error);
});
```

上述代码中，getJSON 方法返回一个 Promise 对象，如果该对象状态变为 resolved，则会调用 then 方法指定的回调函数；如果异步操作抛出错误，状态会变为 rejected，则会调用 catch 方法指定的回调函数，处理这个错误。另外，then 方法指定的回调函数，如果运行中抛出错误，则也会被 catch 方法捕获：

```
p.then((val) => console.log('fulfilled:', val))
  .catch((err) => console.log('rejected', err));
// 等同于
p.then((val) => console.log('fulfilled:', val))
  .then(null, (err) => console.log("rejected:", err));
下面是这个方法的一个例子：
const promise = new Promise(function(resolve, reject) {
  throw new Error('test');
});
promise.catch(function(error) {
  console.log(error);
});
// Error: test
```

上述代码中，Promise 抛出一个错误就被 catch 方法指定的回调函数捕获。注意，上面的写法与下面两种写法是等价的，示例代码如下：

```
// 写法一
const promise = new Promise(function(resolve, reject) {
  try {
    throw new Error('test');
  } catch(e) {
    reject(e);
  }
});
promise.catch(function(error) {
  console.log(error);
```

```
});
// 写法二
const promise = new Promise(function(resolve, reject) {
  reject(new Error('test'));
});
promise.catch(function(error) {
  console.log(error);
});
```

比较上面两种写法,可以发现 reject 方法的作用等同于抛出错误。如果 Promise 状态已经变成 resolved,则再抛出错误是无效的:

```
const promise = new Promise(function(resolve, reject) {
  resolve('ok');
  throw new Error('test');
});
promise
  .then(function(value) { console.log(value) })
  .catch(function(error) { console.log(error) });
// ok
```

上述代码中,Promise 在 resolve 语句后面再抛出错误,不会被捕获,等于没有抛出。因为 Promise 的状态一旦改变,就会永久保持该状态,不会再改变。

Promise 对象的错误具有"冒泡"性质,会一直向后传递,直到被捕获为止。也就是说,错误总是会被下一个 catch 语句捕获:

```
getJSON('/post/1.json').then(function(post) {
  return getJSON(post.commentURL);
}).then(function(comments) {
  // some code
}).catch(function(error) {
  // 处理前面 3 个 Promise 产生的错误
});
```

上述代码中,一共有 3 个 Promise 对象:一个由 getJSON 产生,两个由 then 产生。它们之中任何一个抛出的错误,都会被最后一个 catch 捕获。通常情况下,不要在 then 方法里面定义 reject 状态的回调函数,而是使用 catch 方法,示例代码如下:

```
// bad
promise
  .then(function(data) {
    // success
  }, function(err) {
    // error
  });
// good
promise
  .then(function(data) { //cb
    // success
```

```
    })
    .catch(function(err) {
      // error
    });
```

上述代码中，写法二要优于写法一，理由是写法二可以捕获前面 then 方法执行中的错误，也更接近同步的写法（try/catch）。因此，建议总是使用 catch 方法，而不使用 then 方法的第二个参数。跟传统的 try/catch 代码块不同的是，如果没有使用 catch 方法指定错误处理的回调函数，则 Promise 对象抛出的错误不会被传递到外层代码，即不会有任何反应，示例代码如下：

```
const someAsyncThing = function() {
  return new Promise(function(resolve, reject) {
    // 下面一行会报错，因为 x 没有声明
    resolve(x + 2);
  });
};
someAsyncThing().then(function() {
  console.log('everything is great');
});
setTimeout(() => { console.log(123) }, 2000);
// Uncaught (in promise) ReferenceError: x is not defined
// 123
```

上述代码中，someAsyncThing 函数产生的 Promise 对象，内部有语法错误。浏览器运行到这一行，会打印出错误提示"ReferenceError: x is not defined"，但是不会退出进程、终止脚本执行，2s 之后还是会输出 123。所以 Promise 内部的错误不会影响到 Promise 外部的代码。由此可见，此脚本放在服务器中执行，退出码就是 0（表示执行成功）。

5．Promise.prototype.finally()

finally 方法用于指定不管 Promise 对象最后状态如何，都会执行的操作。该方法是 ES2018 引入标准的语法，其格式如下：

```
p.finally(onFinally);
p.finally(function() {
       // 返回状态为(resolved 或 rejected)
});
```

参数 onFinally：Promise 状态改变后的回调函数。
返回值：返回一个设置了 finally 回调函数的 Promise 对象。
示例代码如下：

```
promise
.then(result => {…})
.catch(error => {…})
.finally(() => {…});
```

上述代码中，不论 Promise 最后为何种状态，在执行完 then 或 catch 指定的回调函数以

后，都会执行 finally 方法指定的回调函数。假如需要服务器使用 Promise 处理请求，然后使用 finally 方法关掉服务器，示例代码如下：

```
server.listen(port)
  .then(function () {
    // ...
  })
  .finally(server.stop);
```

finally 方法的回调函数不接受任何参数，这意味着没有办法知道，前面的 Promise 状态到底是 fulfilled 还是 rejected。这表明 finally 方法里面的操作，应该是与状态无关的，不依赖于 Promise 的执行结果，因为 finally 本质上是 then 方法的特例，示例代码如下：

```
promise
.finally(() => {
  // 语句
});
// 等同于
promise
.then(
  result => {
    // 语句
    return result;
  },
  error => {
    // 语句
    throw error;
  }
);
```

6. Promise.all()

Promise.all 方法用于将多个 Promise 实例包装成一个新的 Promise 实例，其语法格式如下：

```
Promise.all(iterable);
```

参数 iterable：一个可迭代对象，如 array 或 string。

返回值：如果传入的参数是一个空的可迭代对象，则返回一个已完成状态的 Promise。如果传入的参数不包含任何 Promise，则返回一个异步完成 Promise。其他情况下返回一个处理中的 Promise。

语法示例：

```
const p = Promise.all([x1, x2, x3]);
```

上述代码中，Promise.all 方法接受一个数组作为参数，x1、x2、x3 都是 Promise 实例，如果不是，则会先调用下面讲的 Promise.resolve 方法，将参数转为 Promise 实例，再进一步进行处理。因为 Promise.all 方法的参数可以不是数组，但必须具有 Iterator 接口，且返回的每个成员都是 Promise 实例，由此可以看出 x 的状态是由 x1、x2、x3 决定的，可分成两种情况。

（1）只有 x1、x2、x3 的状态都变成 fulfilled，x 才会变成 fulfilled，此时 x1、x2、x3 的

返回值组成一个数组,传递给 p 的回调函数。

(2)只要 x1、x2、x3 中有一个被 rejected,p 的状态就会变成 rejected,此时第一个被 reject 实例的返回值,会传递给 p 的回调函数。

下面是一个具体的例子:

```javascript
// 生成一个 Promise 对象的数组
const promises = [9, 3, 4, 7, 11, 13].map(function (id) {
  return getJSON('/post/' + id + ".json");
});
Promise.all(promises).then(function (posts) {
  // ...
}).catch(function(reason){
  // ...
});
```

上述代码中,Promises 是包含 6 个 Promise 实例的数组,只有它们的状态都变成 fulfilled,或者其中有一个变为 rejected,才会调用 Promise.all 方法后面的回调函数。

7. Promise.race()

Promise.race 方法同样是将多个 Promise 实例,包装成一个新的 Promise 实例,其语法格式如下:

```javascript
Promise.race(iterable);
```

参数 iterable:可迭代对象,类似 array。

返回值:一个待定的 Promise 只要给定迭代中的一个 Promise 被解决或拒绝,就采用第一个 Promise 的值作为其值,从而异步地解析或拒绝,示例代码如下:

```javascript
const p = Promise.race([x1, x2, x3]);
```

上述代码中,只要 x1、x2、x3 之中有一个实例率先改变状态,x 的状态就跟着改变。那个率先改变 Promise 实例的返回值,就传递给 x 的回调函数。Promise.race 方法的参数与 Promise.all 方法一样,如果不是 Promise 实例,就会先调用下面讲到的 Promise.resolve 方法,将参数转为 Promise 实例,再进一步处理。下面是一个例子,如果指定时间内没有获得结果,就将 Promise 的状态变为 reject,否则变为 resolve,示例代码如下:

```javascript
const p = Promise.race([
  fetch('/resource-that-may-take-a-while'),
  new Promise(function (resolve, reject) {
    setTimeout(() => reject(new Error('request timeout')), 5000)
  })
]);

p
.then(console.log)
.catch(console.error);
```

上述代码中,如果 5s 内 fetch 方法无法返回结果,则变量 p 的状态就会变为 rejected,从而触发 catch 方法指定的回调函数。

8．Promise.resolve()

它的作用是将现有对象转为 Promise 对象，其语法格式如下：

```
Promise.resolve(value);
Promise.resolve(promise);
Promise.resolve(thenable);
```

参数 value：将被 Promise 对象解析的参数，也可以是一个 Promise 对象，或者是一个 thenable。

返回值：返回一个解析过带着给定值的 Promise 对象。如果返回值是一个 Promise 对象，则直接返回这个 Promise 对象，示例代码如下：

```
const jsPromise = Promise.resolve($.ajax('/whatever.json'));
```

上述代码将 jQuery 生成的 deferred 对象，转为一个新的 Promise 对象。

将 Promise.resolve 方法的参数分成 4 种情况：

（1）参数是一个 Promise 实例。

如果参数是 Promise 实例，那么 Promise.resolve 将不做任何修改，原封不动地返回这个实例。

（2）参数是一个 thenable 对象。

thenable 对象指的是具有 then 方法的对象，如下面这个对象：

```
let thenable = {
    then: function(resolve, reject) {
        resolve(42);
    }
};
```

Promise.resolve 方法会将这个对象转为 Promise 对象，然后立即执行 thenable 对象的 then 方法：

```
let thenable = {
    then: function(resolve, reject) {
        resolve(42);
    }
};
let p1 = Promise.resolve(thenable);
p1.then(function(value) {
    console.log(value);   // 42
});
```

上述代码中，thenable 对象的 then 方法执行后，对象 p1 的状态就会变为 resolved，从而立即执行最后 then 方法指定的回调函数，输出为 42。

（3）参数不是具有 then 方法的对象，或根本就不是对象。

如果参数是一个原始值，或者是一个不具有 then 方法的对象，则 Promise.resolve 方法返回一个新的 Promise 对象，状态为 resolved，示例代码如下：

```
const p = Promise.resolve('Hello');

p.then(function (s){
  console.log(s)
});
// Hello
```

上述代码生成一个新 Promise 对象的实例 p。由于字符串 Hello 不属于异步操作，返回 Promise 实例的状态是 resolved，所以回调函数会立即执行。Promise.resolve 方法的参数也会同时传给回调函数。

（4）不带有任何参数。

Promise.resolve 方法允许调用时不带参数，直接返回一个 resolved 状态的 Promise 对象。所以如果希望得到一个 Promise 对象，比较方便的方法就是直接调用不带任何参数的 Promise.resolve 方法，示例代码如下：

```
const x = Promise.resolve();

p.then(function () {
  // ...
});
```

上述代码的变量 x 就是一个 Promise 对象，而且 resolve 的 Promise 对象，是在本轮"事件循环"结束时，而不是在下一轮"事件循环"开始时，示例代码如下：

```
setTimeout(function () {
  console.log('three');
}, 0);

Promise.resolve().then(function () {
  console.log('two');
});

console.log('one');

// one
// two
// three
```

上述代码中，setTimeout(fn,0)在下一轮"事件循环"开始时执行；Promise.resolve()在本轮"事件循环"结束时执行；console.log('one')则是立即执行，因此最先输出。

9．Promise.reject()

Promise.reject()也会返回一个新的 Promise 实例，该实例的状态为 rejected:Promise.reject(reason);

参数 reason：表示 Promise 被拒绝的原因。

返回值：一个给定原因被拒绝的 Promise。

```
const p = Promise.reject('出错了');
```

```
// 等同于
const p = new Promise((resolve, reject) => reject('出错了'))
p.then(null, function (s) {
  console.log(s)
});
// 出错了
```

上述代码生成一个 Promise 对象的实例 p，状态为 rejected，回调函数会立即执行。Promise.reject()方法的参数，会原封不动地作为 reject 的理由，变成后续方法的参数，示例代码如下：

```
const thenable = {
  then(resolve, reject) {
    reject('出错了');
  }
};
Promise.reject(thenable)
.catch(e => {
  console.log(e === thenable)
})
// true
```

上述代码中，Promise.reject 方法的参数是一个 thenable 对象，执行以后，后面 catch 方法的参数不是 reject 抛出的"出错了"这个字符串，而是 thenable 对象。

10. Promise.try()

实际开发中，经常遇到一种情况：无法区分函数 f 是同步函数还是异步操作，但是仍然希望用 Promise 来处理。因为这样就可以在不讨论 f 是否包含异步操作的情况下，采用 then 方法指定下一步流程，用 catch 方法处理 f 抛出的错误，其语法格式如下：

```
Promise.resolve().then(f)
const f = () => console.log('now');
Promise.resolve().then(f);
console.log('next');
// next
// now
```

上述代码中，函数 f 是同步的，但是用 Promise 包装以后，就变成异步执行了，这种方式既费力，效率也不高，为了解决这个问题，系统提出了可以让同步函数同步执行，异步函数异步执行，并且让它们具有统一的 API 方式。例如，通常采用 Async 函数与 then 函数结合的方式来编写：

```
const f = () => console.log('now');
(async () => f())();
console.log('next');
// now
// next
```

上述代码中，第二行是一个立即执行的匿名函数，会立即执行括号中的 Async 函数，因此如果 f 是同步的，则会得到同步的结果；如果 f 是异步的，则可以用 then 指定下一步，方法如下：

```
(async () => f())()
.then(...)
 (async () => f())()
.then(...)
.catch(...)
```

4.4.11 Async 函数

1．ES2017 标准

ES2017 标准引入了 Async 函数，使得异步操作变得更加方便。Async 函数是 Generator 函数的一种更加可读的解释，通过比较可以发现，Async 函数就是将 Generator 函数的星号（*）替换成 Async，将 yield 替换成 await。Async 函数对 Generator 函数的改进，体现在以下 4 点：

（1）内置执行器。

Generator 函数的执行必须靠执行器，即增加了 co 模块的约定；Async 函数自带执行器。

（2）更好的语义。

Async 和 await 比起星号（*）和 yield，语义更加清楚。Async 表示函数里有异步操作，await 则表示紧跟在后面的表达式需要等待结果。

（3）更广的适用性。

co 模块约定，yield 命令后面只能是 Thunk 函数或 Promise 对象，而 Async 函数的 await 命令后面，可以是 Promise 对象和原始类型的值。

（4）返回值是 Promise。

Async 函数的返回值是 Promise 对象，因为可以直接使用 then 方法指定下一步的操作，并且 Async 函数完全可以看作为多个异步操作，包装成的一个 Promise 对象。而 await 命令就是内部 then 命令的"语法糖"。

2．方法示例

Async 函数返回一个 Promise 对象，可以使用 then 方法添加回调函数。当函数执行的时候，一旦遇到 await 会先返回，等到异步操作完成，再执行函数体内的语句，示例代码如下：

```
async function getStockPriceByName(name) {
    const symbol = await getStockSymbol(name);
    const stockPrice = await getStockPrice(symbol);
    return stockPrice;
}
getStockPriceByName('goog').then(function (result) {
    console.log(result);
});
```

上述代码是一个获取报价的函数，函数前面的 Async 关键字，表明该函数内部有异步操作。调用该函数时，会立即返回一个 Promise 对象。

下面是另一个例子，指定多少 ms 后会输出一个值：

```javascript
function timeout(ms) {
  return new Promise((resolve) => {
    setTimeout(resolve, ms);
  });
}

async function asyncPrint(value, ms) {
  await timeout(ms);
  console.log(value);
}

asyncPrint('hello world', 50);
```

上述代码中指定了 50ms 后，会输出 hello world。

3．语法

Async 函数语法的重点是错误处理机制。Async 函数返回的是一个 Promise 对象，而 Async 函数内部 return 语句返回的值，会成为 then 方法回调函数的参数，示例代码如下：

```javascript
async function f() {
  return 'hello world';
}

f().then(v => console.log(v))
// "hello world"
```

上述代码中，函数 f 内部 return 命令返回的值，会被 then 方法回调函数接收到。

Async 函数内部抛出错误，会导致返回的 Promise 对象变为 reject 状态，抛出的错误对象会被 catch 方法回调函数接收到，示例代码如下：

```javascript
async function f() {
  throw new Error('出错了');
}

f().then(
  v => console.log(v),
  e => console.log(e)
)
// Error: 出错了 Promise 对象的状态变化
```

由上述代码可以看出 Promise 对象的状态变化非常重要，只有 Async 函数内部的异步操作执行完，才会执行 then 方法指定的回调函数。因为 Async 函数返回的 Promise 对象，必须等到内部所有 await 命令后面的 Promise 对象执行完，才会发生状态改变，除非遇到 return 语句或者抛出错误，示例代码如下：

```javascript
async function getTitle(url) {
  let response = await fetch(url);
  let html = await response.text();
  return html.match(/<title>([\s\S]+)<\/title>/i)[1];
```

```
}
getTitle('https://tc39.github.io/ecma262/').then(console.log)
// "ECMAScript 2017 Language Specification"
```

上述代码中，函数 getTitle 内部有 3 个操作：抓取网页、取出文本、匹配页面标题。只有这 3 个操作全部完成，才会执行 then 方法里面的 console.log。

await 命令后面是一个 Promise 对象，如果不是，则会被转成一个 resolve 的 Promise 对象，示例代码如下：

```
async function f() {
  return await 123;
}

f().then(v => console.log(v))
// 123
```

上述代码中，await 命令参数是数值 123，它被转成 Promise 对象，并立即 resolve。

await 命令后面的 Promise 对象如果变为 reject 状态，则 reject 的参数会被 catch 方法的回调函数接收到，示例代码如下：

```
async function f() {
  await Promise.reject('出错了');
}

f()
.then(v => console.log(v))
.catch(e => console.log(e))
// 出错了
```

上述代码中，await 语句前面没有 return，但是 reject 方法的参数依然传入了 catch 方法的回调函数。另外如果有多个 await 命令，可以统一放在 try…catch 结构中，示例代码如下：

```
async function main() {
  try {
    const val1 = await firstStep();
    const val2 = await secondStep(val1);
    const val3 = await thirdStep(val1, val2);

    console.log('Final: ', val3);
  }
  catch (err) {
    console.error(err);
  }
}
```

同样可以使用 try…catch 结构，实现多次重复尝试：

```
const superagent = require('superagent');
const NUM_RETRIES = 3;
async function test() {
```

```
    let i;
    for (i = 0; i < NUM_RETRIES; ++i) {
      try {
        await superagent.get('http://google.com/this-throws-an-error');
        break;
      } catch(err) {}
    }
    console.log(i); // 3
  }
test();
```

上述代码中，如果 await 操作成功，则会使用 break 语句退出循环；如果失败，则会被 catch 语句捕捉，然后进入下一轮循环。

4．执行方式

Async 函数的执行方式，就是将 Generator 函数和自动执行器包装在一个函数里，示例代码如下：

```
async function fn(args) {
  // ...
}
// 等同于
function fn(args) {
  return spawn(function* () {
    // ...
  });
}
```

所有的 Async 函数都可以写成以上形式，其中的 spawn 函数就是自动执行器。

5．异步遍历器

异步遍历器的作用是调用遍历器的 next 方法，返回的是一个 Promise 对象。

对象的异步遍历器接口，部署在 Symbol.asyncIterator 属性上面，只要对象的 Symbol.asyncIterator 属性有值，就表示应该对这个对象进行异步遍历。新引入的 for await… of 循环，则是用于遍历异步的 Iterator 接口。有些类似 Generator 函数返回一个同步遍历器对象的方式，异步 Generator 函数的作用是返回一个异步遍历器对象。在语法上，异步 Generator 函数就是 Async 函数与 Generator 函数的结合，其语法格式如下：

```
async function* gen1() {
  yield 'a';
  yield 'b';
  return 2;
}

async function* gen2() {
  // result 最终会等于 2
  const result = yield* gen1();
```

}

上述代码中，gen2 函数里面的 result 变量，最后的值是 2。与同步 Generator 函数一样，for await…of 循环会展开 yield*，示例代码如下：

```
(async function () {
  for await (const x of gen2()) {
    console.log(x);
  }
})();
// a
// b
```

4.4.12　Module 模块

在 ES6 标准中，JavaScript 原生支持 Module 了。这种将 JS 代码分割成不同功能的小块，进行模块化的概念比较适用，将不同功能的代码分别写在不同文件中，各模块只需导出公共接口部分，然后通过模块的导入方式可以在其他地方使用。

为了给用户提供方便，让用户不用阅读文档就能加载模块，就要用到 export default 命令，为模块指定默认输出。这样其他模块加载该模块时，import 命令可以为该匿名函数指定任意名字。

ES6 模块加载的机制与 CommonJS 模块不同。CommonJS 模块输出的是一个值的复制，而 ES6 模块输出的是值的引用。CommonJS 模块输出的是被输出值的复制，也就是说，一旦输出一个值，模块内部的变化就影响不到这个值。

ES6 模块的运行机制与 CommonJS 不同，它遇到模块加载命令 import 时，不会去执行模块，而是生成一个动态的只读引用，等到真的需要用到时，再到模块里取值；ES6 的输入有点像 UNIX 系统的"符号连接"，原始值变了，import 输入的值也会跟着变。因此，ES6 模块是动态引用，并且不会缓存值，模块里的变量绑定其所在的模块。

第 5 章 WebPack

WebPack 是一个前端资源加载/打包工具。它将根据模块的依赖关系进行静态分析,然后将这些模块按照指定的规则生成对应的静态资源。所谓的模块就是在平时的前端开发中,用到的一些静态资源,如 JavaScript、CSS、图片等文件,WebPack 就将这些静态资源文件称之为模块。本章主要介绍 WebPack 的基础知识,通过示例来说明该技术的使用方法。

5.1 概　　念

WebPack 是一个现代 JavaScript 应用程序的静态模块打包器(module bundle),当 WebPack 处理应用程序时,它会递归地构建一个依赖关系图,其中包含应用程序需要的每个模块,然后将所有这些模块打包成一个或多个打包器,WebPack 有 4 个核心概念:入口(entry)、输出(output)、转换(loader)、插件(plugins)。

5.2 入　　口

入口是指 WebPack 应该使用哪个模块作为构建其内部依赖图的开始。进入入口起点后,WebPack 会找出有哪些模块和库是入口起点直接和间接依赖的,每个依赖项随即被处理,最后输出到称之为 bundle 的文件中,通常可以通过在 WebPack 配置中设置 entry 属性,来指定一个入口起点或多个入口起点,默认值为./src,示例代码如下:

```
webpack.config.js
module.exports = {
  entry: './path/to/my/entry/file.js'
};
```

5.2.1 单个入口语法

有时候应用只需要有一个入口起点的应用程序或工具快速设置 WebPack 配置,这就用到了单个入口语法 entry: string|Array<string>,示例代码如下:

```
const config = {
  entry: {
    main: './path/to/my/entry/file.js'
  }
};
```

但是很多时候需要多个依赖文件一起注入,并且将其依赖导向到一个"chunk"时,通常会采用数组的方法，该方法向 entry 属性传入文件路径，创建多个主入口-multi-main entry。

5.2.2 对象语法

对象语法是应用程序中定义入口最可扩展的方式，是对 WebPack 的配置，可以重用并且可以与其他配置组合使用，用于将关注点从环境（environment）、构建目标（build target）、运行时（runtime）中分离，然后再使用专门的工具（如 WebPack-merge）将它们合并，其语法格式如下：

```
entry: {[entryChunkName: string]: string|Array<string>},
```

示例代码如下：

```
webpack.config.js
const config = {
  entry: {
    app: './src/app.js',
    vendors: './src/vendors.js'
  }
};
```

5.2.3 多页面应用程序

在多页应用中，每当页面跳转时服务器将获取一个新的 HTML 文档，这时候页面需要重新加载新文档，并且资源被重新下载。在这期间使用 CommonsChunkPlugin 为每个页面间的应用程序创建 bundle 共享代码时，入口起点就会增多，这样多页应用就能够复用入口起点之间的大量代码/模块，这种方法称之为多页面应用程序，示例代码如下：

```
webpack.config.js
const config = {
  entry: {
    pageOne: './src/pageOne/index.js',
    pageTwo: './src/pageTwo/index.js',
    pageThree: './src/pageThree/index.js'
  }
};
```

5.3 输　　出

输出的作用是通过配置 output 选项，达到可以控制 WebPack 向硬盘写入编译文件的目的。output 属性告诉 WebPack 在哪里输出它所创建的 bundle，以及如何命名这些文件，默认值为./dist。整个应用程序结构都会被编译到指定输出路径的文件夹中，使用者可以通过在配置中指定一个 output 字段来实现这些处理过程：

```
webpack.config.js
const path = require('path');
module.exports = {
  entry: './path/to/my/entry/file.js',
  output: {
```

```
    path: path.resolve(__dirname, 'dist'),
    filename: 'my-first-webpack.bundle.js'
  }
};
```

在 WebPack 中配置 output 属性的最低要求是将它的值设置为一个对象，可以通过两点来实现：①filename 用于输出文件的文件名；②目标输出目录 path 的绝对路径，以下示例是将一个单独的 bundle.js 文件输出到/home/proj/public/assets 目录中。

```
webpack.config.js
const config = {
  output: {
    filename: 'bundle.js',
    path: '/home/proj/public/assets'
  }
};
module.exports = config;
```

如果配置创建了多个单独的"chunk"，使用多个入口起点或使用像 CommonsChunkPlugin 这样的插件，则应该使用占位符来确保每个文件具有唯一的名称，示例代码如下：

```
{
  entry: {
    app: './src/app.js',
    search: './src/search.js'
  },
  output: {
    filename: '[name].js',
    path: __dirname + '/dist'
  }
}
```

5.4 转　　换

转换的作用是对模块的源代码进行转换，可以将所有类型的文件转换为 WebPack 能够处理的有效模块，使 WebPack 能够去处理非 JavaScript 文件。在执行过程中 WebPack loader 将所有类型的文件，都转换为应用程序的依赖图可以直接引用的模块，它可以将文件从不同的开发语言转换为 JavaScript，或将内联图像转换为 data URL，甚至允许直接在 JavaScript 模块中转换 import CSS 文件。在 WebPack 的配置中 loader 有两个目标：

① test 属性，用于标识出应该被对应的 loader 进行转换的某个或某些文件。
② use 属性，表示进行转换时，应该使用哪个 loader。示例代码如下：

```
webpack.config.js
const path = require('path');
const config = {
  output: {
    filename: 'my-first-webpack.bundle.js'
```

```
    },
    module: {
      rules: [
        { test: /\.txt$/, use: 'raw-loader' }
      ]
    }
};
module.exports = config;
```

通常在应用程序中，有 3 种使用 loader 的方式：①配置方法，在 webpack.config.js 文件中指定 loader；②内联方法，在每个 import 语句中显式指定 loader；③CLI 方法，在 shell 命令中指定配置方法。

module.rules 允许在 WebPack 配置中指定多个 loader。内联方法可以在 import 语句或任何等效于"import"的方式中指定 loader，使用 "!" 将资源中的 loader 分开，分开的每个部分都针对当前的目录进行解析，示例代码如下：

```
import Styles from 'style-loader!css-loader?modules!./styles.css';
```

5.5 插　　件

loader 被用于转换某些类型的模块，而插件则可以用于执行范围更广的任务，从打包优化和压缩，一直到重新定义环境中的变量都属于插件的作用范围。插件功能极其强大，可以用来处理各种各样的任务。使用的时候只需要用 require()函数调用，然后把它添加到 plugins 数组中即可。多数插件可以通过选项自定义，也可以在一个配置文件中因为不同目的而多次使用同一个插件，这时需要通过使用 new 操作符来创建一个实例，示例代码如下：

```
webpack.config.js
const HtmlWebpackPlugin = require('html-webpack-plugin');   //通过 npm 安装
const webpack = require('webpack');                         //用于访问内置插件
const config = {
    module: {
      rules: [
        { test: /\.txt$/, use: 'raw-loader' }
      ]
    },
    plugins: [
      new webpack.optimize.UglifyJsPlugin(),
      new HtmlWebpackPlugin({template: './src/index.html'})
    ]
};
module.exports = config;
```

第 6 章 Node.js

本章主要讲解 Node.js 的基础知识和主要方法，简单来说，Node.js 就是运行在服务端的 JavaScript。它既不是编程语言，也不是框架，而是一个基于 V8 引擎的 js 运行环境。在 Node.js 中没有 BOM 与 DOM，只包含 JavaScript 中的 Ecmascript（变量、数组、方法、对象、函数等）和自己的一些模块，这些模块使 Node.js 可以做服务器编程，如 http 模块、fs 文件模块。

Node.js 是一个事件驱动 I/O 服务端的 JavaScript 环境，基于 Google 的 V8 引擎。V8 引擎执行 Javascript 的速度非常快，性能非常好。

6.1 环 境 安 装

因为 Node.js 平台是在后端运行 JavaScript 代码的，所以，必须先在本机安装 Node 环境。从 Node.js 官网下载对应平台的安装程序。安装完成后，在 Windows 环境下，打开命令提示符，然后输入 node -v，如果安装正常，应该看到输出如下：

C:\Users\IEUser>node -v

输入 Node 进入 Node.js 的交互环境，再输入任意 JavaScript 语句，按回车键后将得到输出结果，查看是否正确，连按两次 Ctrl+C 组合键即可退出。

6.2 NPM 常用命令

因为在 Node.js 上开发时，会用到很多别人写的方法，如果每次使用都根据名称搜索官方网站、下载代码、解压、使用，这个过程非常烦琐，为了解决这一问题，系统提供了一个集中管理的工具即 NPM。NPM 是 Node.js 的包管理工具 Package Manager，所有开发者把开发的模块打包后放到 NPM 官网上，直接通过 NPM 安装就可以使用，而且还可以把所有依赖的包都下载下来统一管理。Node.js 在安装的时候会自动安装 NPM，使用命令提示符或者终端输入 npm-v，可以看到输出结果：

C:\>npm -v

另外还有一些常用的语法命令如表 6.1 所示。

表 6.1

代　　码	功　　能
npm -v	#显示版本，检查 NPM 是否正确安装

续表

代 码	功 能
npm install express	#安装 express 模块
npm install -g express	#全局安装 express 模块
npm list -g	#列出全局已安装模块
npm show express	#显示模块详情
npm update	#升级当前目录中项目的所有模块
npm update express	#升级当前目录中项目的指定模块
npm update -g express	#升级全局安装的 express 模块
npm uninstall express	#删除指定的模块

（1）npm install moduleNames：安装 Node 模块。安装完毕后会产生一个 node_modules 目录，其目录下就是安装的各个 Node 模块。Node 的安装分为全局模式和本地模式。一般情况下会以本地模式运行，包会被安装到本地 node_modules 目录下。在全局模式下，全局安装命令为$npm install -g moduleName，Node 包会被安装到 node_modules 目录下。

（2）npm view moduleNames：查看 Node 模块的 package.json 文件夹。如果想要查看 package.json 文件夹下某个标签的内容，可以使用$npm view moduleName labelName

（3）npm list：查看当前目录下已安装的 Node 包。Node 模块搜索是从代码执行的当前目录开始的，搜索结果取决于当前使用目录中 node_modules 的内容，$npm list parseable=true 以目录形式展现当前安装的所有 Node 包。

（4）npm help：查看帮助命令。

（5）npm view moudleName dependencies：查看包的依赖关系。

（6）npm view moduleName repository.url：查看包的源文件地址。

（7）npm view moduleName engines：查看包所依赖的 Node 版本。

（8）npm help folders：查看 NPM 使用的所有文件夹。

（9）npm rebuild moduleName：用于更改包内容后进行重建。

（10）npm outdated：检查包是否已经过时，此命令会列出所有已经过时的包，可以及时进行包的更新。

（11）npm update moduleName：更新 Node 模块。

（12）npm uninstall moudleName：卸载 Node 模块。

（13）npm help json：访问 NPM 的 json 文件。

（14）npm search packageName：发布一个 NPM 包的时候，需要检验某个包名是否已存在。

（15）npm init：会引导创建一个 package.json 文件，包括名称、版本、作者信息。

（16）npm root：查看当前包的安装路径。

（17）npm root -g：查看全局包的安装路径。

6.3　Path 主要方法

Node.js path 模块提供了一些用于处理文件路径的小工具，path 模块为这些小工具处理文件与目录的路径，其语法格式如下：

```
const path = require('path');
```

6.3.1　path.bashename(path[,ext])

path.basename()方法返回一个 path 的最后一部分，其语法格式如下：

path <string>
ext　<string> 可选的文件扩展名
返回: <string>

示例代码如下：

```
path.basename('/foo/bar/baz/asdf/quux.html');
// 返回: 'quux.html'
```

6.3.2　path.dirname(path)

path.dirname()方法返回一个 path 的目录名，其语法格式如下：

　path <string>
返回: <string>

示例代码如下：

```
path.dirname('/foo/bar/baz/asdf/quux');
// 返回: '/foo/bar/baz/asdf'
```

6.3.3　path.extname(path)

path.extname()方法返回 path 的扩展名，即从 path 最后一部分的最后一个字符到字符串结束。

示例代码如下：

```
path.extname('index.html');
// 返回: '.html'
```

6.3.4　path.format(pathObject)

path.format()方法会从一个对象返回一个路径字符串，其作用与path.parse()相反。

示例代码如下：

```
path.format({
  root: '/',
  base: 'file.txt',
  ext: 'ignored'
});
// 返回: '/file.txt'
```

6.3.5　path.isAbsolute(path)

path.isAbsolute()方法会判定 path 是否为一个绝对路径，如果 path 不是一个字符串，则抛出 TypeError。

例如，在 POSIX 上：

```
path.isAbsolute('/foo/bar');        // true
path.isAbsolute('/baz/..');         // true
```

```
path.isAbsolute('qux/');            // false
path.isAbsolute('.');               // false
```

在 Windows 上：

```
path.isAbsolute('//server');        // true
path.isAbsolute('\\\\server');      // true
path.isAbsolute('C:/foo/..');       // true
path.isAbsolute('C:\\foo\\..');     // true
path.isAbsolute('bar\\baz');        // false
path.isAbsolute('bar/baz');         // false
path.isAbsolute('.');               // false
```

6.3.6　path.parse(path)

path.parse()方法返回一个对象，对象的属性表示 path 的元素，返回的对象有以下属性：

```
dir <string>
root <string>
base <string>
name <string>
ext <string>
```

6.3.7　path.relative(from,to)

path.relative()方法返回当前目录从 from 到 to 的相对路径。如果 from 和 to 各自解析到同一路径，则返回一个长度为零的字符串。如果 from 或 to 传入了一个长度为零的字符串，则当前工作目录会被用于代替长度为零的字符串，其语法格式如下：

```
from <string>
to <string>
返回: <string>
```

6.3.8　path.resolve([...paths])

path.resolve()方法会把一个路径或路径片段的序列解析为一个绝对路径。该路径的序列是从右往左被处理的，后面每个 path 被依次解析，直到构造完成一个绝对路径。如果处理完全部给定的 path 片段后还未生成一个绝对路径，则当前工作目录会被调用。

示例代码如下：

```
path.resolve('wwwroot', 'static_files/png/', '../gif/image.gif');
// 如果当前工作目录为 /home/myself/node，
// 则返回 '/home/myself/node/wwwroot/static_files/gif/image.gif'
```

6.3.9　path.join([...paths])

path.join()方法使用平台特定的分隔符，把全部给定的 path 片段连接到一起，并规范生成的路径，示例代码如下：

```
path.join('/foo', 'bar', 'baz/asdf', 'quux', '..');
// 返回: '/foo/bar/baz/asdf'
path.join('foo', {}, 'bar');
// 抛出 'TypeError: Path must be a string. Received {}'
```

6.4 模 块 机 制

Node 在实现中对模块规范进行了一定的删除，同时也增加了少许自身需要的特性。如果在 Node 中引入模块机制，则需要经历以下 3 个步骤：路径分析、文件定位和编译执行。

在 Node 中模块可分为两类：一类是 Node 提供的模块，称为核心模块；另一类是用户编写的模块，称为文件模块。核心模块在 Node 源代码的编译过程中，编译进了二进制执行文件。在 Node 进程启动时，部分核心模块就被直接加载进内存中，所以这部分核心模块引入时，就省略了文件定位和编译执行这部分工作，并且在路径分析中优先判断，可以快速提升加载速度。文件模块则是在运行时动态加载，需要完整的路径分析、文件定位、编译执行过程，因此速度比核心模块要慢。

6.4.1 模块的安装管理

文件和模块是一一对应的，一个 Node.js 文件就是一个模块，为了让 Node.js 文件可以相互调用，Node.js 提供了一个简单的模块系统，利用 npm install 指令可以安装模块，每个模块既可以全局安装，也可以本地安装。全局安装指将一个模块安装到系统目录中，各个项目都可以调用。本地安装指将一个模块下载到当前项目的 node_modules 子目录，然后只有在项目目录中，才能调用这个模块，示例代码如下：

```
# 本地安装
$ npm install <package name>
# 全局安装
$ sudo npm install -global <package name>
$ sudo npm install -g <package name>
npm install <package name> --save
npm install <package name>    --save-dev
```

6.4.2 缓存优先

Node 对引入过的模块都会进行缓存，以减少二次引入时的开销。与浏览器缓存不同的地方在于浏览器仅仅缓存文件，而 Node 缓存的是编译和执行之后的对象。不论是核心模块还是文件模块，对相同模块的二次加载都采用缓存优先的方式，但是核心模块的缓存检查先于文件模块的缓存检查。

6.4.3 路径分析和文件定位

因为标识符有多种形式，对于不同的标识符，模块的查找和定位存在不同程度的差异。

1．模块标识符分析

Node 基于一个模块标识符进行模块查找。模块标识符在 Node 中主要分为以下 4 类：①核心模块，如 http、fs、path 等；②以 "." 或 ".." 开始的相对路径文件模块；③以 "/" 开始的绝对路径文件模块；④非路径形式的文件模块。

2．文件定位

文件定位包括对文件扩展名的分析，以及对目录和包的处理。

（1）对文件扩展名的分析。

通常情况下标识符中不包含文件扩展名，Node 会按.js、.json、.node 的顺序补足扩展名，依次尝试，在尝试的过程中，需要调用 fs 模块同步阻塞式地判断文件是否存在。

（2）对目录和包的处理。

在分析标识符的过程中，require()通过分析文件扩展名之后，可能没有查找到对应文件，但却得到一个目录，此时 Node 会将目录当作一个包来处理。首先 Node 在当前目录下查找 package.json，通过 JSON.parse()解析出包的描述对象，从中取出 main 属性指定的文件名进行定位。如果文件名缺少扩展名，将会进入扩展名分析的步骤。如果 main 属性指定的文件名错误，或者没有 package.json 文件，Node 会将 index 当作默认文件名，然后依次查找 index.js、index.node、index.json。如果在目录分析过程中没有定位成功任何文件，则自定义模块进入下一个模块路径进行查找。如果模块路径数组都被遍历完毕，依然没有查找到目标文件，则会抛出查找失败的判断。

6.4.4 模块编译

在 Node 中，每个文件模块都是一个对象，其定义如下：

```
function Module(id, parent) {
    this.id = id;
    this.exports = {};
    this.parent = parent;
     if (parent && parent.children) {
     parent.children.push(this);
    }
    this.filename = null;
     this.loaded = false;
    this.children = [];
}
```

定位到具体的文件后，Node 会新建一个模块对象，然后根据路径载入并编译。对于不同的文件扩展名，其载入方法也有所不同，具体内容如下所述。

（1）.js 文件。

通过 fs 模块同步读取文件后编译执行。

（2）.node 文件。

这是用 C/C++编写的扩展文件，通过 dlopen()方法加载后编译生成的文件。

（3）.json 文件。

通过 fs 模块同步读取文件后，用 JSON.parse()解析返回结果。

（4）其余扩展名文件。

它们都被当做.js 文件载入。

每一个编译成功的模块都会将其文件路径作为索引缓存在 Module._cache 对象上，以提高二次引入的性能，示例代码如下：

```
console.log(require.extentions);
{ '.js': [Function], '.json': [Function], '.node': [Function] }
.js function(module, filename) {
  var content = fs.readFileSync(filename, 'utf8');
```

```
    // 编译
    module._compile(stripBOM(content), filename);
  }
  .json function(module, filename) {
    var content = fs.readFileSync(filename, 'utf8');
    try {
      // 直接解析
      module.exports = JSON.parse(stripBOM(content));
    } catch (err) {
      err.message = filename + ': ' + err.message;
      throw err;
    }
  }
  .node function(module, filename) {
    // 使用 dlopen 进行加载执行
    return process.dlopen(module, path.toNamespacedPath(filename));
  }
```

从上面的结果可以看到，使用 require.extentions 查看，模块的加载其实本质上就是利用同步的 fs.readFileSync 函数来读取其中的文件内容，然后根据不同的类型将其进行编译。

每个模块文件中都存在着 3 个变量：require、exports、module，但是它们在模块文件中并没有定义，因为如果把直接定义模块的过程放在浏览器端，就会存在污染全局变量的情况。所以在编译的过程中，Node 对获取的 JavaScript 文件内容进行了头尾包装，在头部添加了 (function (exports, require, module, __filename, __dirname) {\n,在尾部添加了\n});一个正常的 JavaScript 文件会被包装成如下形式：

```
(function (exports, require, module, __filename, __dirname) {
  var math = require('math');
  exports.area = function (radius) {
    return Math.PI * radius * radius;
  };
});
```

这样每个模块文件之间都进行了作用域隔离。包装之后的代码先会通过 vm 原生模块的 runInThisContext()方法执行，返回一个具体的 function 对象。然后将当前模块对象的 exports 属性、require()方法、module（模块对象自身），以及在文件定位中得到的完整文件路径和文件目录作为参数传递给 function()执行。

第 7 章 React

7.1 简　　介

React 是一个通过声明式来构建用户界面的框架，包含了一些不同的组件，示例代码如下：

```
class ShoppingList extends React.Component {
    render() {
        return (
            <div className="shopping-list">
                <h1>Shopping List for {this.props.name}</h1>
                <ul>
                    <li>Instagram</li>
                    <li>WhatsApp</li>
                    <li>Oculus</li>
                </ul>
            </div> ); } }// 通过这种标签语法来使用上面声明的组件：<ShoppingList name="Mark" />
```

通过类似 XML/HTML 的标签控制组件向 React 描述了需要渲染的内容，之后 React 会根据应用数据的变化自动渲染和更新组件。上述代码中 Shopping List 是一种 React 组件类，会接受 props 参数，并通过 render 方法返回一个嵌套结构的视图。render 返回的是对想要渲染内容的描述，React 会根据描述将对应的内容在屏幕上渲染出来。如<div />会被编译为 React.createElement('div')，上述的例子就等同于：

```
return React.createElement('div', {className: 'shopping-list'},
    React.createElement('h1', /* ... h1 children ... */),
    React.createElement('ul', /* ... ul children ... */)
);
```

7.2 安 装 方 法

React 是 JS 的库，因此需要提前安装 Node.js，代码如下：

```
npm install -g create-react-app      //安装环境
create-react-app my-app              //创建应用名称 my-app，最好使用正确的路径
cd my-app                            //移动项目
npm start                            //开始使用
```

推荐使用 Yarn 或者 NPM 来管理前/后台的依赖关系，其下载资源都来源于 npm registry。

```
//安装 Yarn 方法
yarn init
yarn add react react-dom
//安装 npm 方法
npm init
npm install --save react react-dom
```

直接引用 BootCDN 的 React CDN 库，其地址如下：

```
<script src="https://cdn.bootcss.com/react/16.4.0/umd/react.development.js"></script>
<script src="https://cdn.bootcss.com/react-dom/16.4.0/umd/react-dom.development.js"></script> <!-- 生产环境中不建议使用 -->
<script src="https://cdn.bootcss.com/babel-standalone/6.26.0/babel.min.js"></script>
```

官方提供的 CDN 地址：

```
<script src="https://unpkg.com/react@16/umd/react.development.js"></script>   <script src="https://unpkg.com/react-dom@16/umd/react-dom.development.js"></script> <!-- 生产环境中不建议使用 -->
<script src="https://unpkg.com/babel-standalone@6.15.0/babel.min.js"></script>
```

通常使用时会引入 3 个库：react.min.js、react-dom.min.js 和 babel.min.js。

react.min.js：React 的核心库。

react-dom.min.js：提供与 DOM 相关的功能。

babel.min.js：babel 可以将 ES6 代码转为 ES5 代码。

7.3 JSX

7.3.1 JSX 简介

JSX（JavaScript XML）基于 JavaScript 融合了 XML，可以在 JS 中书写 XML。它是一种自定义属性的标记语言，具有很好的可扩展性。在 React 中如果需要向页面输出一个标签，则必须用到 React 内置的 JSX 语法，否则输出的只是普通的字符串，示例代码如下：

```
ReactDOM.render
(
    <h1>Hello, world!</h1>,
    document.getElementById('example')
);
```

7.3.2 JSX 语法

JSX 语法比较简练，要求在 JS 中书写 XML，按照 HTML 语法直接写在 JavaScript 语言之中，而且允许 HTML 与 JavaScript 混写。每个结构中只有一个顶层元素，可以包含多个子节点，采用插值表达式的方式阐述。

差值表达式语法：{ 表达式 }。

插值表达式的数据类型有 3 种：

（1）输出字符串和数字；

(2)布尔值的输出为空字符串；

(3)对象可以输出一个数组，会转成字符串。

另外，在 JSX 标签添加属性的方法与 XML 类似，其格式如下：

属性名 = 属性值，值用双引号包括。

属性值支持插值表达式，class 属性需要改为 className，style 属性的值必须使用对象描述，for 属性改为 htmlFor，colspan 属性改为 colSpan，示例代码如下：

```
import classes form './myCss.css'
{/*JSX 中的注释方式*/}
{/*style 属性必须使用 {{}} */}
<div style={{width: 20px; height=30px}}>
    { props.text }
</div>
{/*html class 属性*/}
<div className="myClass"></div>
{/*html input 标签, JSX 中所有的标签都必须有闭标签*/}
<input type="text" />
{/*html label 标签 */}
<label htmlFor="name" class="mayName"></label>
{/*调用.css 文件中的 css 属性，mycss 为 css 文件中的类*/}
<div className={classes['mycss']}></div>
```

7.4 组　　件

在 React 中每个组件就是一个 UI 的单元，组件的作用是将要展示的内容，分成多个独立部分，每一个部分即一个组件，组件和类一样可以定义方法。

每个组件就是一个类，组件由两个部分构成：属性（props）和状态（state）。组件的属性是父组件给予的，存储的是父组件对子组件的要求，但是在组件内部只可以对属性进行访问，不可以修改。组件的状态由组件自行定义和使用，用来存储组件当前状态，组件的状态可以修改。

7.4.1 组件相关知识

每个组件不仅仅是个单元，更是一个状态机，通过与用户的交互，实现不同状态，通过渲染 UI 把用户界面和数据保持一致。在开发时，只需要更新组件的状态，并根据新的状态重新渲染用户界面接口。

通过 this.state 方法来访问状态和实现更新。当 this.setState()方法被调用时，React 会重新调用 render 方法来渲染 UI。setState 方法通过一个队列机制实现 state 更新，当执行 setState 的时候，会将需要更新的 state 合并之后放入状态队列，而不会立即更新 this.state。当调用 setState 时，实际上会执行 enqueueSetState 方法，并对 partialState 及_pending-StateQueue 更新队列进行合并操作，最终通过 enqueueUpdate 执行 state 更新。

与状态息息相关的概念是事务，事务是将需要执行的方法使用 wrapper 封装起来，再通过提供的 perform 方法执行。先执行 wrapper 中的 initialize 方法，执行完 perform 之后，再执行所有的 close 方法，一组 initialize 及 close 方法称为一个 wrapper，即一个事务。

React 通过声明周期函数。严格定义了组件的 3 个生命周期，即装载（mount）：描述组件第一次在 DOM 树渲染的过程；更新（update）：描述组件被重新渲染的过程；卸载过程（unmount），描述组件从 DOM 树中删除的过程。

7.4.2　React props

props 属性的作用是在组件之间进行传值，属性可以接受任意值、字符串、对象、函数等，在 React 中 props 是组件对外暴露的接口，所以 React 提供了 PropTypes 用于校验属性的类型，组件属性类型和 PropTypes 校验属性的对应关系，如表 7.1 所示。

表 7.1

类　　型	propTypes 对应的属性
String	propTypes.string
Number	propTypes.number
Boolean	propTypes.bool
Function	propTypes.func
Object	propTypes.object
Array	propTypes.array
Symbol	propTypes.symbol
Element	propTypes.element
Node	propTypes.node

7.4.3　生命周期

React 严格定义了组件的 3 个生命周期，执行这一过程的调用函数即声明周期函数。整个生命周期的机构如图 7.1 所示。

1．装载过程

该过程会依次调用如下函数。

constructor()：ES6 类的构造函数，作用是为了初始化 state 或绑定 this。

getDefaultProps()：ES5 中初始化 props。

getInitialState()：ES5 中初始化 state。

componentWillMount()：在组件被挂载前调用，只执行一次。

render()：渲染组件。

componentDidMount()：在组件装载后调用。

2．更新过程

当组件的 props 或者 state 改变时就会触发组件的更新过程。

更新过程会依次执行如下函数：

componentWillReceiveProps(nextProps)：当父组件的 render()方法执行后就会触发该方法。初始化时不调用。

shouldComponentUpdate(nextProps,nextState)：当 props 改变或 state 改变时调用，初始化时不调用，返回 Boolean；true 表示继续执行 render 方法，fasle 表示放弃本次渲染。

render()：渲染组件。

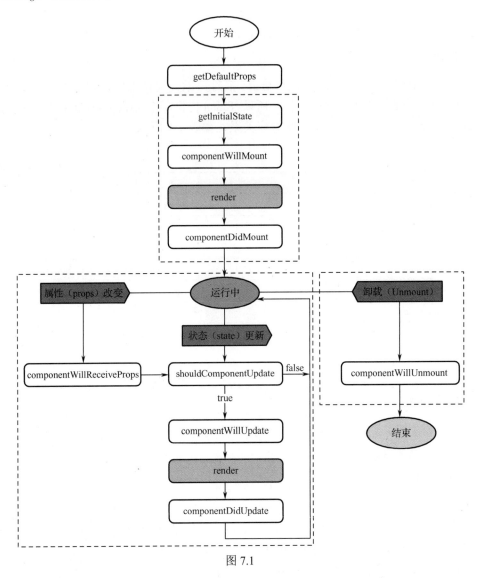

图 7.1

3. 卸载过程

componentWillUnmount()：将组件从 DOM 树移出，防止内存溢出。

第 8 章　React router

本章主要介绍 React router，它是一个基于 React 的路由库，会自动搭建嵌套的 UI，并将树级嵌套格式转变成路由配置，其作用是可以向应用中快速添加视图和数据流，并同时保持页面与 URL 间的同步，通常用于添加 UI 或是获取 URL。

8.1　基 础 知 识

React router 使用路由嵌套的概念来定义 view 的嵌套集合，嵌套路由被描述成一种树形结构，通过深度优先遍历整个路由配置来寻找一个与给定的 URL 相匹配的路由。路由路径是匹配一个 URL 的字符串，如果一个路由使用了相对路径，路由算法会根据定义的顺序自上向下匹配路由，完整的路径将由它所有祖先节点的路径和自身指定的相对路径拼接而成。由此可见，路由的匹配过程是 React router 由一组指令来完成的，通过 history 去监听浏览器地址栏的变化，解析这个 URL 并转化为 location 对象匹配到路由，然后才可以正确地渲染对应的组件。

常用的 history 有三种形式：hashHistory、browserHistory、createMemoryHistory。hashHistory 是对#后面的路径进行处理，目的是通过 HTML5 History 进行前端路由管理；browserHistory 没有#，能够访问指定的 URL 定向到当前页面，通过服务端的配置对前端的路由进行管理。createMemoryHistory 的作用与前两者不同，它不会在地址栏被操作或读取。这三种方式中 browserHistory 使用较多。

browserHistory 是使用 React router 应用推荐的 history，使用浏览器中的 History API 处理 URL，与此同时服务器需要做好处理 URL 的准备。如果能使用浏览器自带的 window.History API，那么其特性就可以被浏览器所检测到；如果不能使用，则任何调用跳转的应用都会导致全页面刷新。

hashHistory 使用 URL 中的#部分去创建如 example.com/#/some/path 的路由。该方法不需要服务器任何配置就可以运行，通常情况下为了增强效率每个 Web 应用都会选择使用 browserHistory；而 createMemoryHistory 的机制较为特殊，它不会在地址栏被操作或读取，主要用于服务器渲染和测试，其格式如下：

```
const history = createMemoryHistory(location)
```

IndexRoute（默认路由）是在目的地址找不到存在的其他路由时，路由器所选择的路由，目的地址不在路由表里的所有数据包都会使用默认路由。在开发系统时，会遇到需要加载 JavaScript 的情况，而且 JavaScript 大小会影响加载的效率，所以程序需要有选择加载当前渲染页所需的 JavaScript，通常采用的方式是将所有的代码分拆成多个小包，在用户浏览过程中按需加载。因为对于底层来说，并不需要上面的每一层级都进行细节修改。

8.2 动态路由

多个团队共用一个大型的路由配置文件，就会造成合并时的冲突。所以通常会在路由上做代码分拆，目的就是配置好每个 view。React router 里的路径匹配及组件加载都是异步完成的，不但允许延迟加载组件，还可以延迟加载路由配置。首次加载需要一个路径定义，路由会自动解析剩下的路径。

router 可以定义 getChildRoutes、getIndexRoute 和 getComponents 函数，采用逐步匹配的异步执行方式，并在需要时候被调用，逐渐匹配 URL 并只加载该 URL 对应页面所需的路径配置和组件。很多时候需要配合 WebPack 等代码分拆工具，使一个原本烦琐的构架变得简洁明了。

8.3 跳转前确认

React router 提供了一个 routerWillLeave 生命周期构件，使 React 组件可以拦截正在发生的跳转，或者在离开 route 前提示用户，routerWillLeave 返回值有以下两种：

（1）return false 取消此次跳转。

（2）return 返回提示信息，在离开 route 前提示用户进行确认。通常在使用时，会在 route 组件中引入 Lifecycle mixin 来安装这个构件，示例代码如下：

```
import routerWillLeave(nextLocation) {
    if (!this.state.isSaved)
        return 'Your work is not saved! Are you sure you want to leave?'
},
// ...
})
```

8.4 服务端渲染

在开发的时候，通常对服务器的要求是时间短、页面响应高，所以会采用服务器渲染，而且是有选择地对页面进行渲染，其过程由中间层为客户端请求初始数据，并由 Node 渲染页面。服务端渲染过程如下：

（1）请求一个 HTML；

（2）服务端请求数据；

（3）服务器初始渲染；

（4）服务端返回已经有正确内容的页面；

（5）客户端请求 js/css 文件；

（6）等待 JS 文件下载完成；

（7）等待 JS 加载并初始化完成；

（8）客户端其余部分渲染完成。

8.5 路由的钩子

"钩子"一词在开发中经常会遇到,是一种消息处理机制,通过设置钩子应用程序可以在系统级对所有消息、事件进行过滤,访问在正常情况下无法访问的消息。钩子的本质是一段用以处理系统消息的程序,通过系统调用把它挂入系统。React router 有 Enter 钩子和 Leave 钩子,在用户进入或离开该路由时触发。以下用一段代码作为示例说明其使用方式:

```
<Route path="about" component={About} />
<Route path="inbox" component={Inbox}>
  <Redirect from="messages/:id" to="/messages/:id" />
</Route>
```

在用户离开/messages/:id 进入/about 时,会依次触发以下钩子:

```
/messages/:id 的 onLeave
/inbox 的 onLeave
/about 的 onEnter
```

钩子应用的场景很多,如使用 onEnter 可以进行认证:

```
        const requireAuth = (nextState, replace) => {
    if (!auth.isAdmin()) {
        // Redirect to Home page if not an Admin
        replace({ pathname: '/' })
    }
}
export const AdminRoutes = () => {
  return (
     <Route path="/admin" component={Admin} onEnter={requireAuth} />
  )
}
```

第 9 章 Redux

本章主要介绍 Redux 的 3 个部分：action、reducer、store。

9.1 核 心 思 想

随着 JavaScript 单页应用开发日趋复杂，JavaScript 需要管理比任何时候都要多的状态，这些状态包括服务器响应、缓存数据、激活的路由、被选中的标签、是否显示加载动画效应或者分页器等各类数据，这些不同状态的数据导致管理起来非常困难。因为代表这些状态的数据在什么时候、由于什么原因、如何变化都无法清晰控制，为后续的开发增加了大量的困难。所以 Redux 针对 JavaScript 应用提供了可预测状态容器，借助 Redux 可以控制状态改变的时间、原因和方式，在构建网络应用时能够以有条理的方式存储数据，达到可以在应用的任何位置快速获取数据的目的。

Redux 使用的指引原则有两个：①把 Web 应用看作一个状态机，而且视图与状态是一一对应的；②所有的状态，保存在一个对象里面。从开发者的角度看，在组件的应用场景下，如果某个组件的状态共享，则该状态在任何地方都可以使用；一个组件需要改变全局状态；或是一个组件需要改变另一个组件的状态，这些类似的场景都可以使用 Redux。

9.2 规 定 方 式

Redux 规定了 3 种方式：单一数据源、状态的只读性、使用纯函数执行修改。单一数据源：把应用的全局状态存储在一个对象树中，当状态集中到一个位置后，调试和检测过程也会简单很多。通常在遇到需要实现的功能时，把所有涉及的状态都存储在一个树（单一数据源）中，这样的实现方式比数据分散在多个组件中的开发方式要有效简单。状态的只读性：不能去直接修改状态，如果要修改 store 的状态，则必须通过派发一个 action 对象来完成。使用纯函数执行修改：纯函数指 reducer，在 Redux 中 reducer 的函数结构为 reducer(state,action)，第一个参数 state 为当前的状态，第二个参数 action 是接收到的 action 对象，这种方式存在的目的是根据 state 和 action 的值产生一个新的返回对象。

9.2.1 单一数据源

整个应用的 state 被储存在一棵对象树中，并且只存在唯一的一个 store 中，这样服务端的 state 可以被序列化并直接发送到客户端，由于是单一的 state tree，通常把应用的 state 保存在本地，从而加快开发速度，所以 store 的主要功能如下：

① 维护应用的 state 内容；

② 提供 getState()方法获取 state；
③ 提供 dispatch(action)方法更新 state；
④ 提供 subscribe(listener)方法注册监听器。

9.2.2 state

唯一改变 state 的方法就是触发 action。action 是一个用于描述已发生事件的普通对象。这样确保了视图和网络请求都不能直接修改 state，但是又不妨碍表达想要修改的意图，所有的修改都被集中化处理，且严格按照一个接一个的顺序执行，因此不用担心 race condition 的出现，而且 action 本身只是作为普通对象存在，因此可以实现打印、序列化、存储、后期调试等多种功能。

9.2.3 执行修改

action 的目的是展示把数据从应用传到 store 的有效载荷，是 store 数据的唯一来源，其过程是通过 store.dispatch()函数将 action 传到 store 中的。action 是 JavaScript 的普通对象，action 内必须使用一个字符串类型的 type 字段来表示将要执行的动作，多数情况下，type 会被定义成字符串常量。通常除了 type 字段，action 对象的结构由开发者自行定义，为了描述 action 如何改变 state tree 的过程，需要编写 reducer。reducer 就是纯函数，需要接收之前的 state 和 action，并返回新的 state。随着复杂度变高，应用会变得很庞大，可以通过拆分形成多个小的 reducers，分别独立地操作 state tree 的不同部分，并且可以通过控制被调用的顺序传入附加数据，达到编写可复用的 reducer 来处理一些通用任务的目的。

9.3 reducer

reducer 指定了应用状态的变化，确定其如何响应 action 并发送消息到 store 中，但是在这个过程中 action 只是描述了有事情发生，并没有描述应用的状态是如何变化的。因此，必须要有一种方式是根据 action 的 type 不同来处理不同的事件，reducer 就起到了这个作用。当 store 收到 action 后，必须给出一个新的 state 才会使 view 发生变化，这种状态的计算过程就叫 reducer。由此可见，reducer 是接收 action 和当前 state 作为参数的函数，返回值是一个新的 state。

在 Redux 应用中，所有的 state 都被保存在一个单一对象中。通常需要保存的数据有两种：①当前选中的任务所要求过滤条件所描述的数据；②描述完整的任务列表所需要的数据。除此之外，开发复杂的应用时也会有一些数据需要相互引用，或是一些 UI 相关的 state。因为数据的复杂化，处理 reducer 关系时需要把 state 范式化，把所有数据放到一个对象里，每个数据以 ID 为主键，不同实体或列表间通过 ID 相互引用数据。

reducer 是一个纯函数，这种函数与被传入的回调函数属于相同的类型，接收旧的 state 和 action，返回新的 state，其语法格式如下：

```
(previousState, action) => newState
```

Redux 首次执行时，state 为 undefined，示例代码如下：

```
import { VisibilityFilters } from './actions'
    const initialState = {
    visibilityFilter: VisibilityFilters.SHOW_ALL,
    todos: []
```

```
        };
        function todoApp(state, action) {
          if (typeof state === 'undefined') {
            return initialState
            }
        return state
    }
    function todoApp(state = initialState, action)
    {
        return state
    }
```

在使用 reducer 时，有时代码有些冗长，有时 state 中的字段是相互依赖的，所以在开发时可以把更新的业务逻辑拆分到一个单独的函数里。在接收旧的 state 时，把这个函数变成了一个数组，只把需要更新的一部分 state 传给数组函数，数组函数就可以自行确定如何更新这部分数据。

如果开发一个函数作为主 reducer，可先调用多个子 reducer 分别处理 state 中的一部分数据，然后再把这些数据合成一个大的单一对象，这样主 reducer 就需要设置初始化时完整的 state。初始化时，如果传入 undefined，则子 reducer 将负责返回其默认值。每个 reducer 的 state 参数都不同，分别对应所管理的那部分 state 数据，因此每个 reducer 只负责管理全局 state 中所对应的部分。

9.4 store

store 本质上是一个状态树，保存了所有对象的状态，任何 UI 组件都可以直接从 store 访问特定对象的状态。store 通过保存对象的状态，维持应用的 state，为提供 getState()方法获取 state，为提供 dispatch(action)方法更新 state。

通常在使用的时候，因为 Redux 应用只有一个单一的 store，所以进行数据逻辑处理拆分时，可以使用 reducer 组合创建 store，其中最常用的是 combineReducers()函数，则该函数可以将多个 reducer 合并成为一个。如果将其导入并传递给 createStore(reduce[,initialState])函数，该函数的第二个参数是可选的，用于设置 state 初始状态，通常用于同构应用的开发场景，使用方法如下：

```
import { createStore } from 'redux'
import todoApp from './reducers'
let store = createStore(todoApp)
```

另外，服务器端 Redux 应用的 state 结构可以与客户端保持一致，因此客户端可以从网络接收到服务端的 state 直接用于本地数据初始化，其方法如下：

```
let store = createStore(todoApp, window.STATE_FROM_SERVER)
```

9.5 主要函数

本节讲解 Redux 的主要函数，包含 reduce、compose 及中间件 middleware 的相关知识。

9.5.1 reduce

reduce()方法接收一个函数作为累加器，数组中的每个值从左到右开始缩减，最终为一个值，其语法格式如下：

```
arr.reduce([callback, initialValue])
```

示例代码如下：

```
let arr = [1, 2, 3, 4, 5];
// 10 代表初始值，p 代表每一次的累加值，在第一次为 10
// 如果不存在初始值，那么 p 第一次值为 1
// 此时累加的结果为 15
let sum = arr.reduce((p, c) => p + c, 10);    // 25
// 转成 es5 的写法即为：
var sum = arr.reduce(function(p, c) {
    console.log(p);
    return p + c;
}, 10);
```

9.5.2 compose

函数式编程中有一种方式是通过组合多个函数的功能来实现一个组合函数的。一般支持函数式编程的工具库都能实现这种方式，即这种方式被称作 compose。假设 a、b、c 分别表示 3 个函数，则 compose(a,b,c)返回的函数完全类似嵌套函数 f(a(b(...args)))的功能，即从右到左组合多个函数，把前面函数的返回值作为下一个函数的参数；通常在 Redux 源码中，会看到一个 compose.js 文件，**参见下载代码 9.5.2**。

9.5.3 中间件 middleware

通常在 Express 或者 Koa 等服务端框架中，middleware 是指可以被嵌入在框架接收请求到产生响应过程中的代码。例如，在 Express 或者 Koa 的 middleware 中可以完成添加 Cors headers、记录日志、内容压缩等工作。middleware 最优秀的特性就是可以被链式组合，即可以在一个项目中使用多个独立的第三方 middleware。但是在 Redux 中 middleware 作用有所不同，当负责提供的位于 action 被发起之后，到达 reducer 之前的扩展点，可以利用 Redux middleware 进行日志记录、创建崩溃报告、调用异步或者路由等，示例代码如下：

```
// 定义的非纯函数，提供异步请求支持
// 需要在 sotre 中使用 thunkMiddleware
export function refresh() {
    return dispatch => {
        dispatch(refreshStart());
        return fetch('src/mock/fetch-data-mock.json')
            .then(response => response.json())
            .then(json => {
                setTimeout(() => {
                    dispatch(refreshSuccess(json && json.data.list));
                }, 3000);
            });
    }
}
```

第 10 章

Mirror

Mirror 是阿里巴巴团队提供的一个开源框架，其主要作用是简化 React、Redux 开发的步骤。Mirrior 可以用极少数的 API 封装所有烦琐，甚至重复的工作，提供了一种简洁高效的更高级抽象，同时还能保持原有的开发模式。与传统的 React、Redux 开发相比，省去了逐步定义 action、reducer、component 等过程，使操作更为简单。

10.1 简　　介

在 React、Redux 应用中，经常会使用一个 actions/目录来手动创建所有的 action type 或者 action creator；用一个 reducers/目录及数量庞大的 switch 来捕获所有的 action type，这些功能的实现都必须依赖 middleware 才能处理异步 action，需要明确调用 dispatch 方法来 dispatch 所有的 action，这些十分类似的过程相当复杂烦琐。因此 Mirror 的作用是用极少数的 API 封装所有烦琐甚至重复的工作。例如，在单个 API 中创建所有的 action 和 reducer；或是简单地调用一个函数来 dispatch 所有同步和异步的 action，且不需要额外引入 middleware 等方式，真正地做到了从过程上的简化。Mirror 提供了一种简洁高效的高级抽象方法，并能保持原有的开发模式。

10.2 项目初始化

安装 Mirror，其语法命令如下：

```
$ npm i --save mirror
```

使用 create-react-app 创建一个新的 APP，其代码如下：

```
$ npm i -g create-react-app
$ create-react-app my-app
```
创建之后，从 NPM 安装 Mirror：
```
$ cd my-app
$ npm i --save mirrorx
$ npm start
```

10.3 主　要　方　法

本节主要讲解 Mirror 的主要接口和函数，其中从状态管理、路由、启动和渲染和 hook 来介绍 Mirror 封装的 4 个接口；从 mirror.model、initialState、effects 等方面介绍 Mirror 的主要函数。

10.3.1　主要接口

Mirror 封装的 4 个接口：状态管理、路由、启动和渲染、hook。

状态管理：在 Mirror 中，APP 的 Redux store 是由 mirror.model 接口定义的，而且 store 将会在启动 APP 的时候自动创建；mirror.model 所做的事情就是创建 state、reducer 和 action。

路由：Mirror 的 Router 组件中 history 对象及与 Redux store 的联结是自动处理的，完全按照 React-router 4.x 的接口和方式定义路由，所以使用的时候只针对各个路由进行开发和管理即可。

启动和渲染：启动一个 Mirror 时，只需要调用 render 接口即可。render 接口本质上是一个 ReactDOM.render 函数，在渲染组件之前，render 会先创建 Redux store 并调用 render 函数，当应用启动以后，再次调用 render 函数重新渲染页面，其语法格式如下：

```
connect([mapStateToProps], [mapDispatchToProps], [mergeProps], [options]):连接 store 和 React
render([component], [container], [callback]):
```

hook：它是一种钩子，其作用是对特定的系统事件进行"挂钩"。一旦事件发生，对该事件进行"挂钩"的程序就会收到系统的通知，这时程序就能在第一时间对该事件做出响应。而 hook.js 提供一个 hooks 的集合和一个 hook 方法，直接在 index.js 中被使用，使用的时候用于注册钩子函数到 hooks 数组，并返回一个函数，这个函数被执行之后，会将指定的钩子函数剔除。

10.3.2　主要函数

mirror.model 是一种组织、管理 Redux 的方式，其作用是创建并注入一个 model。model 是 Redux 的 state、action 和 reducer 的组合。mirror.model 在使用时会自动创建 reducer 和 action，并被用于创建 Redux store。创建 model 时，必须指定 name 为一个合法字符串 model 的名称，这个名称会用于创建 Redux store 的命名空间。

initialState 表示 model 的初始状态，在创建标准的 Redux reducer 时，表示 reducer 的 initialState 的任意值。如果没有指定 initialState 的任意值，那么它的值就是 null，示例代码如下：

```
创建 model：
import mirror from 'mirrorx'
mirror.model({
  name: 'app',
+ initialState: 0,
})
得到的 store：
store.getState()
// {app: 0}
```

在技术规范中，一个 reducer 只负责一个 action，Mirror 所有的 Redux reducer 都是在 reducers 中定义的，reducers 对象的方法本身用于创建 reducer，方法的名字用于创建 action type，示例代码如下：

```
import mirror from 'mirrorx'
import mirror, {actions} from 'mirrorx'
```

```
mirror.model({
  name: 'app',
  initialState: 0,
  reducers: {
    add(state, data) {
      return state + data
    },
  },
})
```

从上述代码中可以看出，Mirror 实际上做了以下 3 件事情：①创建 reducer；②创建 action type，被已经创建的 reduce 处理；③在 actions.\<modelName\> 上添加一个方法，该方法的名称与 reducers 中的方法名称完全一致，当调用 actions.\<modelName\>中的这个方法时，上面创建的 action 会被 dispatch。同时，由 name 创建的值会成为全局 actions 上的一个属性，该属性是一个对象，而且该对象会被添加到 reducers 中所有同名的方法中。

effects 代表 Redux 的异步 action，表示所有与函数外部发生交互的操作。effect 不会直接更新 Redux state，通常是在完成某些异步操作之后，再调用其他的"同步 action"来更新 state；与 reducers 对象类似，在 effects 中定义的所有方法都会以相同名称添加到 actions.\<modelName\>上，调用这些方法的同时便会调用 effects。通常 effects 函数会接收两个形参：data 和 getState。data 代表调用 actions.\<modelName\>的方法时所传递的数据；getState 来自于 store.getState，代表返回当前 action 被 dispatch 前 store 的数据。

actions.routing 函数的作用是更新 location，使用了 Mirror 提供的 Router 组件后，会自动得到一个 actions.routing 对象，该对象有 5 种方法。

（1）push(location)：向 history 中添加一条记录，并跳转到目标 location；

（2）replace(location)：替换 hisotry 中当前的 location；

（3）go：往前或者往后跳转 history 中的 location；

（4）goForward：往前跳转一条 location 记录；

（5）goBack：往后跳转一条 location 记录。

options.historyMode 函数默认值是 browser，表示 Router 组件所需的 history 对象的类型，共有 3 种可选的值。

（1）browser：针对标准的 HTML5 Hisotry API；

（2）hash：针对不支持 HTML5 History API 的浏览器。

（3）memory：history API 的内存实现版本，用于非 DOM 环境。

options.middlewares 用来指定一系列标准的 Redux middleware，其目的是在使用一些第三方的 middleware 时，可以在这个选项中指定。

第 11 章　iuap 框架

由于前端框架的种类和类库层出不穷，质量和易用性也是参差不齐，复杂的前端选型过程给项目带来很多繁重的工作。所以用友集团的工程师通过在项目中的最佳实践，对大量的组件做了封装后，提出了一个整体技术方案——iuap。

11.1　tinper-react 框架

tinper-react 是基于 React 库及周边技术搭建的复杂应用解决方案。它集成了 React、Redux、Axios、React-router、WebPack 等开源技术，提供了一套效果良好的解决方案，以方便开发者快速进行前端开发，整体框架如图 11.1 所示。

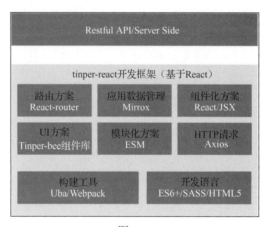

图 11.1

11.2　tinper 介绍

Tinper 框架以 ES6+语法新特性为基础，支持 LESS、SASS 预处理器，能够自动化编译完自动浏览器预览，并能对开发环境和生产环境进行区分，分离业务功能和公共依赖的代码，分离 CSS 样式文件，支持文件 MD5 戳、浏览器源码调试、热更新等功能。

Tinper 框架是一个前端开发工具，可以提供多种开发场景，核心开发人员会在远端最佳实践仓库 UBA-templates 中进行更新和维护，在 tinper-uba 组件上快速初始化前端项目，UBA 采用微内核、多插件开发，另外基于 WebPack 封装的 cli 命令行工具，则提供一站式项目脚手架、最佳实践初始化、本地服务调试、数据模拟、远程代理、资源编译、静态产出、性能优化等功能。另外用友集团的工程师基于 iuap design 设计并规范了封装的 react 和 Tinper-bee 组件库，其中包含丰富的基础组件和应用组件，提供了适用于企业级应用的表单、表格和 grid 组件，可以满足拥有大量数据的企业及相关 Web 应用和网站的处理操作，组件结构如图 11.2 所示。

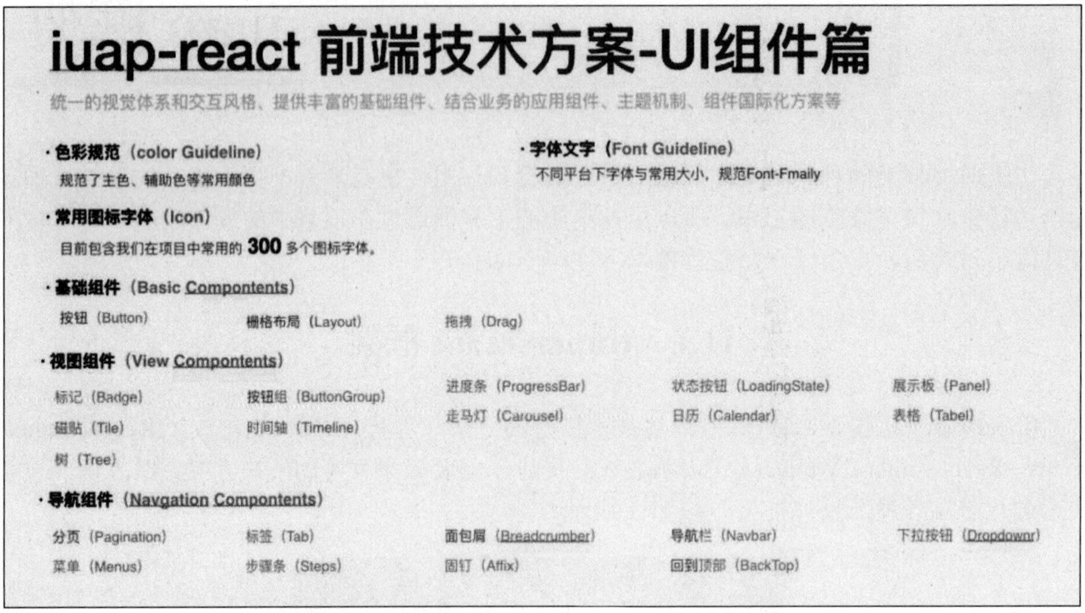

iuap-react 前端技术方案-UI组件篇

统一的视觉体系和交互风格、提供丰富的基础组件、结合业务的应用组件、主题机制、组件国际化方案等

- **色彩规范**（color Guideline）
  规范了主色、辅助色等常用颜色
- **字体文字**（Font Guideline）
  不同平台下字体与常用大小，规范Font-Fmaily
- **常用图标字体**（Icon）
  目前包含我们在项目中常用的 **300** 多个图标字体。
- **基础组件**（Basic Compontents）
  按钮（Button）　　栅格布局（Layout）　　拖拽（Drag）
- **视图组件**（View Compontents）
  标记（Badge）　　按钮组（ButtonGroup）　　进度条（ProgressBar）　　状态按钮（LoadingState）　　展示板（Panel）
  磁贴（Tile）　　时间轴（Timeline）　　走马灯（Carousel）　　日历（Calendar）　　表格（Tabel）
  树（Tree）
- **导航组件**（Navgation Compontents）
  分页（Pagination）　　标签（Tab）　　面包屑（Breadcrumber）　　导航栏（Navbar）　　下拉按钮（Dropdownr）
  菜单（Menus）　　步骤条（Steps）　　固钉（Affix）　　回到顶部（BackTop）

图 11.2

第 12 章 iuap 安装与环境

本章主要讲述配置 iuap 开发环境，包括 Node.js、Visual Studio Code 软件的安装，以及项目工程目录的讲解。

12.1 计算机环境

（1）Node.js 软件。
（2）NPM 3.x 以上。
（3）使用 Chrome 浏览器，并且安装 React Developer Tools。该工具是一款由 Facebook 开发的 Chrome 浏览器扩展，可以通过 Chrome Web 存储获取。
（4）推荐使用的编码工具：VSCODE WebStorm。
（5）推荐使用轻量级编码工具：ATOM。
（6）推荐使用编辑器：Sublime。

12.2 Windows Node 安装

本书在第 6 章详细介绍了 Node 的相关知识，因为 Node.js 不但是一个基于 Chrome V8 引擎的 JavaScript 运行环境，而且 Node.js 的包管理器 NPM 是全球最大的开源库生态系统，所以这种轻量又高效的事件驱动、非阻塞式 I/O 的模型就成了用友集团工程师的首选。

12.2.1 安装 Node.js 步骤

（1）下载系统对应的 Node.js 版本（https://nodejs.org/en/download/）。
（2）选择安装目录进行安装。
（3）配置环境变量。
（4）测试是否安装成功。

12.2.2 安装说明

安装步骤如下所述。
下载系统对应的版本，如图 12.1 所示。

（1）下载。

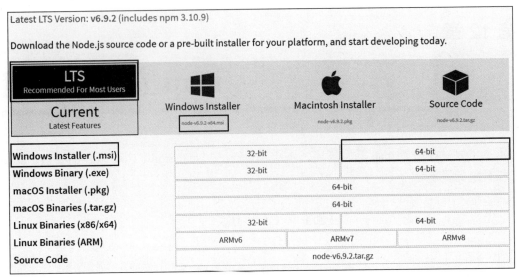

图 12.1

（2）下载完成后，双击 "node-v6.9.2-x64.msi" 选项，开始安装 Node.js，如图 12.2 所示。

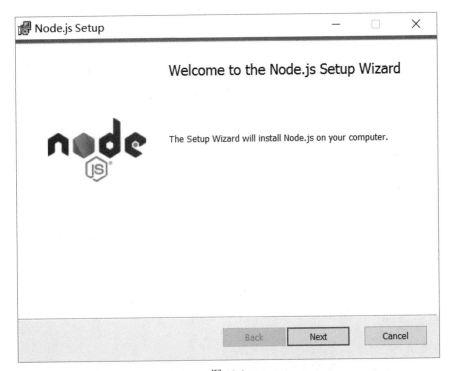

图 12.2

（3）勾选 "我已同意相关条例" 选项，单击 Next 按钮继续安装，如图 12.3 所示。

第 12 章　iuap 安装与环境

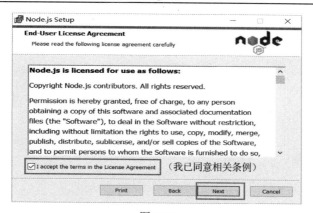

图 12.3

（4）修改默认路径，如图 12.4 所示。

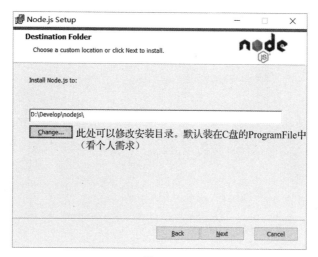

图 12.4

（5）选择保存项，如图 12.5 所示。

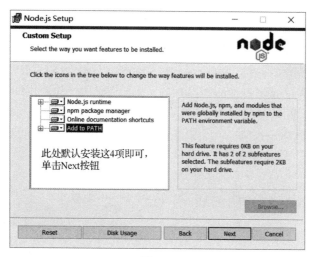

图 12.5

（6）完成安装，如图 12.6 所示。

图 12.6

（7）至此，Node.js 已经安装完成，可以先测试安装是否成功，后面还要进行环境配置。按 Win+R 组合键，输入 cmd，然后按回车键，打开 cmd 窗口，如图 12.7 所示。

图 12.7

（8）检测是否安装完成：输入 node –v 显示 node.js 的版本号，说明已经安装成功；输入 npm –v 显示 NPM 版本，说明自带的 NPM 也已经安装成功，如图 12.8 所示。

（9）环境配置：配置 NPM 安装全局模块所在的路径，以及缓存 cache 的路径，因为在执行类似 npm install express [-g]（后面的可选参数-g，g 代表 global 全局安装的意思）的安装语句时，将模块安装到 C:\Users\用户名\AppData\Roaming\npm 路径中，占用 C 盘空间。例如，如果要求将所有模块所在路径和缓存路径都放在 node.js 安装的文件夹中，则在安装的文件夹 D:\Develop\nodejs 下创建两个文件夹：node_cache 和 node_global，如图 12.9 所示。

第 12 章 iuap 安装与环境

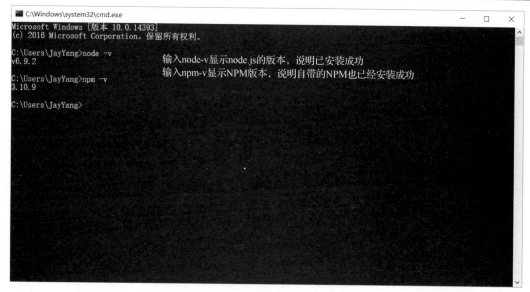

图 12.8

图 12.9

（10）创建完两个空文件夹之后，打开 cmd 命令窗口，输入命令如下：

```
npm config set prefix "D:\Develop\nodejs\node_global"
npm config set cache "D:\Develop\nodejs\node_cache"
```

（11）设置环境变量。关闭 cmd 窗口，右键单击"我的电脑"选项，在"属性"→"高级系统设置"→"高级"页面中，单击"环境变量"按钮，如图 12.10 所示。

187

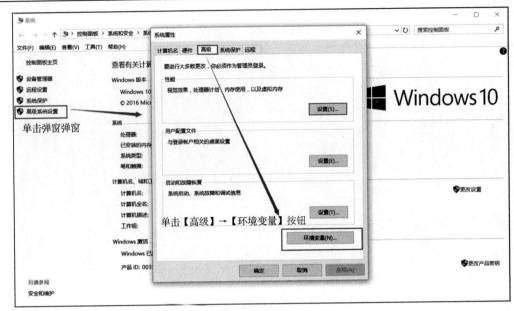

图 12.10

（12）进入"环境变量"对话框，在"系统变量"→新建→变量名"NODE_PATH"的变量值处，输入"D:\Develop\nodejs\node_global\node_modules"。将"用户变量"→"Path"→"编辑"，修改为"D:\Develop\nodejs\node_global"，如图 12.11～图 12.13 所示。

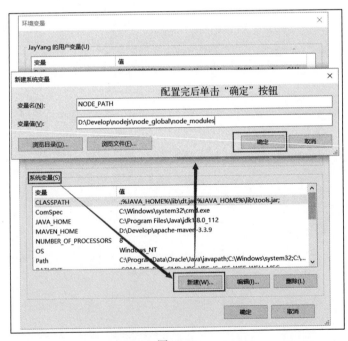

图 12.11

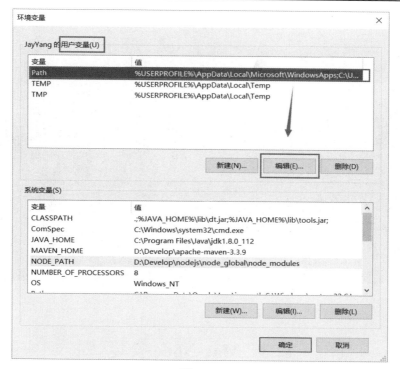

图 12.12

图 12.13

（13）测试。设置完成后，安装 Module 测试通过，然后安装 express 模块，打开 cmd 窗口，输入如图 12.14 所示命令进行模块全局安装。

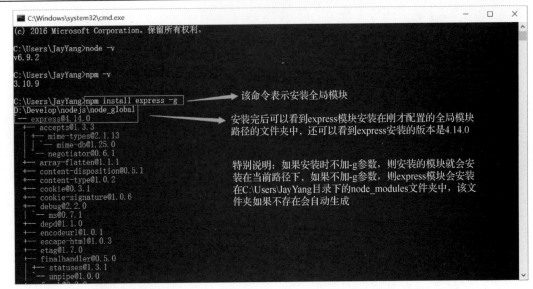

图 12.14

12.3 Mac-Node 安装

（1）到官网 https://nodejs.org/zh-cn/download/ 下载，选择 Macintosh Installer，如图 12.15 所示。

图 12.15

（2）选择 Node.js 的 NPM 版本，如图 12.16 所示。

图 12.16

（3）输入用户密码，如图 12.17 所示。

图 12.17

（4）安装成功，图 12.18 所示。

图 12.18

（5）用终端验证是否成功安装，输入 node –v，如图 12.19 所示。

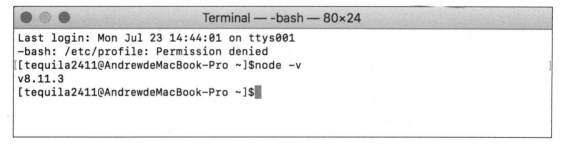

图 12.19

（6）console.log(1+2)得到结果 3，如图 12.20 所示。

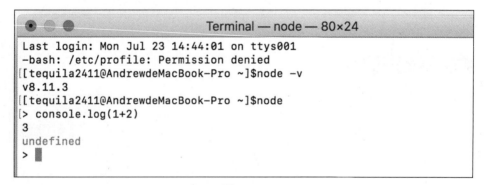

图 12.20

12.4 开发环境的安装

安装 iuap 前端开发环境 VS Code，VS Code 分为 Windows、Mac 两种版本，以下将详细介绍软件下载及安装步骤。

12.4.1 VS Code Windows 安装

VS Code 的当前版本为 1.25，支持 Windows、Ubuntu、Mac，如图 12.21 所示。

图 12.21

VS Code 的安装按照软件的步骤指引即可。安装完成后打开，界面如图 12.22 所示。

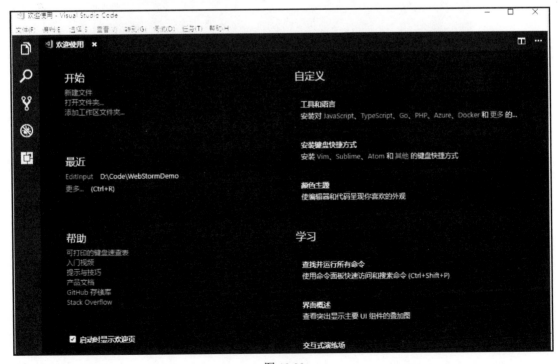

图 12.22

12.4.2　VS Code Mac 安装

单击 Visual Studio Code 的官方网站图标,弹出如图 12.23 所示界面。

图 12.23

选择 Mac 版本,在线下载,下载成功后,界面中会出现如图 12.24 所示的文件。

图 12.24

该文件即是开发工具,将其移动到应用程序文件夹内,双击后在弹出的对话框中单击"确定"按钮即可。

12.5　目录与规范

从 git 上下载空项目工程，git 目录地址为 git@github.com:yon:yonyou-iuap/iuap_pap_ap_react.git，然后将项目导入 vscode 中，可以看到其工程目录结构。

12.5.1　根目录结构说明

根目录结构主要说明如下：

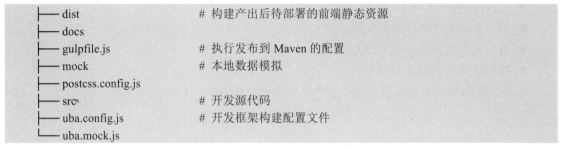

12.5.2　src 源码目录结构说明

src 源码目录结构主要说明如下：

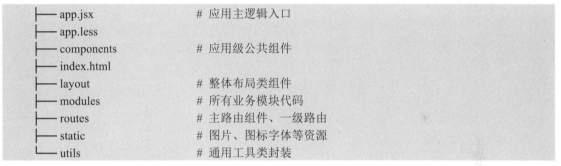

12.5.3　业务模块目录说明

业务模块目录主要说明如下：

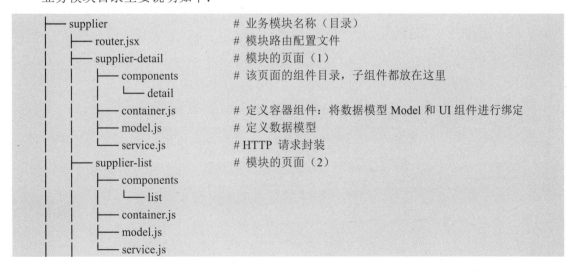

12.5.4 框架规范说明

开发框架遵循公共的前端开发规范，约定以一致的规范来进行团队协作开发，约定包含以下内容：
- 命名规则和目录规范；
- HTML 编码规范；
- CSS 编码规范；
- JavaScript 编码规范；
- React 组件开发规范；
- 基于 React 的项目开发规范；
- 编辑器配置和构建流程集成；
- 性能优化相关方案及规范。

具体相关内容请查看链接 https://github.com/iuap-design/YY-Code-Guide。

第 13 章 基础组件介绍

本章讲解的 Tinper-bee 是基于 iuap design 的 React 组件库，包含了丰富的基础组件和应用组件，支持组件的灵活调用和扩展，提供适用于企业级应用的表单、表格和 grid 组件，支持快速搭建页面和构建个人应用。

13.1 按　　钮

按钮组件通过单击执行一个具体的行为或动作,可以根据自己的喜好来调控按钮的大小、颜色等状态。

13.1.1 基础按钮

基础按钮是组件应用最常见的控件，主要有以下 4 种，效果如图 13.1 所示。

图 13.1

示例代码如下：

```
/**** @title 基础按钮 * @description 基础按钮 **/
import React, { Component } from 'react';
import { Button } from 'tinper-bee';
class Demo1 extends Component {
    render () {
        return (
            <div className="demoPadding">
    <Button isSubmit={true}>Default</Button>
    <Button disabled>disabled</Button>
    <Button shape="border">border</Button>
    <Button shape="round">round</Button>
            </div>
        )
    }
}

.demoPadding{
```

```css
button{
    margin: auto 5px;
}
.divider{
    margin: 6px 0;
    height: 1px;
    overflow: hidden;
    background-color: #e0e0e0;
}
```

13.1.2 事件按钮

事件按钮的作用是单击按钮并使其触发事件，效果如图 13.2 所示。

图 13.2

示例代码如下：

```jsx
/** @title 事件按钮 * @description 单击按钮触发事件 **/
import React, { Component } from 'react';
import { Button } from 'tinper-bee';
class Demo2 extends Component {
    constructor(props) {
        super(props);
    }
    handleClick() {
        alert("谢谢你点我")
    }
    render() {
        return (
            <Button colors="primary" onClick={ this.handleClick }>事件按钮</Button> )
    }
}

.demoPadding{
    button{
        margin: auto 5px;
    }
    .divider{
        margin: 6px 0;
        height: 1px;
        overflow: hidden;
        background-color: #e0e0e0;
    }
}
```

13.1.3 按钮颜色

不同的页面效果需要不同颜色的按钮搭配，效果如图 13.3 所示。

图 13.3

示例代码如下：

```
/* * * * @title 不同颜色的按钮  * @description 通过'colors'属性控制按钮颜色  * */
import React, { Component } from 'react';
import { Button } from 'tinper-bee';
class Demo3 extends Component {
    render () {
    return (
        <div className="demoPadding">
            <Button colors="success">success</Button>
            <Button colors="info">info</Button>
            <Button colors="warning">warning</Button>
            <Button colors="danger">danger</Button>
        <div className="divider"></div>
        <Button shape="border" colors="success">success</Button>
            <Button shape="border" colors="warning">warning</Button>
        <Button shape="border" colors="info">info</Button>
            <Button shape="border" colors="danger">danger</Button>
        </div>
    )
    }
}

.demoPadding{
    button{
    margin: auto 5px;
    }
}
.divider{
    margin: 6px 0;
    height: 1px;
    overflow: hidden;
    background-color: #e0e0e0;
}
```

13.1.4 按钮大小

开发时对按钮的大小进行调整，一般通过 size 属性设置，效果如图 13.4 所示。

图 13.4

示例代码如下：

```
1   /* * * * @title 不同大小的按钮  * @description  通过'size'属性控制按钮的大小  * */
2   import React, { Component } from 'react';
3   import { Button } from 'tinper-bee';
4   class Demo4 extends Component {
5       render () {
6           return (
7               <div className="demoPadding">
8                   <Button size="sm" colors="primary">小按钮</Button>
9                   <Button colors="primary">默认</Button>
10                  <Button size="lg" colors="primary">大按钮</Button>
11                  <Button size="xg" colors="primary">巨大按钮</Button>
12              </div>
13          )
14      }
15  }
16  .demoPadding{
17      button{
18          margin: auto 5px;
19      }
20  .divider{
21      margin: 6px 0;
22      height: 1px;
23      overflow: hidden;
24      background-color: #e0e0e0;
25  }
26  }
```

13.1.5 按钮的 API

不同的按钮会起到不同的作用，所以要对按钮的各种属性进行设置，以方便集中管理和调用，如图 13.5 所示。

API

参数	说明	类型	默认值
size	按钮大小（`lg` `xg` `sm`）	string	-
colors	颜色(primary/accent/success/info/warning/danger/default)	string	''
shape	形状(block/round/squared/floating/pillRight/pillLeft/icon)	string	''
disabled	是否禁用（`disabled` 或 `true` `false`）	boolean	false
bordered	是否是边框型（`bordered` 或 `true` `false`）	boolean	false
className	增加额外的class	string	''
htmlType	html dom 的 type 属性（`submit` `button` `reset`）	string	button
style	style 属性	object	''

图 13.5

13.2 图　　标

图标代表一个事件的视觉形态，所以图标的使用非常重要，在 iuap 的组件库中专门对图标的设置做了阐述，其默认前缀为 uf，用法如下：

```
27    <Icon type="uf-bell">
```

最终渲染成<i class="uf uf-bell"></i>，渲染示例如图 13.6 所示。

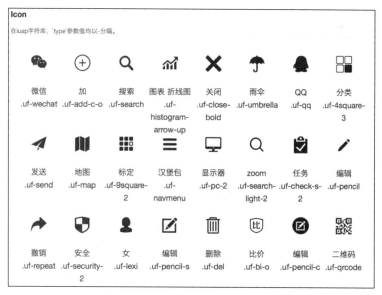

图 13.6

示例代码如下：

```
/** * @title Icon * @description 在 iuap 字符库，'type'参数值均以-分隔*/
import React, { Component } from 'react';
```

```
import { Icon } from 'tinper-bee';
class Demo1 extends Component {
    render () {
    return (
        <div className="tinper-icon-demo">
            <ul className="icon_lists">

        <li>
        <Icon type="uf-wechat"></Icon>
            <div className="name">微信</div>
                <div className="fontclass">.uf-wechat</div>
            </li>
```

13.3 布局组件

布局组件主要用来协助进行页面级整体布局,主要包括栅格布局和页面布局。

13.3.1 栅格布局

栅格布局的目的是通过基础的 12 格分栏,迅速简便地创建布局。基础布局使用<Row>组件和<Col>组件进行页面栅格切分,其效果如图 13.7 所示。

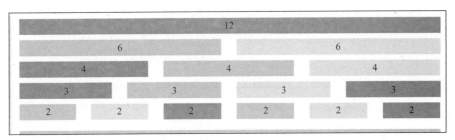

图 13.7

示例代码如下:

```
/**
 *
 * @title 基础布局
 * @description 使用<Row>组件和<Col>组件进行页面栅格切分
 *
 */

import React, {Component} from 'react';
import { Col, Row } from 'tinper-bee';

class Demo1 extends Component {
    render() {
        return (
            <Row>
                <Col md={12} xs={12} sm={12}>
```

```
            <div className='grayDeep'>12</div>
        </Col>
        <Col md={6} xs={6} sm={6}>
            <div className='gray'>6</div>
        </Col>
        <Col md={6} xs={6} sm={6}>
            <div className='grayLight'>6</div>
        </Col>
        <Col md={4} xs={4} sm={4}>
            <div className='grayDeep'>4</div>
        </Col>
        <Col md={4} xs={4} sm={4}>
            <div className='gray'>4</div>
        </Col>
        <Col md={4} xs={4} sm={4}>
            <div className='grayLight'>4</div>
        </Col>
        <Col md={3} xs={3} sm={3}>
            <div className='grayDeep'>3</div>
        </Col>
        <Col md={3} xs={3} sm={3}>
            <div className='gray'>3</div>
        </Col>
        <Col md={3} xs={3} sm={3}>
            <div className='grayLight'>3</div>
        </Col>
        <Col md={3} xs={3} sm={3}>
            <div className='grayDeep'>3</div>
        </Col>
        <Col md={2} xs={2} sm={2}>
            <div className='gray'>2</div>
        </Col>
        <Col md={2} xs={2} sm={2}>
            <div className='grayLight'>2</div>
        </Col>
        <Col md={2} xs={2} sm={2}>
            <div className='grayDeep'>2</div>
        </Col>
        <Col md={2} xs={2} sm={2}>
            <div className='gray'>2</div>
        </Col>
        <Col md={2} xs={2} sm={2}>
            <div className='grayLight'>2</div>
        </Col>
        <Col md={2} xs={2} sm={2}>
            <div className='grayDeep'>2</div>
        </Col>
    </Row>
```

```css
            )
        }
}
.grayDeep {
    background: rgb(189,189,189);
    height: 30px;
    width: 100%;
    margin-bottom: 10px;
    line-height: 30px;
    text-align: center;
}
.gray {
    background: rgb(224,224,224);
    height: 30px;
    width: 100%;
    margin-bottom: 10px;
    line-height: 30px;
    text-align: center;
}
.grayLight{
    background: rgb(238,238,238);
    height: 30px;
    width: 100%;
    margin-bottom: 10px;
    color: rgb(66,66,66);
    text-align: center;
    line-height: 30px;
```

从以上代码可以看出，使用 mdOffset、lgOffset、smOffset、xsOffset 来设置栅格偏移的量，通过设置 mdPull、mdPush 来控制平移的量，如表 13.1 所示

表 13.1

参　数	说　明	类　型	默 认 值
xs	移动设备显示列数（<768px）	number	—
sm	小屏幕桌面设备显示列数（≥768px）	number	—
md	中等屏幕设备显示列数（≥992px）	number	—
lg	大屏幕设备显示列数（≥1200px）	number	—
xsPull	移动屏幕设备到右边距列数	number	—
smPull	小屏幕设备到右边距列数	number	—
mdPull	中等屏幕设备到右边距列数	number	—
lgPull	大屏幕设备到右边距列数	number	—
xsPush	移动屏幕设备到左边距列数	number	—
smPush	小屏幕设备到左边距列数	number	—
mdPush	中等屏幕设备到左边距列数	number	—

续表

参　数	说　明	类　型	默 认 值
lgPush	大屏幕设备到左边距列数	number	—
xsOffset	移动设备偏移列数	number	—
smOffset	小屏幕设备偏移列数	number	—
mdOffset	中等屏幕设备偏移列数	number	—
lgOffset	大屏幕设备偏移列数	number	—
componentClass	组件根元素	element/ReactElement	div

Con 组件参数	说　明	类　型	默 认 值
fluid	是否为非定宽	boolean	false

Row 组件参数	说　明	类　型	默 认 值
componentClass	组件根元素	element/ReactElement	div

13.3.2　页面布局

在多数情况下，需要给导航添加常用的搜索表单、消息提醒等组件，通常采取 Navbar 与 Menus 组合的方式，达到一种 PC 端常用的复合导航菜单的效果，效果如图 13.8 所示。

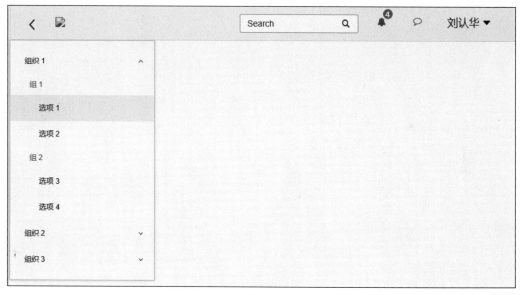

图 13.8

示例代码如下：

```
/**
 * @title Navbar 和 Menus 的组合
 * @description 示例采取 Navbar 与 Menus 的组合，达到一种 PC 端常用的复合导航菜单。导航添加了
常用的搜索表单、消息提醒等组件。
 *
 */
```

```jsx
import React, { Component } from 'react';
import { Navbar, Icon, Badge, FormControl, Menu } from 'tinper-bee';

const SubMenu = Menu.SubMenu;
const MenuItemGroup = Menu.ItemGroup;
const MenuToggle = Menu.MenuToggle;
const SideContainer = Menu.SideContainer;

const NavItem = Navbar.NavItem;
const Header = Navbar.Header;
const Brand = Navbar.Brand;
const Nav = Navbar.Nav;


class Demo1 extends Component {
    constructor(props, context) {
        super(props, context);
        this.state = {
            expanded: false,
            current: 1
        }
    }

    onToggle(value) {
        this.setState({expanded: value});
    }

    handleClick(e) {
        console.log('click ', e);
        this.setState({
            current: e.key
        });
    }

    render() {
        return (
            <div id="demo1">
                <Navbar fluid expanded={this.state.expanded} onToggle={{this.onToggle.bind(this)}}>
                    <MenuToggle show/>
                    <Header>
                        <Brand>
                            <a href="#"><img style={{width:140}} src="http://design.yyuap.com/logos/logox.png"/></a>
                        </Brand>
                    </Header>

                    <Nav pullRight>
                        <NavItem eventKey={1}><FormControl type="search" placeholder=
```

```
"Search"/></NavItem>
                                <NavItem eventKey={2}><Badge dataBadge="4" colors="warning">
                                    <Icon type="uf-bell"></Icon></Badge></NavItem>
                                <NavItem eventKey={3}><Icon type="uf-bubble-o"></Icon></NavItem>
                                <Menu mode="horizontal" className="dropdown">
                                    <SubMenu title={<span>刘认华<Icon type="uf-triangle-down"></Icon>
</span>}>
                                        <Menu.Item key="setting:1">选项 1</Menu.Item>
                                        <Menu.Item key="setting:2">选项 2</Menu.Item>
                                        <Menu.Item key="setting:3">选项 3</Menu.Item>
                                        <Menu.Item key="setting:4">选项 4</Menu.Item>
                                    </SubMenu>
                                </Menu>
                            </Nav>
                        </Navbar>
                        <SideContainer onToggle={this.onToggle.bind(this)} expanded={this.state.expanded}>
                            <Menu onClick={this.handleClick.bind(this)}
                                style={{ width: 240 }}
                                defaultOpenKeys={['demo3sub1']}
                                selectedKeys={[this.state.current]}
                                mode="inline"
                            >
                                <SubMenu key="demo3sub1" title={<span><span>组织 1</span></span>}>
                                    <MenuItemGroup title="组 1">
                                        <Menu.Item key="1">选项 1</Menu.Item>
                                        <Menu.Item key="2">选项 2</Menu.Item>
                                    </MenuItemGroup>
                                    <MenuItemGroup title="组 2">
                                        <Menu.Item key="3">选项 3</Menu.Item>
                                        <Menu.Item key="4">选项 4</Menu.Item>
                                    </MenuItemGroup>
                                </SubMenu>
                                <SubMenu key="demo3sub2" title={<span><span>组织 2</span></span>}>
                                    <Menu.Item key="5">选项 5</Menu.Item>
                                    <Menu.Item key="6">选项 6</Menu.Item>
                                    <SubMenu key="demo3sub3" title="子项">
                                        <Menu.Item key="7">选项 7</Menu.Item>
                                        <Menu.Item key="8">选项 8</Menu.Item>
                                    </SubMenu>
                                </SubMenu>
                                <SubMenu key="demo3sub4" title={<span><span>组织 3</span></span>}>
                                    <Menu.Item key="9">选项 9</Menu.Item>
                                    <Menu.Item key="10">选项 10</Menu.Item>
                                    <Menu.Item key="11">选项 11</Menu.Item>
                                    <Menu.Item key="12">选项 12</Menu.Item>
                                </SubMenu>
                            </Menu>
                        </SideContainer>
```

```
            </div>
        )
    }
}

.u-panel .u-panel-heading {
    padding: 0;
}
.horizontal-submenu {
    display: flex;
    justify-content: center;
    margin-top: 17px;
}
.dropdown-menu.u-dropdown {
    left: 30% !important;
    margin-top: 68px;
}
.dropdown-menu {
    .u-dropdown-menu > .u-dropdown-menu-item {
        margin-top: 5px;
        border-bottom: 2px solid transparent;
        cursor: default;
        padding: 0 20px;

    }
    .u-dropdown-menu > .u-dropdown-menu-item:hover, .u-dropdown-menu > .u-dropdown-menu-item-active, .u-dropdown-menu > .u-dropdown-menu-item-selected {
        background: #fff;
        border-bottom-color: red;
        border-radius: 0;
    }
}
```

13.4　视　图　组　件

视图通常用来直观描述一个事件的任务或是需要执行的方向，在 iuap 的框架中，把按钮组、进度表、日历、表格、树形控件和折叠等功能统一封装进视图组件。本节通过代码和例图来说明视图组件的使用方法。

13.4.1　按钮组

按钮组组件是多个按钮组合的容器，默认的按钮组组件效果如图 13.9 所示。

图 13.9

参见下载代码 13.4.1

垂直排列的按钮组：通过 vertical 属性设置按钮组垂直排列，效果如图 13.10 所示。

图 13.10

传入列表渲染按钮组：通过 list 属性传入按钮组信息，并且按钮具有选中样式，信息为 Button 组件可接受的 props 信息，API 如图 13.11 所示。

参数	说明	类型	默认值
vertical	是否垂直	boolean	false
justified	水平均分	boolean	false
block	是否充满父元素（只有垂直排列时，可使用）	boolean	false
className	类名	string	''
list	按钮信息列表（如果你不想自己写按钮，也可以写一些描述信息，自动生成按钮）	array（要有key,title,其他Button支持的props）	[]

图 13.11

13.4.2 进度表

进度表用来记录进度或动态显示及进度变化，对基本的 8 种样式提供了 API 接口，以下举例说明：now 控制实际进度，效果如图 13.12 所示。

图 13.12

示例代码如下：

```
/** * @title 基本样式展示
 * @description now 控制实际进度 */
import React, { Component } from 'react';
 import { ProgressBar } from 'tinper-bee';
class Demo1 extends Component {
 render () {
    return (
        <ProgressBar style={{width:30}} now = {40} />
      )
    }
 }
```

激活状态 ProgressBar：添加参数 active，具备动画，效果如图 13.13 所示。

图 13.13

进度条组合：多种状态或者背景的进度条组合成一条，用 size 控制大小，效果如图 13.14 所示。

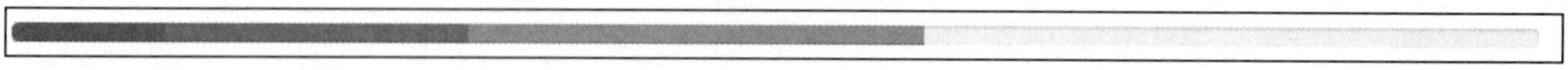

图 13.14

带 label ProgressBar 的效果如图 13.15 所示。

图 13.15

网页顶部进度条可以明确告诉使用者下一步的功能，效果如图 13.16 所示。

图 13.16

另外，还有对顶部进度条进行控制的一些组件，也统一提供了 API。如下所示。
① ProgressBar.start()：开始显示顶部进度条；
② ProgressBar.set(arg)：设置显示百分比位置，arg 为 0～1；
③ ProgressBar.inc()：加快进度；
④ ProgressBar.end()：直接结束进度。

进度表的 API 如表 13.2 所示。

表 13.2

参 数	说 明	类 型	默 认 值
min	最小值	number	0
max	最大值	number	100
now	显示值	number	—
srOnly	label 只读不显示	bool	false
striped	条纹样式	bool	false
active	激活状态	bool	false
colors	颜色 oneOf:danger,info,warning,success,primary,dark	string	—
className	增加额外的 class	string	—

13.4.3 日历

在开发时,很多时候需要选择时间,即用到"日历"功能。这种功能有各种各样的表现形式,iuap 的框架也提供了不少的 API,以卡片模式为例进行说明。该模式用于嵌套在空间有限的容器中,其程序运行效果如图 13.17 所示。

图 13.17

日历的 API 如图 13.18 所示。

参数	说明	类型	默认值
prefixCls	prefixCls of this component	String	
value	输入框当前的值	moment	
defaultvalue	输入框默认的值	moment	
defaultType	默认渲染类型:日期 / 月份	string	date
type	面板的类型:日期 / 月份	string	
onTypeChange	面板切换的回调函数	function(type)	
fullscreen	铺满显示	bool	false
monthCellRender	月份显示回调函数	function	
dateCellRender	日期显示回调函数	function	
monthCellContentRender	月份内容渲染回调函数	function	
dateCellContentRender	日期内容渲染回调函数	function	
onSelect	日期选中回调函数	Function(date: moment)	

图 13.18

13.4.4 表格

表格用简洁和易读的结构化方式组织数据,能展示出大量的信息。以下举例说明表格的一些信息 tip、背景色等是如何被设置的,效果如图 13.19 所示。

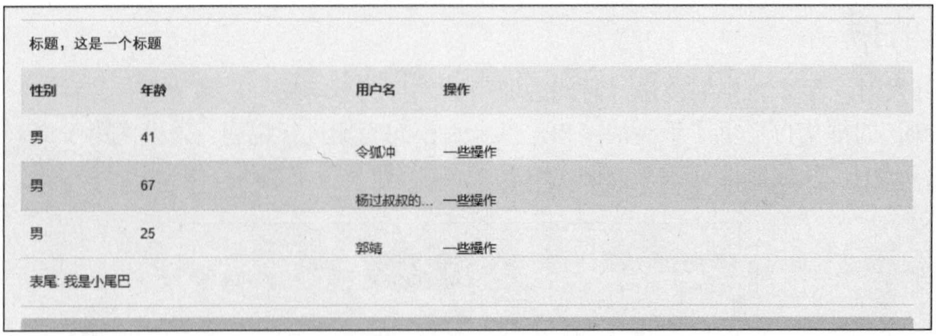

图 13.19

参见下载代码 13.4.4-1。

（1）当整个表格需要以空表展示的时候，可采用自定义的方式。无数据时显示的效果如图 13.20 所示。

图 13.20

参见下载代码 13.4.4-2。

（2）在填写表单的时候，用户需要全选择功能，通过单击表格左列按钮，并且在选中的回调函数中获取到选中数据的方式实现，效果如图 13.21 所示。

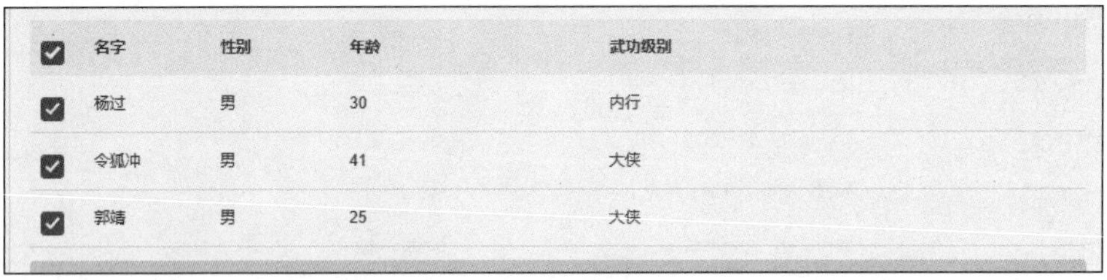

图 13.21

（3）当需要对指定表格进行加载时，涉及 loading 属性，采用 loading 可以传送 boolean 或者 obj 对象，obj 为 bee-loading 组件的参数类型，效果如图 13.22 所示。

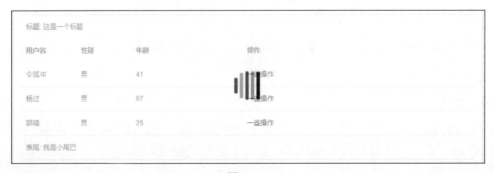

图 13.22

（4）带有增、删、改功能的表格，效果如图 13.23 所示。

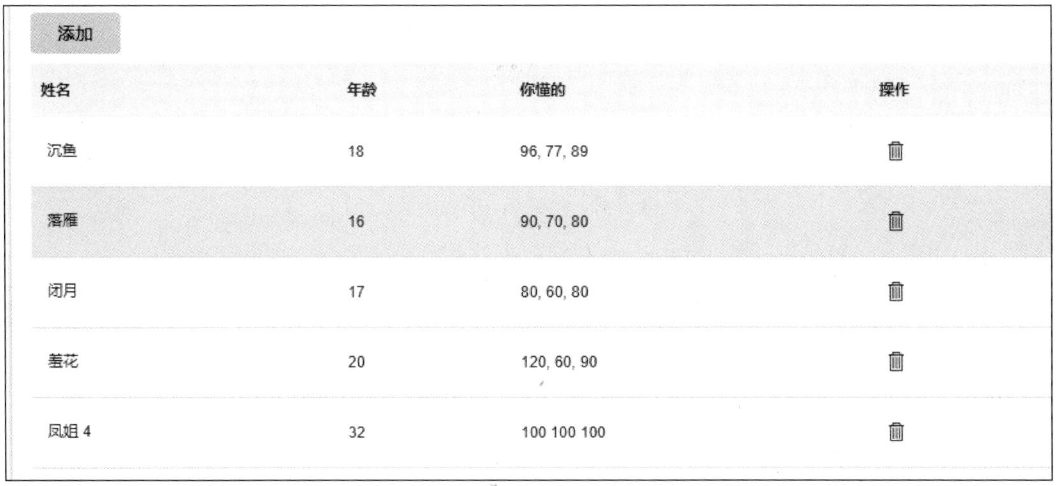
添加

姓名	年龄	你懂的	操作
沉鱼	18	96, 77, 89	
落雁	16	90, 70, 80	
闭月	17	80, 60, 80	
羞花	20	120, 60, 90	
凤姐 4	32	100 100 100	

图 13.23

（5）主表单击子表联动，效果如图 13.24 所示。

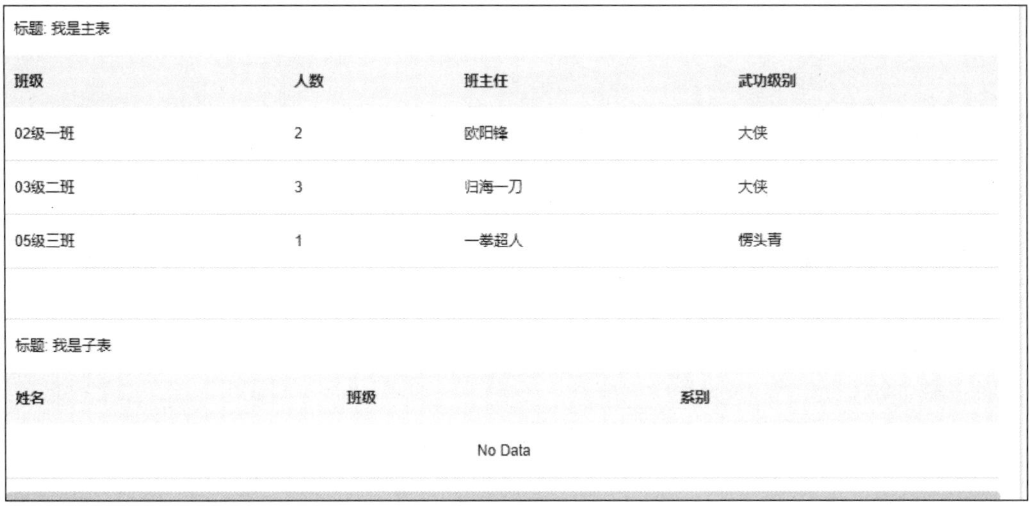
标题: 我是主表

班级	人数	班主任	武功级别
02级一班	2	欧阳锋	大侠
03级二班	3	归海一刀	大侠
05级三班	1	一拳超人	愣头青

标题: 我是子表

姓名	班级	系别
	No Data	

图 13.24

（6）单击分页联动表格，效果如图 13.25 所示。

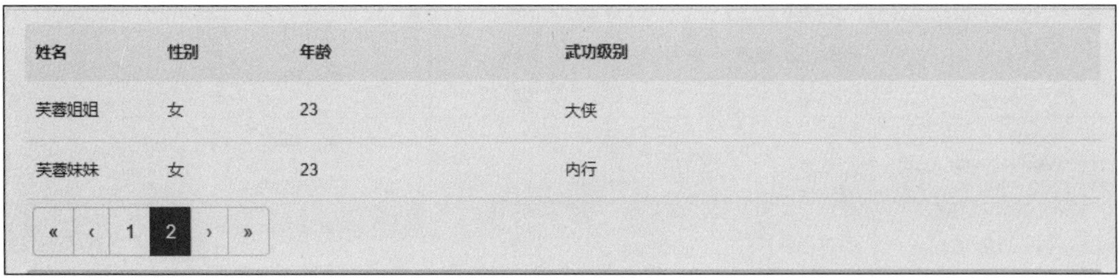

姓名	性别	年龄	武功级别
芙蓉姐姐	女	23	大侠
芙蓉妹妹	女	23	内行

图 13.25

（7）搜索刷新表格数据，当页面加载了新的内容后，需要重新刷新或部分刷新表格数据，引入机制，示例代码如下：

```
import Table from "bee-table";
import 'bee-table/build/Table.css';
```

代码运行效果如图 13.26 所示。

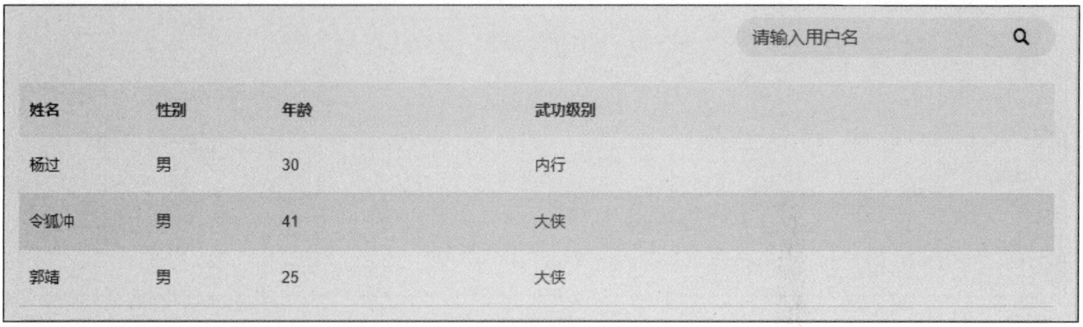

图 13.26

以上举例说明了表格的一些基本用法和效果，为了更好地掌握表格的使用方法，iuap 还提供了 lab API，如表 13.3 所示。

表 13.3

参　数	说　明	类　型	默 认 值
data	传入的表格数据（key 值为必需的，否则会导致部分功能出现问题。建议使用唯一的值，如 ID）	array	[]
bordered	是否展示外边框和列边框	boolean	false
columns	列的配置表	array	—
defaultExpandAllRows	默认是否展开所有行	bool	false
expandedRowKeys	展开的行及控制属性	array	—
defaultExpandedRowKeys	初始扩展行键	array	[]
useFixedHeader	是否使用固定表头	bool	false
bodyStyle	添加到 tablebody 上的 style	object	{}
style	添加到 table 上的 style	object	{}
rowKey	如果 rowKey 是字符串，则 record [rowKey] 将被用作键。如果 rowKey 是 function，则 rowKey(record, index) 的返回值将被用作键	string or Function(record, index):string	'key'
rowClassName	获取行的 ClassName	Function(record, index, indent):string	() => ''
expandedRowClassName	获取展开行的 ClassName	Function(recode, index, indent):string	() => ''
onExpand	展开行时的钩子函数	Function(expanded, record)	() => ''

续表

参 数	说 明	类 型	默 认 值
onExpandedRowsChange	函数在扩展行更改时调用	Function(expandedRows)	() => ''
indentSize	indentSize 为不同的 data.i.children 做了不同的指定方式	number	15
onRowClick	行的单击事件钩子函数	Function(record, index, event)	() => ''
onRowDoubleClick	行的双击事件钩子函数	Function(record, index, event)	() => ''
expandIconAsCell	是否将 expandIcon 作为单元格	bool	false
expandIconColumnIndex	expandIcon 的索引，当 expandIconAsCell 为 false 时，将插入列	number	0
showHeader	是否显示表头	bool	true
title	表格标题	Function	—
footer	表格尾部	Function	—
emptyText	无数据时显示的内容	Function	() => 'No Data'
scroll	横向或纵向支持滚动，也可用于指定滚动区域的宽、高度：{ x: true, y: 300 }	object	{}
rowRef	获取行的 ref	Function(record, index, indent):string	() => null
getBodyWrapper	添加对 table body 的包装	Function(body)	body => body
expandedRowRender	额外的展开行	Function(record, index, indent):node	—
expandIconAsCell	展开按钮是否单独作为一个单元格	bool	false
expandRowByClick	设置展开行是否通过单击行触发，此参数需要与上面参数搭配使用（默认为通过单击行前面的加号展开行）	bool	false
footerScroll	表尾和 body 是否共同使用同一个横向滚动条（如果 footer 是一个 table 组件，并且也具有滚动条，那么则需要加入 footerScroll 参数）	bool	false
loading	表格是否加载中	bool	Object
haveExpandIcon	控制是否显示行展开 icon（该参数只有和 expandedRowRender 同时使用时，才生效）	Function(record, index):bool	() =>false

13.4.5 树形控件

树形控件能够把无序列表转换成可展开、收缩的树形结构，通常用 checkbox 进行选择，具备 disable 状态和部分选择状态。checkStrictly 为 true 时，子节点与父节点的选择情况都不会影响到对方，效果如图 13.27 所示。

图 13.27

参见下载代码 **13.4.5**。

参见下载树形控件 **API**。

TreeNode 类的作用是把所取数组形式的数据转换成前部分需要的树形格式，效果如图 13.28 所示。

参数	说明	类型	默认值
disabled	节点是否不可用	bool	false
disableCheckbox	节点 checkbox 是否不可用	bool	false
title	名称标题	String/element	--
key	节点 key 和 (default)ExpandedKeys/(default)CheckedKeys/(default)SelectedKeys 一起用，必须是唯一的	String	-
isLeaf	是否是叶子节点	bool	false
titleClass	名称类名	String	-
titleStyle	名称样式	Object	-
switcherClass	switcher 类名	String	-
switcherStyle	switcher 样式	Object	-

图 13.28

13.4.6 折叠

折叠用来在一个元素或者组件中添加折叠效果，常用函数是 collapse，运行效果如图 13.29 所示。

图 13.29

参见下载代码 **13.4.6**。

collapse 是对隐藏区域组件的控制，主要参数有 3 种：unmountOnExit、Enter 和 Exi。当 unmountOnExit 为 true 时，每次隐藏折叠区域时，折叠组件都会从 dom 中删除；反之则不会，其默认值为 false。

collapse 显示内容时，需要用到 onEnter、onEntering、onEntered 的事件调用。collapse 隐藏内容时，需要用到 onExit、onExiting、onExited 的事件调用。**参见下载 API 表 13.4.6。**

13.5 导 航 组 件

导航组件主要的作用是实现对用户的逐步引导，在 iuap 框架中主要有分页、标签、下拉按钮、导航栏、菜单和步骤栏等，以下分别进行介绍。

13.5.1 分页

在开发的时候，由于内容过多，页面需要分页显示时，就会用到 pagination 函数。少页数情况的显示效果如图 13.30 所示。

图 13.30

参见下载代码 13.5.1-1。

多页数情况可根据参数设置功能按钮的显示，使部分页数隐藏，多页数 pagination 效果如图 13.31 所示。

图 13.31

参见下载代码 13.5.1-2。

有时候，在分页的页码中需要有间隔，可以让用户逐个单击进行选择。有间隔 pagination 效果如图 13.32 所示。

图 13.32

参见下载代码 13.5.1-3。
参见下载 13.5.1 分页 API。

13.5.2 标签

标签用于分隔内容上有关联但属于不同类别的数据集合，以下用基础 Tab 和竖向 Tab 举例说明。基础 Tab 标签，通过 Tab 和 TabPane 配合完成的效果如图 13.33 所示。

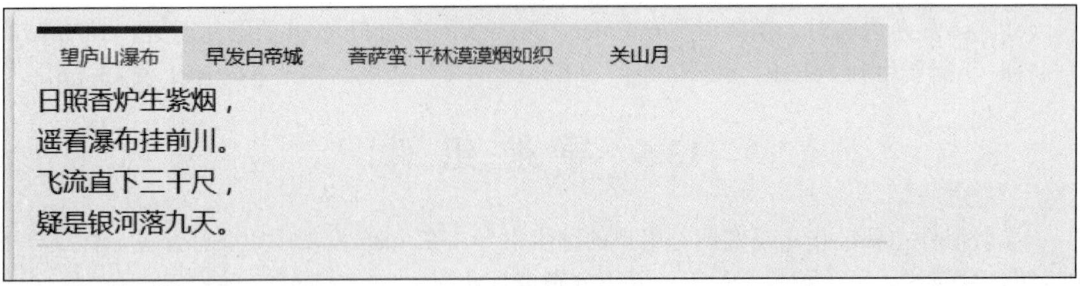

图 13.33

参见下载代码 **13.5.2-1**。

竖向的 Tab 通过 tabBarPosition 属性可以控制 Tab 做不同方向的展示。当设置为 left 和 right 时，要为 Tab 设置高度，效果如图 13.34 所示。

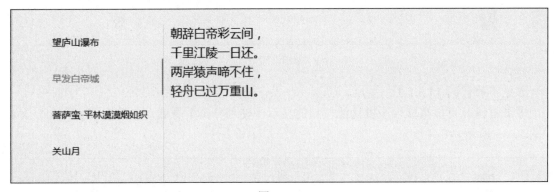

图 13.34

参见下载代码 **13.5.2-2**。
参见下载 **Tab API**。
参见下载 **TabPane** 参数及说明。

13.5.3 下拉按钮

下拉按钮由条形菜单栏和每个菜单项的弹出窗口组成，一般作为应用系统的主菜单使用，以基础下拉菜单为例进行说明。基础下拉菜单提供 click、hover 和 focus 事件触发功能，效果如图 13.35 所示。

图 13.35

参见下载代码 **13.5.3**。
API 如图 13.36 所示。

参数	说明	类型	默认值
transitionName	下拉显示动画	-	-
trigger	触发的事件数组	array	['hover']
placement	触发的位置	支持 bottomLeft/bottomCenter/bottomRight/topLeft/topCenter/topRight	'bottomLeft'
overlay	要显示的菜单	element/reactComponent	-
animation	触发时的动画	string	-
overlayClassName	传递给弹出菜单的className	string	''
align	对齐方式	object	{}
overlayStyle	传递给弹出菜单的style	object	{}
onVisibleChange	下拉菜单显示与否的钩子函数	function	() => {}
showAction	显示时的钩子函数数组	array	[]
hideAction	隐藏时的钩子函数数组	array	[]
getPopupContainer	获取要添加的容器	function	默认是body

图 13.36

13.5.4 导航栏

帮助用户依赖导航在各个页面中进行跳转，顶部导航提供全局性的类目和功能。最常用的为 Navbar，效果如图 13.37 所示。

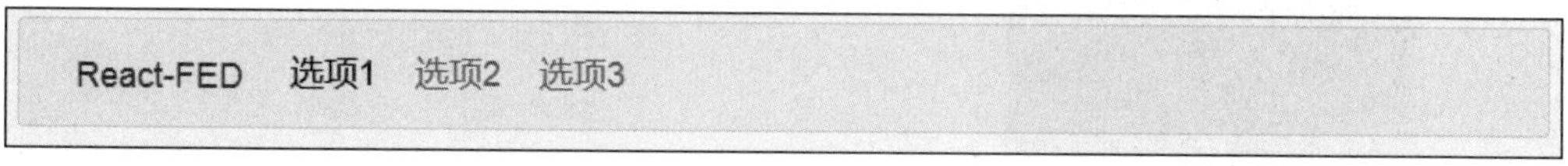

图 13.37

参见下载代码 **13.5.4**。
参见下载 **API**。
Navbar.Toggle 的说明如图 13.38 所示。

参数	说明	类型	默认值
children	切换的文字或图标	element type	如例子
onClick	自定义方法	func	-

图 13.38

13.5.5 菜单

侧导航对于网站来说很重要，可以帮助用户快速地从一个层次跳转到另一个层次。在 iuap 的框架中侧导航功能提供了网站的多层次结构。横向 Menu 纯菜单导航使用户觉得更简洁、方便，效果如图 13.39 所示。

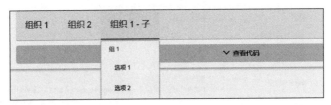

图 13.39

参见下载代码 **13.5.5-1**。

竖向 Menu 基础样式，作用与横向的样式类似。使用的时候由开发者视情况而定，该功能子菜单的竖向显示可折叠，效果如图 13.40 所示。

参见下载代码 **13.5.5-2**。

竖向手风琴 Menu，该菜单展开是手风琴形式，通常用来显示部门结构效果，如图 13.41 所示。

图 13.40

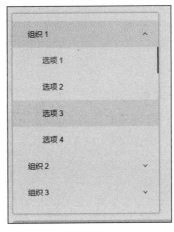

图 13.41

Menu 菜单 API 如图 13.42 所示。

参数	说明	类型	默认值
className	自定义类名	string	-
theme	主题颜色	String: light dark	-
mode	菜单类型，现在支持垂直、水平和内嵌模式三种	String: vertical horizontal inline	vertical
selectedKeys	当前选中的菜单项 key 数组	Array	
defaultSelectedKeys	初始选中的菜单项 key 数组	Array	
openKeys	当前展开的 SubMenu 菜单项 key 数组	Array	
defaultOpenKeys	初始展开的 SubMenu 菜单项 key 数组	-	
onOpenChange	SubMenu 展开/关闭的回调 Function(openKeys: string[])	noop	
onSelect	被选中时调用	Function({ item, key, selectedKeys })	
onDeselect	取消选中时调用，仅在 multiple 生效	Function({ item, key, selectedKeys })	
onClick	单击 menuitem 调用此函数，参数为 {item, key, keyPath}	function	
style	根节点样式	Object	-

图 13.42

Menu.Item 函数的参数使用方法如图 13.43 所示。

参数	说明	类型	默认值
disabled	是否禁用	Boolean	false
key	item 的唯一标志	String	-
attribute	添加到dom上的属性	Object	-

图 13.43

Menu.SubMenu 函数的参数使用方法如图 13.44 所示。

参数	说明	类型	默认值
disabled	是否禁用	Boolean	false
key	唯一标志	String	
title	子菜单项值	String or React.Element	
children	子菜单的菜单项	(MenuItem or SubMenu)[]	
onTitleClick	单击子菜单标题	Function({ eventKey, domEvent })	
disabled	是否禁用	Boolean	false
key	item 的唯一标志	String	-

图 13.44

13.5.6 步骤栏

步骤栏的工作比较清晰,当任务复杂或子任务具备一定序列时,可以将它分解成几个步骤完成,以常用基础 Step 为例说明,current 标记当前进行的步骤,效果如图 13.45 所示。

图 13.45

参见下载代码 **13.5.6**。
参见下载 **Step** 的 **API**。
参见下载 **Step.Steps** 函数方法。

13.6 反 馈 组 件

反馈组件用来对反馈信息操作,iuap 框架封装了模态框、通知和警告提示 3 种功能。

13.6.1 模态框

模态框(Modal)是覆盖在父窗体上的子窗体,位于页面最上层。目的是显示来自一个单独源的内容,可以在不离开父窗体的情况下有一些互动,而子窗体可提供信息、交互,如查看、创建、编辑、向导等。默认的模态框效果如图 13.46 所示。

图 13.46

参见下载代码 **13.6.1**。
API 如图 13.47 所示。

参数	说明	类型	默认值
backdrop	是否弹出遮罩层/遮罩层单击是否触发关闭	boolean/"static"	true
keyboard	esc触发关闭	boolean	-
animation	显隐时是否使用动画	boolean	true
dialogComponentClass	传递给模态框使用的元素	string/element	-
dialogClassName	传递给模态框的样式	class	-
autoFocus	自动设置焦点	boolean	true
enforceFocus	防止打开时焦点离开模态框	boolean	-
show	是否打开模态框	string	-
onHide	关闭时的钩子函数	function	-
size	模态框尺寸	sm/lg/xlg	-
onEnter	开始显示时的钩子函数	function	-
onEntering	显示时的钩子函数	function	-
onEntered	显示完成后的钩子函数	function	-
onExit	隐藏开始时的钩子函数	function	-
onExiting	隐藏进行时的钩子函数	function	-
onExited	隐藏结束时的钩子函数	function	-
container	容器	DOM元素\React组件\或者返回React组件的函数	-
onShow	当模态框显示时的钩子函数	function	-
renderBackdrop	返回背景元素的函数	function	-
onEscapeKeyUp	响应Esc键时的钩子函数	function	-
onBackdropClick	单击背景元素的函数	function	-
backdropStyle	添加到背景元素的style	function	-
backdropClassName	添加到背景元素的class	function	-
containerClassName	添加到外部容器的class	function	-
transition	动画组件	function	-
dialogTransitionTimeout	设置动画超时时间	function	-
backdropTransitionTimeout	设置背景动画超时时间	function	-
manager	管理模态框状态的组件	required	-

图 13.47

13.6.2 通知

通知（Notification）不同于操作类型的信息反馈，是一种主动推送的信息。

（1）默认提醒，效果如图 13.48 所示。

图 13.48

参见下载代码 13.6.2-1。

（2）可控制的提醒。通过设置 duration:6 来设置时间，null 为自动控制，效果如图 13.49 所示。

图 13.49

参见下载代码 13.6.2-2。
参见下载附件 API。

13.6.3 警告提示

警告提示用于在页面内部针对用户行为操作的区域进行提醒。可根据信息类型的不同提供相应的以背景颜色区分的 Alert，产生不同的效果。若需背景颜色加深则加入 dark 类。以基础样式和按钮触发 Alert 为例进行说明，Alert 颜色深度由 props'dark'控制，color 控制背景颜色的种类。Alert 本身不支持关闭功能，需要自行控制显示隐藏，效果如图 13.50 所示。

图 13.50

参见下载代码 13.6.3-1。

按钮触发 Alert，其业务场景通过单击触发按钮动作控制 Alert 显示与否，效果如图 13.51 所示。

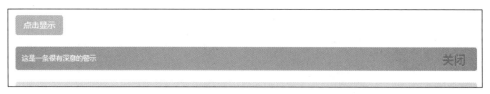

图 13.51

参见下载代码 **13.6.3-2**。

参见下载 **API 13.6.3**。

13.7 表 单 组 件

在 iuap 的框架中，封装的表单组件较多，有单选、多选、输入框、开关、下拉框、上传、数字框、穿梭框等十几种功能。本节将针对这些组件进行详细介绍。

13.7.1 表单

单个表单 input 校验，使用 FormItem 达成，效果如图 13.52 所示。

图 13.52

参见下载代码 **13.7.1-1**。

基本 Form 校验登录示例，效果如图 13.53 所示。

图 13.53

参见下载代码 **13.7.1-2**。

注册示例，效果如图 13.54 所示。

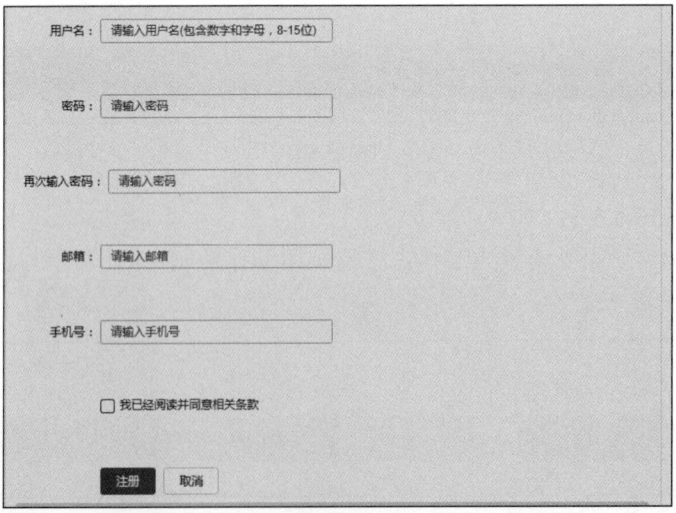

图 13.54

参见下载代码 **13.7.1-3**。

表单的 API 如图 13.55 所示。

Form

参数	说明	类型	默认值
form	经过 Form.createForm 包装后的组件，都带有 this.props.form 属性	Object	-
prefixCls	类名前缀	String	u-form
className	类名	String	-
onSubmit	提交事件	Function	-
style	样式	Object	-

FormItem

参数	说明	类型	默认值
prefixCls	类名前缀	String	u-form
className	类名	String	-
style	样式	Object	-

图 13.55

13.7.2 单选

单选框组合 Radio：通过 colors 参数控制背景色，效果如图 13.56 所示。

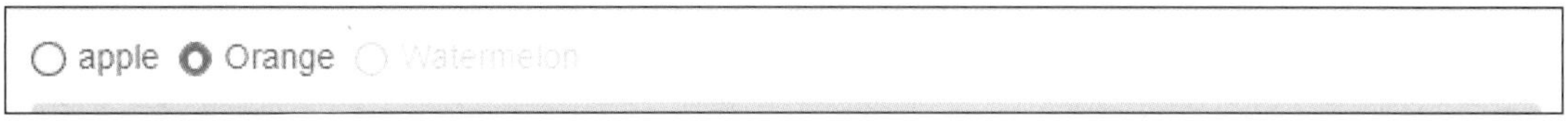

图 13.56

示例代码如下：

```
/** * @title Radio * @description 'colors'参数控制背景色 */
import React, { Component } from 'react'
import { Radio } from 'tinper-bee';
class Demo1 extends Component{
    constructor(props) {
        super(props);
        this.state = { selectedValue: 'apple' };
}
    handleChange(value) {
        this.setState({selectedValue: value}); }
    render() {
        return (
<Radio.RadioGroup
name="fruit"
selectedValue={this.state.selectedValue}
onChange={this.handleChange.bind(this)}>
<Radio value="apple" >apple</Radio>
```

```
<Radio value="orange" >Orange</Radio>
<Radio disabled value="watermelon" >Watermelon</Radio>
            </Radio.RadioGroup> ) } };
```

主要 API 如图 13.57 所示。

API

Radio

参数	说明	类型	默认值
color	one of: primary/success/info/error/warning/dark	string	-
disabled	是否可用	bool	false
style	添加style	object	{}
className	传入列的classname	String	-

RadioButton

参数	说明	类型	默认值
color	one of: primary/success/info/error/warning/dark	string	-
size	one of: lg/sm	string	-
disabled	是否可用	bool	false

RadioGroup

参数	说明	类型	默认值
onChange	暴露在外层的触发radio是否选中的方法	func	-
selectedValue	被选中的radio值	string	-
name	radio组名	string	''
Children	radio子组件	obj	-

图 13.57

13.7.3 多选

给用户提供便利，从多个选择中选取多个值。下面以 checkbox 为例进行说明。checked 参数设置是否选中，disabled 设置是否可用，效果如图 13.58 所示。

图 13.58

参见下载代码 **13.7.3**。

多项选择的 API 如图 13.59 所示。

API			
参数	说明	类型	默认值
className	类名	string	-
color	one of: primary success info error warning dark	string	''
disabled	是否可用	bool	false
onChange	监听改变	function	-
defaultChecked	默认是否选中	bool	false
checked	是否选中	bool	-
indeterminate	部分选中	bool	-
onDoubleClick	双击事件	function	function(checked, event){}
onClick	单击事件	function	function(event){}

图 13.59

13.7.4 输入框

在输入框的使用中，该框架封装了 FormControl 组件，用<FormControl>来代替<input>和<textarea>，效果如图 13.60 所示。

图 13.60

参见下载代码 13.7.4。

输入框的主要 API 如图 13.61 所示。

API			
参数	说明	类型	默认值
className	类名	string	-
type	类型(text, search, submit, 'checkbox',...详情 http://www.w3school.com.cn/html5/att_input_type.asp)	string	'input'
onChange	input值发生改变触发的回调	func	-
onSearch	input type="search"前提下回车触发的回调 多用于搜索	func	-

图 13.61

13.7.5 输入框组

InputGroup 是包装 FormControl InputGroupButton InputGroupAddon 的元素，是一种输入框的组合，为了方便调用把输入框的多种功能成组。实际应用中 InputGroupAddon InputGroupButton 被集成到 InputGroup 中使用，格式如 InputGroup.Addon InputGroup.Button，InputGroup 两边是可选 Add，效果如图 13.62 所示。

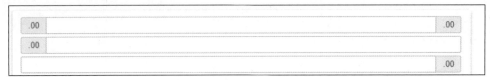

图 13.62

参见下载代码 **13.7.5-1**。

InputGroup 两边是可选 But，效果如图 13.63 所示。

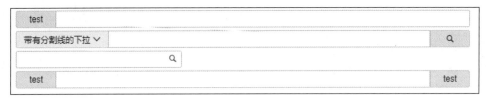

图 13.63

参见下载代码 **13.7.5-2**。

13.7.6 表单容器

FormGroup 组件用来包裹像 form、control、lable、help、text、validate、state 等元素。FromGroup 三种校验状态实例：validationState 参数控制状态颜色，效果如图 13.64 所示。

图 13.64

参见下载代码 **13.7.6**。

API 如图 13.65 所示。

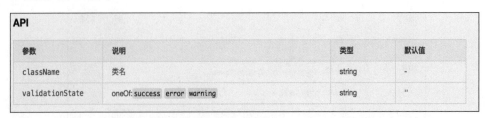

图 13.65

13.7.7 开关

切换开关代表用户打开或关闭选项的物理开关，默认开关效果如图 13.66 所示。

图 13.66

参见下载代码 **13.7.7**。

API 如图 13.67 所示。

参数	说明	类型	默认值
checked	指定当前是否选中	Boolean	false
defaultChecked	初始是否选中	Boolean	false
onChange	变化时回调函数,自定义参照demo	Function(checked:Boolean)	
disabled	设置是否禁用	Boolean	false
checkedChildren	选中时的内容	React	Node
unCheckedChildren	非选中时的内容	React	Node
size	大小设置，oneOf：primary,success,info,dark,warning	string	''
colors	颜色设置，oneOf：sm, lg,''	string	''

图 13.67

13.7.8 下拉框

下拉框用于替代原生的选择器。Select 扩展了其他功能：多选、级联、搜索过滤、单选、搜索过滤多选和自动填充选择。以单选为例，Select 控制不同尺寸，size 参数控制大小，效果如图 13.68 所示。

图 13.68

参见下载代码 **13.7.8**。

参见下载 **Select API**。

参见下载 **Option** 参数说明表。

参见下载 **OptGroup** 参数表。

13.7.9 级联菜单

级联菜单通常与级联选择框一起使用。基础级联菜单效果如图 13.69 所示。

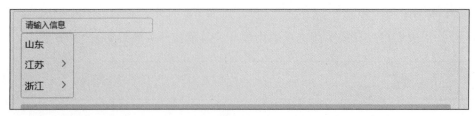

图 13.69

参见下载代码 13.7.9。

其封装的 API 如图 13.70 所示。

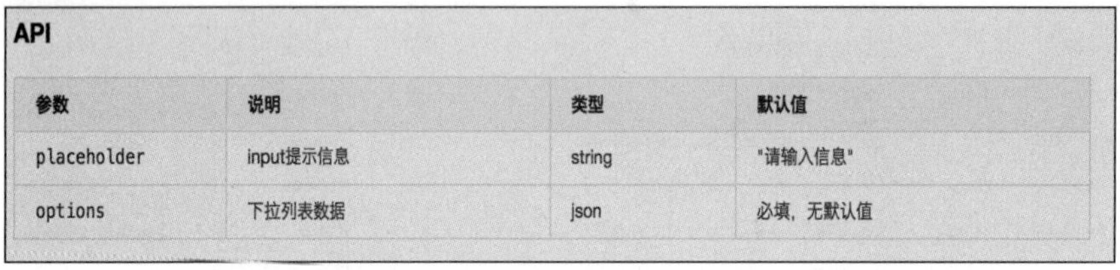

API

参数	说明	类型	默认值
placeholder	input提示信息	string	"请输入信息"
options	下拉列表数据	json	必填，无默认值

图 13.70

13.7.10　城市选择

地区级联：如中国地区级联，效果如图 13.71 所示。

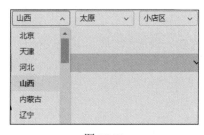

图 13.71

参见下载代码 13.7.10。

API 如图 13.72 所示。

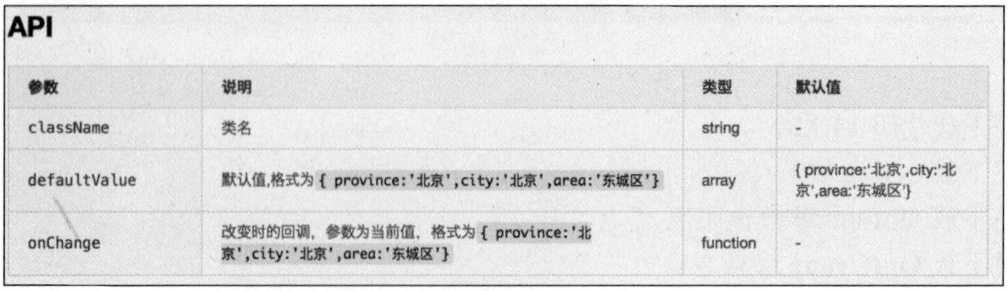

API

参数	说明	类型	默认值
className	类名	string	-
defaultValue	默认值,格式为 { province:'北京',city:'北京',area:'东城区'}	array	{ province:'北京',city:'北京',area:'东城区'}
onChange	改变时的回调，参数为当前值，格式为 { province:'北京',city:'北京',area:'东城区'}	function	-

图 13.72

13.7.11　上传

常用按钮 Upload：通过 Props 来自定义上传文件和服务地址等信息。Upload 可以将资源

web page、text、picture、video 等信息传递到远程服务器端。在 onChange 方法中，参数 info 代表上传返回的回调参数，常用的是上传状态，效果如图 13.73 所示。

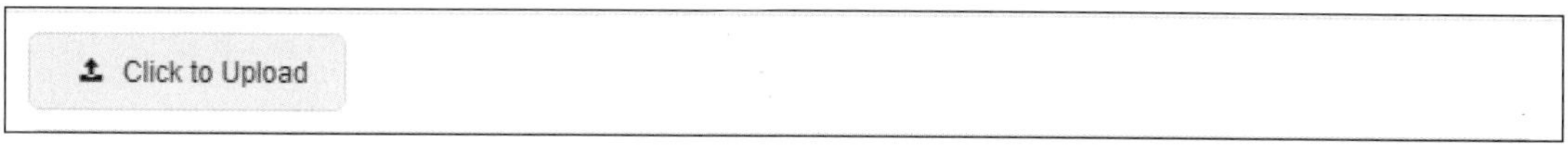

图 13.73

参见下载代码 13.7.11。
API 如图 13.74 所示。

参数	说明	类型	默认值
name	文件名	string	file
defaultFileList	默认已上传的文件列表	array	-
fileList	已上传的文件列表,多用于onChange事件里	array	-
action	上传的服务器地址	array	-
data	上传参数或者函数	Object or function	-
headers	设置请求的头部信息 兼容IE10以上	object	-
showUploadList	是否显示上传列表	bool	true
multiple	是否支持多文件上传 兼容IE10以上	bool	false
accept	设置文件接收类型	string	-
beforeUpload	在上传之前执行的函数,当Promise返回false或者被拒绝,函数被终止。不兼容老IE	func	-
customRequest	覆盖默认的XHR,可定制自己的XMLHttpRequest	func	-
onChange	当上传状态改变之后执行的回调函数	func	-
listType	内置的样式，支持text和picture	string	text
onRemove	当删除按钮单击后触发的回调函数	func	-
supportServerRender	当服务器正在渲染时，是否需要打开	bool	false

图 13.74

onChange 是文件正在上传、上传成功和失败触发的回调函数。当上传状态发生变化时，返回下列参数。

```
{
    file: {
        uid: 'uid',                              //唯一性 ID
        name: 'xx.png'                           //文件名
        status: 'done',                          //参数 uploading、done、error、removed
        response: '{"status": "success"}',       //服务器返回的参数
    },
    fileList: [ /* ... */ ],                     //当前文件列表
    event: { /* ... */ },                        //服务器响应：包括上传进度，不兼容老的浏览器
}
```

13.7.12 穿梭框

穿梭框代表两框之间的元素迁移，非常直观且有效。一个或多个元素选择后，单击方向按钮转到另一列框中，左栏是"源"，右边是"目标"，效果如图 13.75 所示。

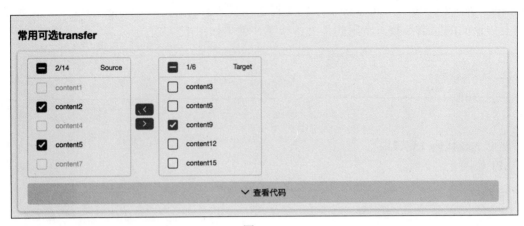

图 13.75

参见下载代码 **13.7.12**。

参见下载 **API** 展示。

13.7.13 数字框

数字框用来输入固定类型的数字，效果如图 13.76 所示。

图 13.76

参见下载代码 **13.7.13-1**。

数字框也可以采用自定义形式，如 max=12、min=5、step=2，效果如图 13.77 所示。

图 13.77

参见下载代码 **13.7.13-2**。

13.7.14 时间

选择时间：选择"Timepicker"选项后，在浮层中选择或者输入某一时间，效果如图 13.78 所示。

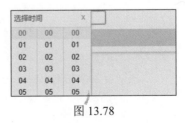

图 13.78

参见下载代码 **13.7.14**。

参见下载 **API** 展示。

13.7.15 日期

选择日期：以"日期"为基本单位的选择控件，效果如图 13.79 所示。

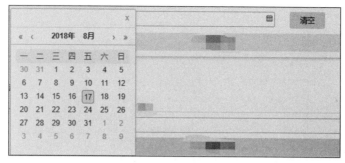

图 13.79

参见下载代码 **13.7.15-1**。

日期范围：以"日期范围"为基本单位的选择控件，效果如图 13.80 所示。

图 13.80

参见下载代码 **13.7.15-2**。
参见下载 **DatePicker** 方法及参数选择。
参见下载 **MonthPicker** 方法及参数选择。
参见下载 **RangePicker** 方法及参数选择。
参见下载 **WeekPicker** 方法及参数选择。

13.7.16 搜索

搜索框用来给使用者搜索固定有效的数据，效果如图 13.81 所示。

图 13.81

参见下载代码 **13.7.16**。

API 如图 13.82 所示。

API

参数	说明	类型	默认值
searchOpen	是否默认展开	boolean	false
showIcon	是否显示展开关闭图标	boolean	true
searchHead	标题	string	-
searchContent	表单内容	ReactNode/string	-
searchClick	查询按钮回调	function	()=>{}
clearClick	清空按钮回调	function	()=>{}

图 13.82

第 14 章　iuap 基础案例

本章主要讲解前/后端及 iuap 应用平台的连接测试，以及前/后端数据能否正常传输及相关案例。案例主旨在于帮助读者熟悉前/后端基本代码框架，同时了解前/后台服务对接过程。

14.1　案例效果

选择"测试"选项，弹出"Hello World!"提示，效果如图 14.1 所示。

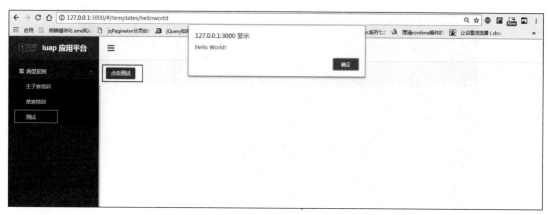

图 14.1

14.2　设置代理地址

代理的设置主要包括前端的代理设置和 Nginx 的代理设置。

14.2.1　部署在服务器

代理地址为 iuap 应用平台服务器地址和应用平台端口地址，如 10.10.24.43:8080。

14.2.2　部署在本地

iuap 应用平台部署在本地需要使用 Nginx 进行代理，前端 Studio 工程配置的代理地址应该是 Nginx 所在的计算机地址：Nginx 端口，如 127.0.0.1:8888。

14.2.3　前端代理设置

在 uba.config.js 中配置变量。参见下载代码 **14.2.3**。

从代码 14.2.3 中可以看出，proxyConfig 可以设置多个代理项，如果代理项中的 enable

属性设置为 true，则启用当前代理项，否则设为 false。router 项则需要写入代理的后台项目名，启动代理项中的 router 项，其每个字段的含义如表 14.1 所示。

表 14.1

字 段	含 义
/wbalone	应用平台
/iuap_pap_quickstart	后台工程
'/eiap-plus/'	流程相关接口
'/newref/'	参照相关

14.3 启动项目

安装 Node 模块包，设置代理服务器后。在终端执行 NPM run dev，并启动 Server，如图 14.2 所示。

图 14.2

启动成功的界面如图 14.3 所示。

图 14.3

查看结果：选择"测试"选项，弹出"Hello World!"提示，如图 14.4 所示。

图 14.4

14.4 Hello World 节点开发

本节主要介绍一个 Hello World 入门案例，可以通过此案例了解 iuap 开发的相关步骤。

14.4.1 创建节点

在\src\pages 中创建节点结构，里面内容为空即可，如图 14.5 所示。

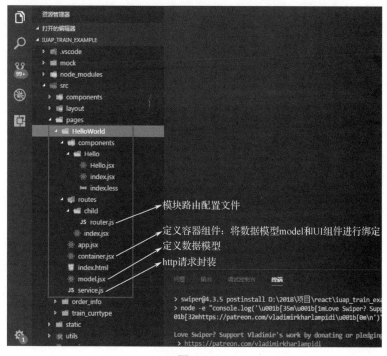

图 14.5

14.4.2 定义 service

用于定义与后台的服务，在 service.js 中定义请求如下：

```
import request from "utils/request";
//定义接口地址
const URL = {
    "GET_DATA":   '${GROBAL_HTTP_CTX}/hello_world/list'      //后台请求数据 URL 地址
}
export const getData = (params) => {                         //请求数据方法 getData
    return request(URL.GET_DATA, {
        method: "get",
        param: params
    });
}
```

在 src/utils/request.js 中添加 axios http 请求。

```
import axios from "axios";

export default (url, options) => {
    return axios({
        method: options.method,
        url: url,
        data: options.data,
        params: options.param
    }).catch(function (err) {
        console.log(err);
    });
}
```

14.4.3 定义 module

在 model.js 中，调用请求并更新 state 状态。参见下载代码 **14.4.3**。

14.4.4 添加按钮和事件

编辑 Hello 组件中的 index.jsx 文件，示例代码如下：

```
import React, { Component } from 'react';
import {Button} from 'tinper-bee';                           //按钮组件
import { actions } from "mirrorx";
import './index.less';
class Hello extends Component { constructor(props) {
        super(props);
this.state = { }; }
handleClick = async()=> { await actions.HelloWorld.loadData();
alert(this.props.hellomsg);
}
render() {
        return (
            <div>
<Button className="mt20 ml20" colors="primary" onClick={ this.handleClick }>单击 测试</Button>
</div> );
} }
export default Hello;
```

在 index.less 中,添加按钮间距,示例代码如下:

```less
.mt20 {
    margin-top: 20px;
}
.ml20 {
    margin-left: 20px;
}
```

14.4.5 数据与组件

container.js 主要用于加载 model.js、连接组件,示例代码如下:

```js
import React from 'react';
import mirror, { connect } from 'mirrorx';
// 组件引入
import Hello from './components/Hello';
// 数据模型引入
import model from './model'
mirror.model(model);
// 数据和组件 UI 关联、绑定
export const ConnectedHello = connect( state => state.HelloWorld, null )(Hello);
//注意 Hello 应和上文组建中导出的名字一致
```

14.4.6 路由注册

在 src\pages\HelloWorld\routes\child\router.js 中,导入 container.js 连接后的组件,并注册路由。

```js
1.  // Hello World 节点
2.  import React from 'react'
3.  import { Route } from 'mirrorx'
4.  // 导入节点
5.  import {
6.      ConnectedHello                                  //container.js 中已定义的名称
7.  } from '../../container'
8.  /**
9.   * * * * *
10.  * 路由说明: 单表"search-table"
11.  * simple-table:form+最简单表格
12.  * pagination-table:form+综合表格功能*/
13. export default ({ match }) => (<div className="templates-route">
14.     {/*配置根路由记载节点*/}<Route exact path={'/'} component={ConnectedHello} />
15.     {/*配置节点路由*/}<Route exact path={`${match.url}helloworld`} component={ConnectedHello} />
16. </div> )
```

14.4.7 菜单节点注册

菜单节点注册指以当前菜单为节点触发下一步功能,效果如图 14.6 所示。

图 14.6

增加后页面如图 14.7 所示。

图 14.7

在 src\layout\Sidebar\config.js 中添加自定义节点。**参见下载代码 14.4.8**。

第 15 章 iuap 单表开发

本章采用实际案例的方式,阐述 iuap 框架的应用功能。首先展示案例的显示效果,以工程的方式解析,然后再配合代码说明,将框架的使用方法清晰地展现出来。

15.1 实例效果

单表开发的实例效果如图 15.1 所示。

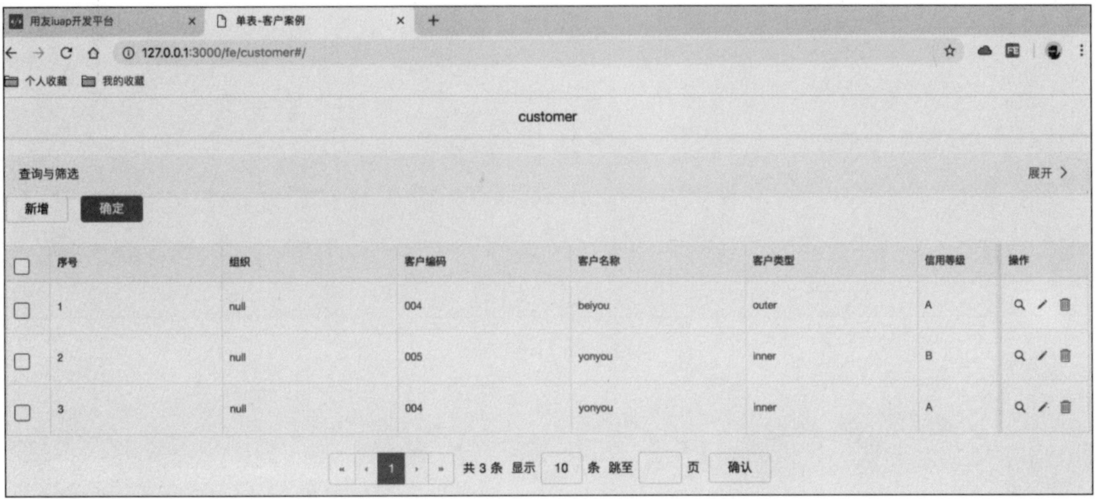

图 15.1

表格数据展示如图 15.2 所示。

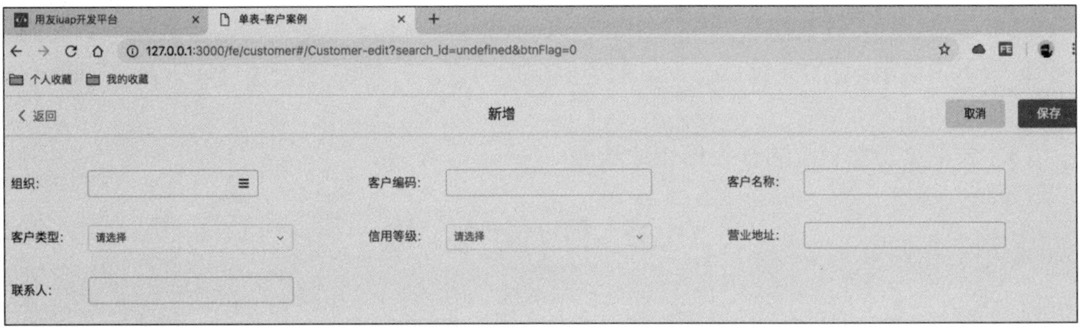

图 15.2

新增页面效果如图 15.3 所示。

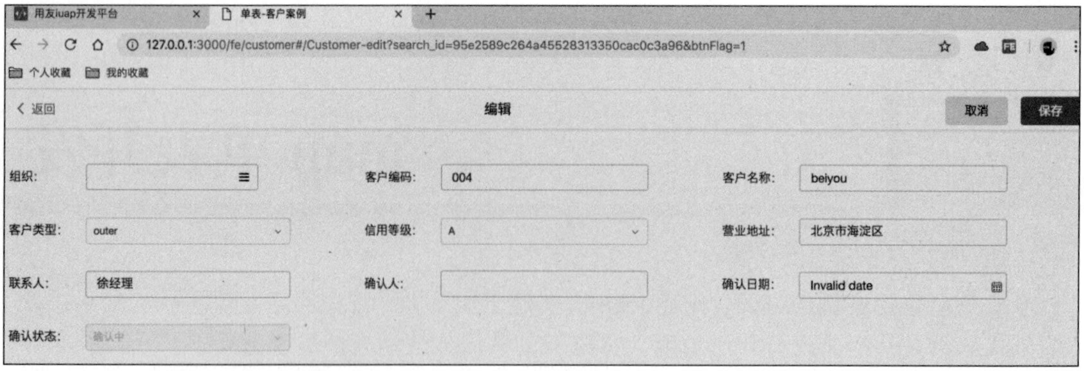

图 15.3

编辑页面效果如图 15.4 所示。

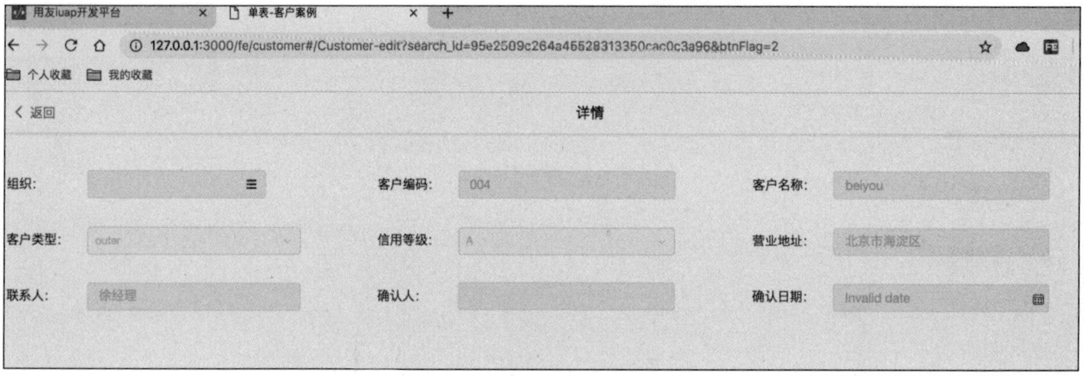

图 15.4

15.2 功 能 分 析

（1）数据展示：为表格展示页添加操作列，操作列中包含查看、编辑、删除的按钮。

（2）新增页面：在新增页面进行数据保存时，需要进行表单数据校验。它的关键点在于日期类型数据的保存、参照数据的保存、下拉框数据的保存。

（3）编辑页面：在表格展示页选中并进入编辑页时，需要根据选中的行数据重新查询，并在编辑页中展示。它的关键点在于日期类型数据的展示、参照数据的回写、下拉框 value 值与展示值的切换。

（4）表格页与展示页的行数据删除功能。

15.3 目 录 结 构

在工程 sic/pages 目录下新增子模块文件的结构，templates 为主模块名，新建的子模块名为 customer，子模块结构如图 15.5 所示。

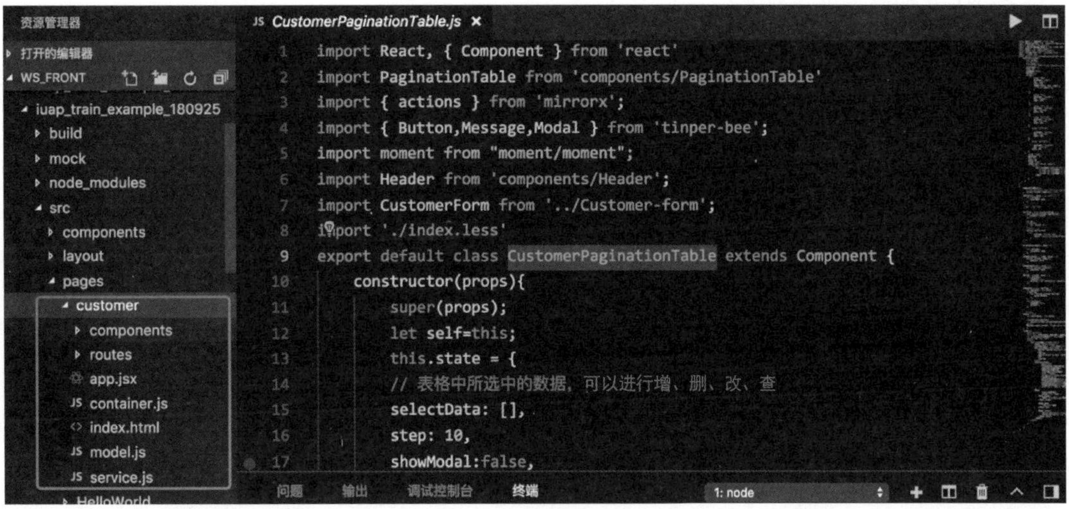

第 15 章　iuap 单表开发

图 15.5

节点文件夹含义如表 15.1 所示。

表 15.1

名　称	含　　义	
components	Orderinfo-edit	新增编辑查看公共页
	Orderinfo-form	单表搜索面板
	Orderinfo-root	单表页面
routes	index.jsx	主路由
	child	子路由
app.jsx	节点入口文件	
container.js	容器组件，实现 mirror model 与组件的连接	
model.js	mirror 模型定义文件，定义公共 state 及公共方法	
service.js	定义具体请求及相关 URL 地址	

15.4　表格与列表按钮

本节主要学习分页表格的导入，以及分页表格的封装原理。还介绍了 service、model 和路由，将单表的一个整体项目结构搭建起来。

15.4.1　导入表格组件

15.3 节已经搭建好工程目录结构，在 customer/components 目录下的 Customer-root 文件夹中，创建 CustomerPaginationTable.js 文件，并添加表格组件。

（1）组件的导入添加。

在当前组件的 render 方法中，添加表格组件，其属性说明见 15.4.2 节表格组件介绍，并参见下载代码 **15.4.1-1**。

（2）表格显示列的添加。

在 constructor 的 state 中添加表格的显示列，column 表示表格显示列，定义表格每列的后台字段及前端展示字段，在 state 中定义 column 字段，其中 column 为数据，数组的每个元素为一列，添加代码见加粗部分。参见下载代码 **15.4.1-2**。

15.4.2 表格组件介绍

在工程 src\component\PaginationTable\index.js 目录下，定义了各参数，部分代码展示如下：

```
const propTypes = {
    // 表格行数据
    data: PropTypes.array.isRequired,
    // 显示是否展示 Loading 图标
    showLoading: PropTypes.bool.isRequired,
    // 表格当前展示多少行数据，默认为 10
    pageSize: PropTypes.number,
    // 当前选中，对应 activePage
    pageIndex: PropTypes.number.isRequired,
    // 总页数，默认为 5
    totalPages: PropTypes.number,
    // 定义表格列
    columns: PropTypes.array.isRequired,
    // 返回已选中的所有数据
    onTableSelectedData: PropTypes.func.isRequired,
    // 单页显示多少条，单击"联动"按钮
    onPageSizeSelect: PropTypes.func.isRequired,
    // 页索引编号单击"回调方法"选项
    onPageIndexSelect: PropTypes.func.isRequired,
    // 横向或纵向滚动条设置
    scroll: PropTypes.object,
    // 表格标题
    title:PropTypes.func,
    // 表格尾部
    footer:PropTypes.func,
};
```

PaginationTable 组件功能说明如下。

（1）默认支持表格多选。

（2）表格默认自带分页组件。

参见下载代码 **15.4.2**。

15.4.3 定义 service、model

表格传输数据的字段为 data，其值需要通过请求后端获取，在 service.js、model.js 中定义数据模型，示例代码如下。

（1）service.js。

在 service.js 中添加定义请求的 URL。参见下载代码 **15.4.3**。

需要列表加载的函数定义在 model.js 的 loadList 中，具体请求定义在 api.getList(param)

中。API 变量的导入在 model.js 中，定义在 service.js 中，如图 15.6 所示。

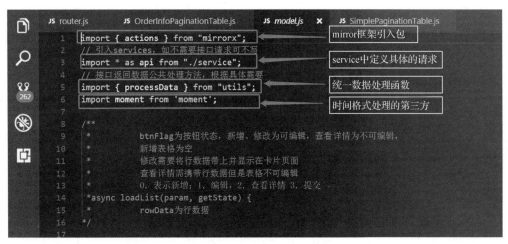

图 15.6

（2）container.js。

在 container 中通过 mirror connect 方法连接组件：

import React from 'react';
import mirror, { connect } from 'mirrorx';
// 组件引入
import OrderInfoPaginationTable from './components/OrderInfo-root/OrderInfoPaginationTable';
// 数据模型引入
import model from './model'
mirror.model(model);
// 数据和组件 UI 关联、绑定
export const ConnectedOrderInfoPaginationTable = connect(state => state.OrderInfo, null)(OrderInfoPaginationTable);

15.4.4　添加路由

在 pages/customer/routes/child/router.js 中，添加路由配置：

import React from 'react'
import { Route } from 'mirrorx'
// 导入节点
import {
　　ConnectedCustomerPaginationTable,
　　ConnectedCustomerEdit
} from '../../container'
export default ({ match }) => (
　　<div className="templates-route">

　　　　{/*配置根路由记载节点*/}
　　　　{<Route exact path={'/'} component={ConnectedCustomerPaginationTable} />}
　　　　{/*配置节点路由*/}
　　　　<Route exact path={'${match.url}Customer-table'} component={ConnectedCustomerPaginationTable} />

```
            <Route exact path={'${match.url}Customer-edit'} component={ConnectedCustomerEdit} />
        </div>
)
```

15.5 搜索功能

本节主要介绍搜索组件,以及如何在单表案例中进行搜索功能的开发。

15.5.1 搜索组件介绍

在工程目录下,封装定义搜索组件,部分代码如下:

```
import React, { Component } from 'react';
import { Panel,Button } from 'tinper-bee';
import PropTypes from 'prop-types';
import './index.less';
import classnames from 'classnames';
/**
 * 部分不能通过 this.props.form.resetFields()清空的组件,需要传 reset 方法,在 reset 方法中自行清空
 */
const propTypes = {
    searchOpen:PropTypes.bool,          //是否默认展开,false 默认关闭
    search: PropTypes.func,             //查询的回调
    reset:PropTypes.func,               //重置的回调
    resetName:PropTypes.string,         //重置的文字
    searchName:PropTypes.string,        //查询的文字
    title: PropTypes.string
};

const defaultProps = {
    searchOpen:false,
    search: () => {},
    reset: () => {},
    title: "查询与筛选"
};
```

字段说明如表 15.2 所示。

表 15.2

字　　段	含　　义
searchOpen	是否默认展开
search	查询的回调
reset	重置的回调
resetName	重置的文字
searchName	查询的文字
title	标题

15.5.2　搜索功能的开发

在 customer/components 子模块下，新建 Customer-form 文件夹，在当前文件夹下，创建 index.js 和 index.less 文件。

（1）搜索组件的导入添加。

代码中加粗部分为导入组件操作，在当前组件的 render 方法中添加搜索组件，**参见下载代码 15.5.2。**

（2）在 index.less 中编写，如下所示。

在 Customer-root\CustomerPaginationTable.js 中，添加搜索展示字段，添加代码如图 15.7 所示。

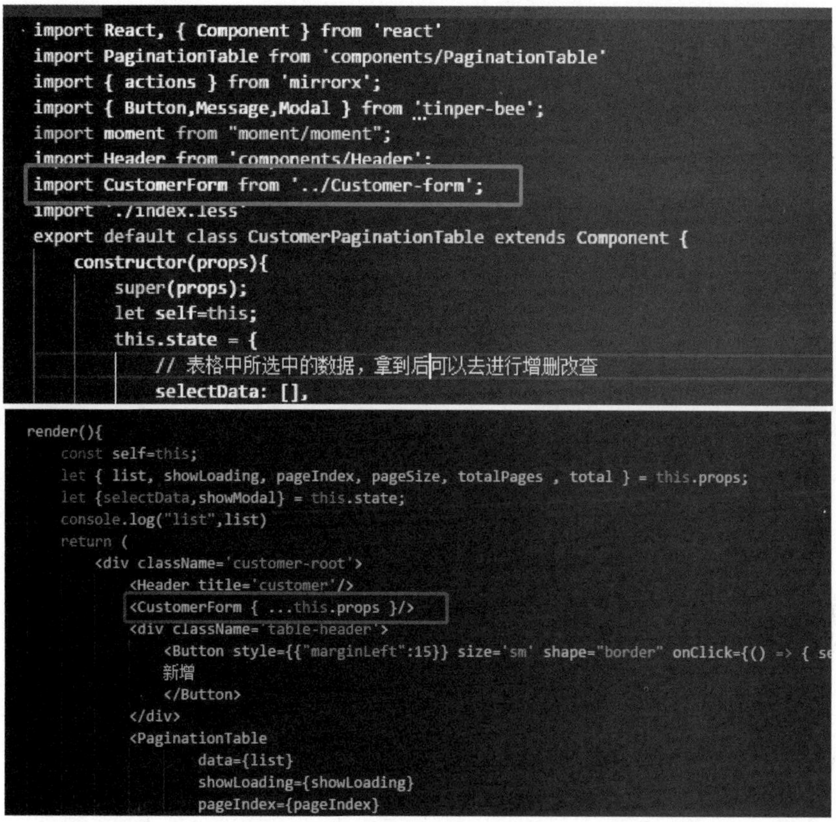

```
import React, { Component } from 'react'
import PaginationTable from 'components/PaginationTable'
import { actions } from 'mirrorx';
import { Button,Message,Modal } from 'tinper-bee';
import moment from "moment/moment";
import Header from 'components/Header';
import CustomerForm from '../Customer-form';
import './index.less'
export default class CustomerPaginationTable extends Component {
    constructor(props){
        super(props);
        let self=this;
        this.state = {
            // 表格中所选中的数据，拿到后可以去进行增删改查
            selectData: [],
```

```
render(){
    const self=this;
    let { list, showLoading, pageIndex, pageSize, totalPages , total } = this.props;
    let {selectData,showModal} = this.state;
    console.log("list",list)
    return (
        <div className='customer-root'>
            <Header title='customer'/>
            <CustomerForm { ...this.props }/>
            <div className='table-header'>
                <Button style={{"marginLeft":15}} size='sm' shape="border" onClick={() => { se
                新增
                </Button>
            </div>
            <PaginationTable
                    data={list}
                    showLoading={showLoading}
                    pageIndex={pageIndex}
```

图 15.7

15.5.3　定义 service

搜索功能的接口是在前面相关章节加载表格数据的基础上进行修改的。

数据请求定义在 service.js 中添加查询地址后缀，示例代码如下：

```
import request from "utils/request";

//定义接口地址
const URL = {
    "GET_LIST":  '${GROBAL_HTTP_CTX}/customer/getListWithAttach'
}
```

```
/**
 * 获取列表
 * @param {*} params
 */
export const getList = (params) => {
    let url =URL.GET_LIST+'?1=1';
    for(let attr in params){
        if((attr!='pageIndex')&&(attr!='pageSize')){
            url+='&search_'+attr+'='+params[attr];
        }else{
            url+='&'+attr+'='+params[attr];
        }
    }
    return request(url, {
        method: "get",
        data: params
    });
}
```

15.5.4 完成查询功能

在 Customer-form\index.js 文件中，添加单击查询事件，实现查询功能，**参见下载代码 15.5.4**。

效果如图 15.8 所示。

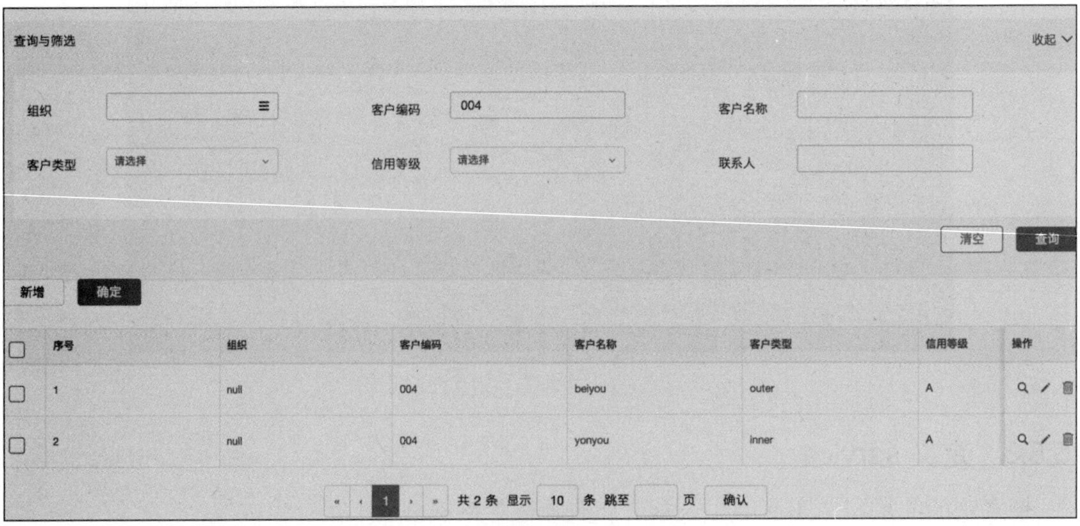

图 15.8

15.6 参照组件的应用

本节主要介绍参照组件，以及在参照组件中如何进行搜索。

15.6.1 参照组件介绍

在工程 src\component\SearchPanel\index.js 目录下，封装定义了参照组件，示例代码如下：

```
let option = {
    title: '',
    refType: 2,//1.树形; 2.单表; 3.树卡型; 4.多选; 5.default
    className: '',
    param: {//url 请求参数
        refCode: 'bd_common_user',
        tenantId: '',
        sysId: '',
        transmitParam: 'EXAMPLE_CONTACTS,EXAMPLE_ORGANIZATION',
    },
    refModelUrl:{
        TreeUrl:'/newref/rest/iref_ctr/blobRefTree', //树请求
        TableBodyUrl:'/newref/rest/iref_ctr/blobRefTreeGrid',//表体请求//ref/rest/iref_ctr/blobRefTreeGrid
        TableBarUrl:'/newref/rest/iref_ctr/refInfo',//表头请求 ref/rest/iref_ctr/refInfo
    },
    filterRefUrl:'/iuap_pap_quickstart/common/filterRef',//get

    // checkedArray: [],
    onCancel: function (p) {
        console.log(p)
    },
}
export default JSON.stringify(option)
```

字段说明如表 15.3 所示。

表 15.3

字 段	含 义
title	弹窗标题
refType	1.树形；2.单表；3.树卡型；4.多选；5.default
param	URL 的请求参数
refModelUrl	URL 的请求地址
filterRefUrl	根据 key 请求数据

15.6.2 搜索组件

在搜索组件中添加参照功能。向 Customer-form\index.js 里，导入参照组件，以及获取参照数据。在当前组件的 render 方法中，添加参照组件，**参见下载代码 15.6.2**。

15.6.3 启动项目

在终端执行 NPM run dev，启动 Server。单击"组织"按钮，选择参照，效果如图 15.9 所示。

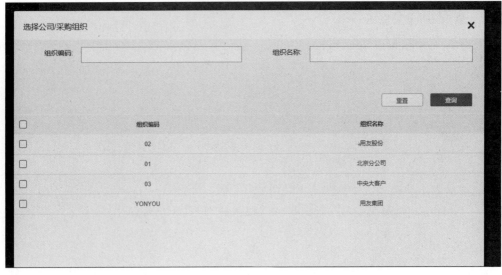

图 15.9

15.7 新增功能

主表新增功能需要新增一个页面，页面通过表单展示，其制作过程分为 3 步：①主表添加按钮单击事件；②定义新增页路由；③开发新增页组件。

15.7.1 按钮触发事件

添加按钮及单击事件，示例代码如下：

```
import React, { Component } from 'react'
import { actions } from 'mirrorx';
//导入按钮组件
import { Button } from 'tinper-bee';

import Header from 'components/Header';
import './index.less'

export default class CustomerPaginationTable extends Component {
    constructor(props){
        super(props);
        let self=this;
        this.state = {
        }
    }
    //添加按钮事件
    cellClick = async (record,btnFlag) => {
        await actions.Customer.updateState({
            rowData : record,
        });
```

```
            let id = "";
            if(record){
                id = record["id"];
            }
            actions.routing.push(
                {
                    pathname: 'Customer-edit',
                    search: '?search_id=${id}&btnFlag=${btnFlag}'
                }
            )
        }

        render(){
            const self=this;
            return (
                <div className='customer-root'>
                    <Header title='customer'/>
                    <div className='table-header'>
                        <Button style={{"marginLeft":15}} size='sm' shape="border" onClick={() => { self.cellClick({},0) }}>
                            新增
                        </Button>
                    </div>
                </div>
            )
        }
    }
```

注意：路由跳转时在 URL 中添加参数，ID 为行数据。路由跳转到编辑、查看页面时重新查询行数据，进行数据显示。由此，只注册节点为组件 Customer-edit，参见下载代码 **15.7.1**。

15.7.2　创建卡片

新增页主要涉及一个表单页，包含保存功能。表单页开发需要先创建"新增"卡片界面，通过 Form.createForm()(组件名)创建高阶组件，用高阶组件进行表单验证，获取组件内的值，创建组件节点 customer\components\Customer-edit\Edit.js，其基本组件效果如图 15.10 所示。

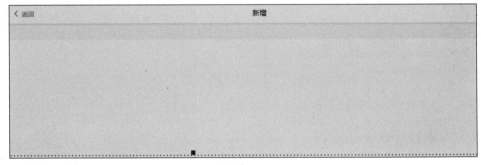

图 15.10

15.7.3 编辑卡片

（1）添加按钮。

在 customer\components\Customer-edit\Edit.js 节点中，添加"保存""取消"按钮。在 src\components\Header\index.js 中，封装了"返回"按钮，如图 15.11 所示，**参见下载代码 15.7.3-1**。

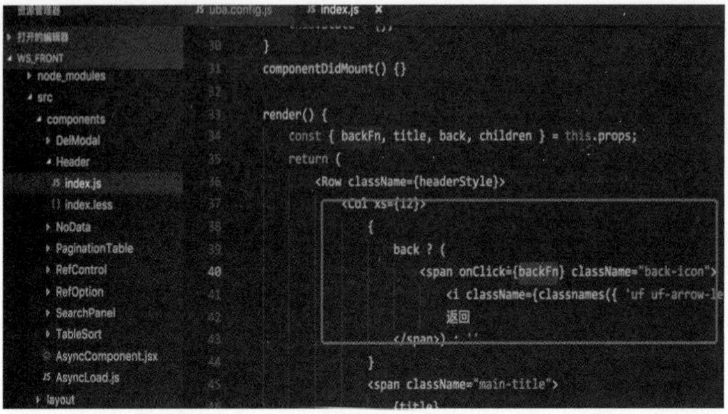

图 15.11

（2）添加页面字段。

表单内组件添加，表单类型组件包括输入框、下拉框、参照等，节点中相应控件的使用，**参见下载代码 15.7.3-2**。

参照特殊处理，在 src\components\RefOption\index.js 中定义参照基础 Option 参数，页面参照组件的引用，示例代码如下：

```
<RefWithInput option={Object.assign(JSON.parse(options),{
    title: '',
    refType: 6,//1.树形 2.单表 3.树卡型 4.多选 5.default
    className: '',
    param: {//url 请求参数
        //后台配置参照
        refCode: 'bd_common_org',
        tenantId: '',
        sysId: '',
        transmitParam: '6',
    },
    //选中的参照 ID 数组
    keyList:refKeyArraypkOrg,//选中的 key
    onSave: function (sels) {
        console.log(sels);
        //选中参照数据的 key 数组
        var temp = sels.map(v => v.key);
        onsole.log("temp",temp);
        //缓存参照数据的 key 数组，便于保存
        self.setState({
            refKeyArraypkOrg: temp,
```

```
        })
    },
    //返回数据展示的字段
    showKey:'name',
    verification:true,//是否进行校验
    verKey:'pkOrg',//校验字段
    verVal:pkOrg //参照值,如果传入则显示
})} form={this.props.form}/>

<span className='error'>
    {getFieldError('pkOrg')}
</span>
```

参数说明如表 15.4 所示。

表 15.4

参　数	含　义
option	参照具体参数配置
form	form 为外层 form 属性

参照内部也采用了表单验证，只是在组件内进行了实现，参照 Option 配置参考。
卡片样式参考\components\Customer-edit\edit.less，下载代码 **15.7.3-3**。

15.7.4 定义 service、model

在 model.js 中，添加保存数据的方法，**参见下载代码 15.7.4**。

15.7.5 卡片数据的非空校验

在 Edit.js 中添加字段数据的非空校验功能，**参见下载代码 15.7.5**。

经过 Form.createForm 包装后的组件都带有 this.props.form 属性，可以使用 getFieldProps、getFieldError 的方法。getFieldProps 使用非常灵活，其参数 orderInfo 可以设置组件的字段，getFieldError 为非空检验提示信息。如果在 getFieldProps 中设置 message，输入为空时，则错误提示为默认内容，其效果如图 15.12 所示。

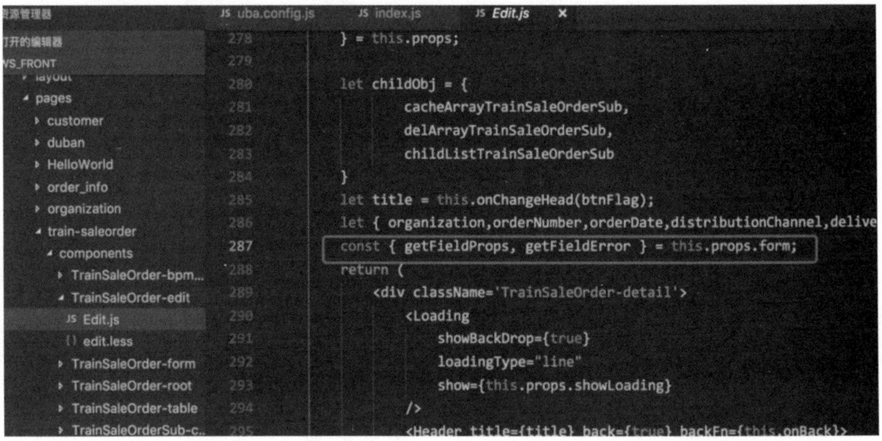

图 15.12

其他参数说明如表 15.5 所示。

表 15.5

字 段		含 义
validateTrigger		验证字段是否为空触发时间，onBlur 为失去焦点时发生
initialValue		该组件显示的初值
rules	type	验证值的类型，如果为 Number 则必须为数字
	required	是否为必输项，如果是为 true，则不是为 false
	message	为非空校验的提示信息

15.7.6 保存事件

保存事件需要考虑两种情况：新增保存和参照保存。

（1）新增保存。

通过 this.props.form.validateFields((err,values)=>{})完成，通常在 err 为空的情况下才能执行保存方法，因为验证字段为输入值，触发保存方法后，err 对象不为空。

（2）参照保存。

因为参照保存值和显示值的不同，后台保存的是由参照选中数据 ID 拼接的字符串，并以","分隔，数据如下：

"14e0220f-1a86-4861-8f74-f7134cbe235b,14e0220f-1a86-4861-8f74-f71343333b5b"

因此需要在保存的时候，将参照字段的值改为上述 ID 字符串进行保存，如参照 verKey 字段和 purOrg 字段值为"abc,def"。选完数据后，在参照保存中将 ID 保存为上述字符串，并缓存到 state 的 refKeyArraypurOrg 中。在 Edit.js 中，添加"保存"事件，**参见下载代码 15.7.6**。

新增前列表数据，如图 15.13 所示。

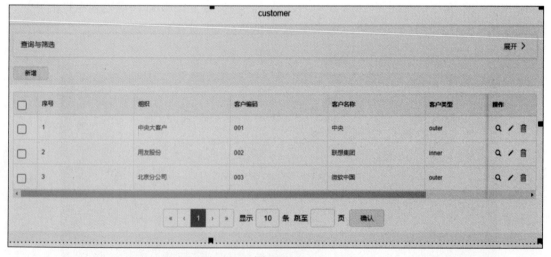

图 15.13

单击"新增"按钮,添加数据,如图15.14所示。

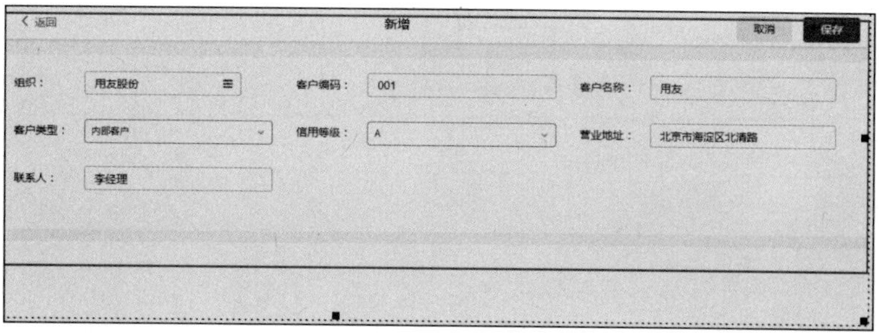

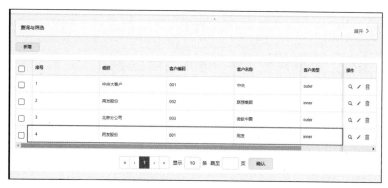

图 15.14

新增后列表数据,如图15.15所示。

图 15.15

15.8 编辑功能

为了说明编辑功能的使用方法,首先给出一个实例效果,然后各小节再按照需求逐步开发,效果如图15.16所示。

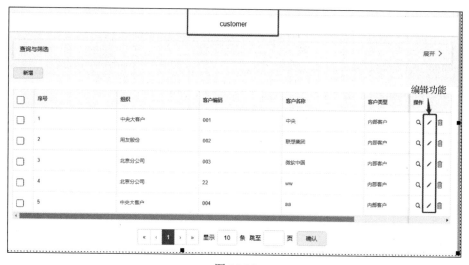

图 15.16

单击"编辑"按钮，效果如图 15.17 所示。

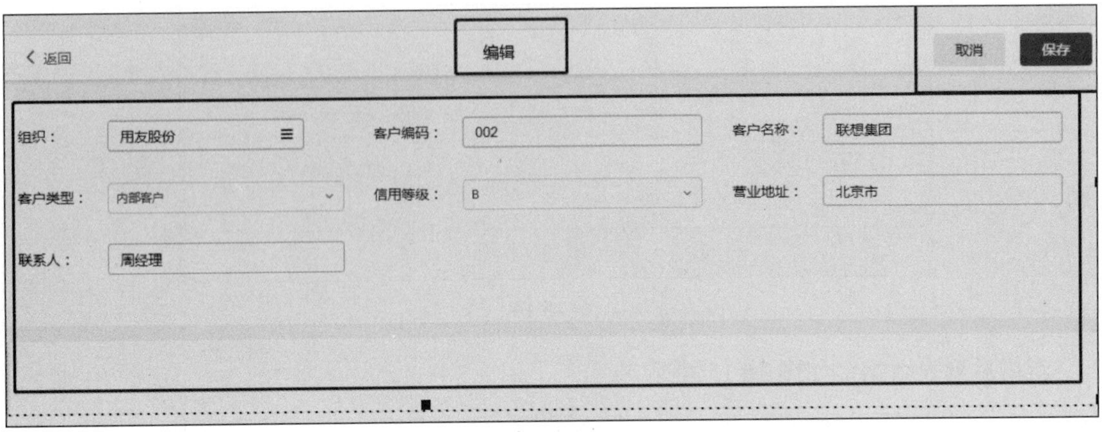

图 15.17

15.8.1 单击"编辑"按钮触发事件，添加页面路由

在 customer\components\Customer-root\ CustomerPaginationTable.js 中，单击"编辑"按钮触发事件，参见下载代码 **15.8.1**。

编辑页面与新增页面复用同一个页面，路由注册已在主表新增功能中开发完成，可参考新增页开发。

15.8.2 区分新增与编辑

在 Customer-edit\Edit.js 中，设置 flag 选项，动态显示标题，参见下载代码 **15.8.2**。

15.8.3 定义 service、model 获取列表详情数据

（1）在 model.js 中，添加 queryDetail 数据方法，实现 Edit.js 中 actions.OrderInfo.queryDetail({search_id})方法的调用，参见下载代码 **15.8.3-1**。

（2）在 service.js 中定义数据请求，model.js 的 queryDetail 中 api.getDetail()调用 service.js 的对应方法。参见下载代码 **15.8.3-2**。

15.8.4 编辑页数据

从表格页面跳转到编辑页面，需要重新请求行数据，便于页面展示。在展示之前需要对数据进行处理，遍历需要展示的特殊值。这些操作需要将数据请求定义在 render 方法之前，在 componentDidMount()方法中实现，参见下载代码 **15.8.4**。

15.9 查看功能

查看功能的效果如图 15.18 所示。

图 15.18

单击"查看"按钮，效果如图 15.19 所示。

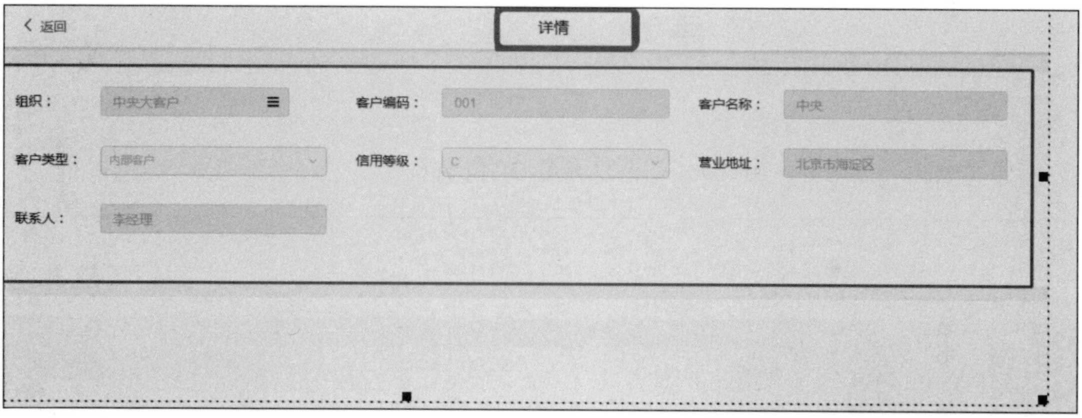

图 15.19

15.9.1 单击"查看"按钮触发事件，添加页面路由

在 src\modules\templates\customer\components\Customer-root\CustomerPaginationTable.js 中，添加"查看"按钮触发事件，参见下载代码 **15.9.1**。

15.9.2 设置 flag 选项，区分新增、编辑、查看

首先在 Customer-edit\Edit.js 中，设置 flag 选项，还需要根据页面标志 btnFlag 设置 disabled 的值，然后动态显示标题，屏蔽"取消""保存"按钮。查看页与编辑页、新增页于同一页面，与编辑不同的是，查看页需要重新查询页面数据，但是不提供编辑功能，参见下载代码 **15.9.2**。

15.9.3 定义 service 获取列表详情数据

查看页与新增、编辑复用同一个 service 及 model 中的方法，用来获取列表详情数据。

15.10 删除功能

删除功能是一个重要部分，以下通过展示效果图，配合代码逐步实现，效果如图 15.20 所示。

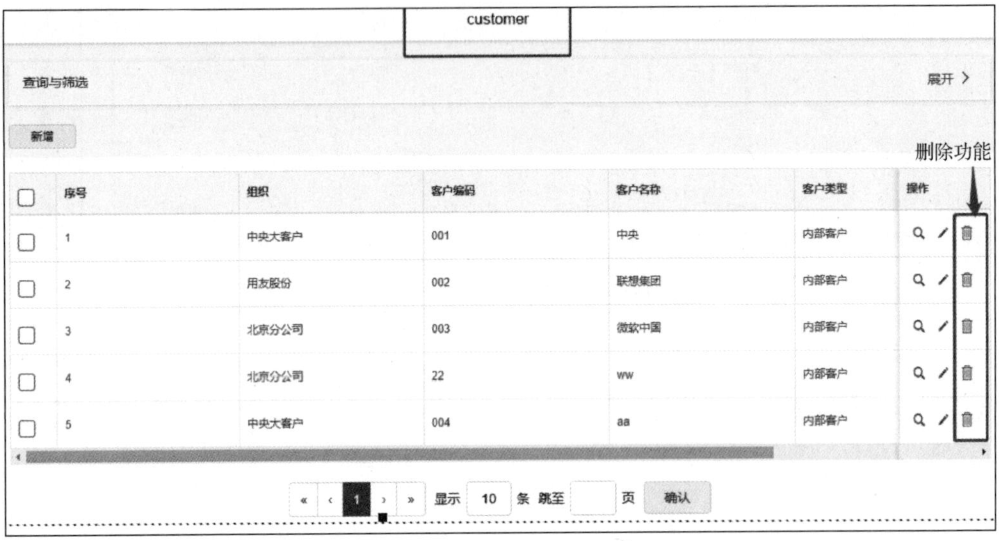

图 15.20

单击"删除"按钮时，出现如图 15.21 所示的弹出框。

图 15.21

单击"确认"按钮，效果如图 15.22 所示。

第 15 章　iuap 单表开发

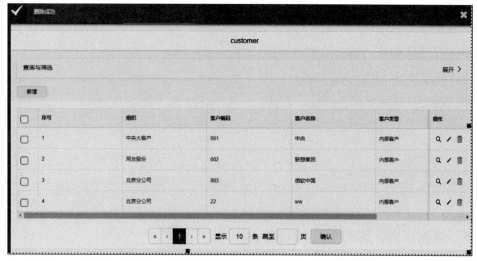

图 15.22

15.10.1　添加"删除"按钮触发事件

在 customer\components\Customer-root\ CustomerPaginationTable.js 中，添加"删除"按钮触发事件，参见下载代码 **15.10.1**。

15.10.2　添加"弹出框"组件，确认是否删除

参见下载代码 **15.10.2**。

15.10.3　定义 service、model 删除列表数据

（1）在 model.js 中，添加 delItem 数据方法，实现 CustomerPaginationTable.js 中 actions.Customer.delItem 方法的调用，参见下载代码 **15.10.3**。

15.10.4　添加"消息提醒"组件，显示删除结果

在 model.js 中，添加"消息提醒"组件，显示删除结果，参见下载代码 **15.10.4**。

15.11　常见编辑功能与按钮开发

效果如图 15.23 所示。

图 15.23

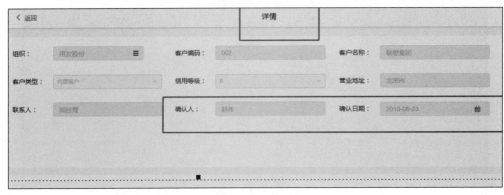

图 15.23（续）

15.11.1 编辑页面，部分字段不可修改

在 Customer-edit\Edit.js 中，单击"确认状态"按钮不可修改，设置 disabled 属性为 true，**参见下载代码 15.11.1**。

15.11.2 添加"确认"按钮

编辑页显示"确认"按钮，以及"确认人""确认日期"字段；详情页只显示"确认人""确认日期"字段。因此可以通过设置 btnFlag 来判断按钮字段的显示情况，**参见下载代码 15.11.2**。

15.12 数据 Mock 和代理

在开发中，为了方便管理和开发，采用前/后端分离的方式，分离前/后端通过使用约定的协议进行并行开发。分离的表现主要是将视图层的控制交给前端，对于一些偏应用类的项目，使用 Ajax 进行请求，前/后端各负责自己的部分，直接达到分离状态，而一些展示类系统，受到用户体验的影响只能达到部分分离。对于前端来说，开发的效果更多依赖于数据，想要最大程度地减少联调时间，就需要根据协议生成数据，这样就可以将沟通的最后阶段放在联调上，达到了节省时间的目的，这些就是 Mock 的作用。

15.12.1 采用本地 Mock JSON 的方式

（1）在 mock 目录下，定义 Mock JSON，如图 15.4 中 mock\user\get.json 所示，示例代码如下：

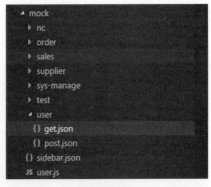

图 15.24

```
{
    "success" : true,
    "data":[{
        "name" : "Tom"
    },{
        "name" : "Jerry"
    }],
    "message" : "获得数据"
}
```

(2) 配置 uba.mock.js，如引用 mock\user\get.json 中的数据。

```
module.exports = {
  "GET": [{
    "/local/user/get": "./mock/user/get.json"
  }],
  "POST": [{
    "/order/delivery/removelist":         "./mock/order/delivery/removeList.json",
  }]
}
```

15.12.2　采用 Proxy 代理的方式

代理方式如下：

接口数据都在 http://mock.yonyoucloud.com 接口管理平台上进行维护，本地配置 Proxy：

```
const proxyConfig = [{
  enable: true,
  router: "/orgcenter/*",
  url: "https://mock.yonyoucloud.com/mock/332"
}];
Proxy 到测试环境的接口数据
const proxyConfig = [{
  enable: true,
  router: "/orgcenter/*",
  url: "http://workbench.yyuap.com"
}
```

第 16 章　iuap 主子表开发

本案例主要围绕主子表的开发，它包含以下内容：

（1）子表可编辑。编辑类型包括普通输入框、整型数字输入框、浮点型数字输入框、下拉框、参照等组件类型；

（2）主子表的保存。主子表的保存需要在保存前对主表进行校验，并替换参照保存值；

（3）子表页面在新增、编辑、查看状态下可编辑切换展示。在新增、编辑状态下，子表可编辑；在查看状态下子表为不可编辑状态。

16.1　实 例 效 果

案例效果如图 16.1 所示。

(a) 主表页面

图 16.1

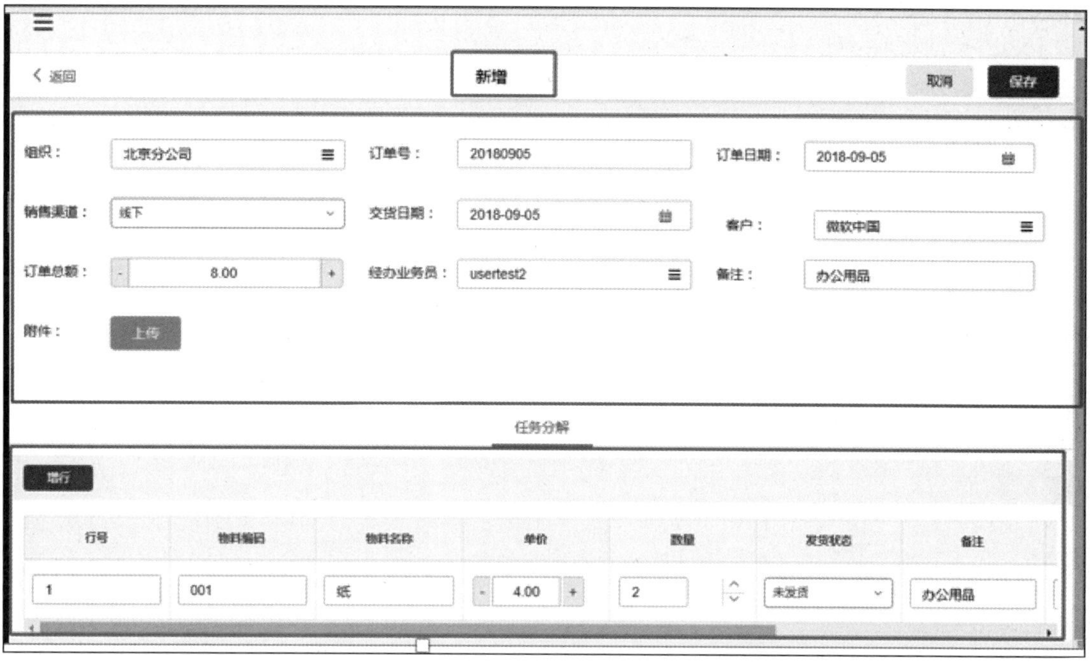

（b）新增页面

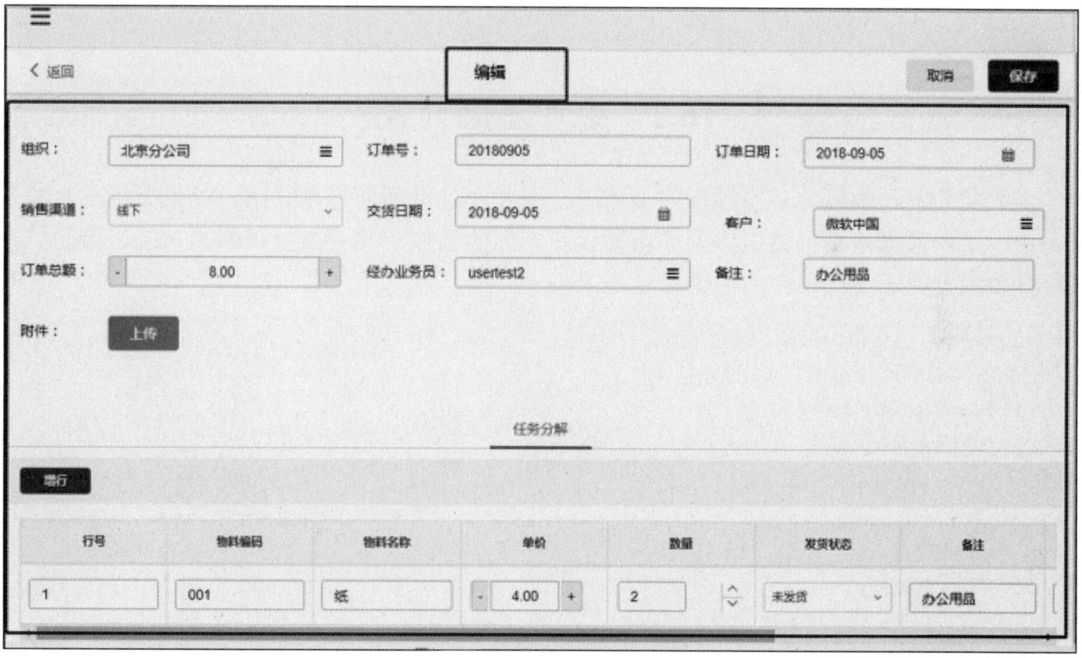

（c）编辑页面

图 16.1（续）

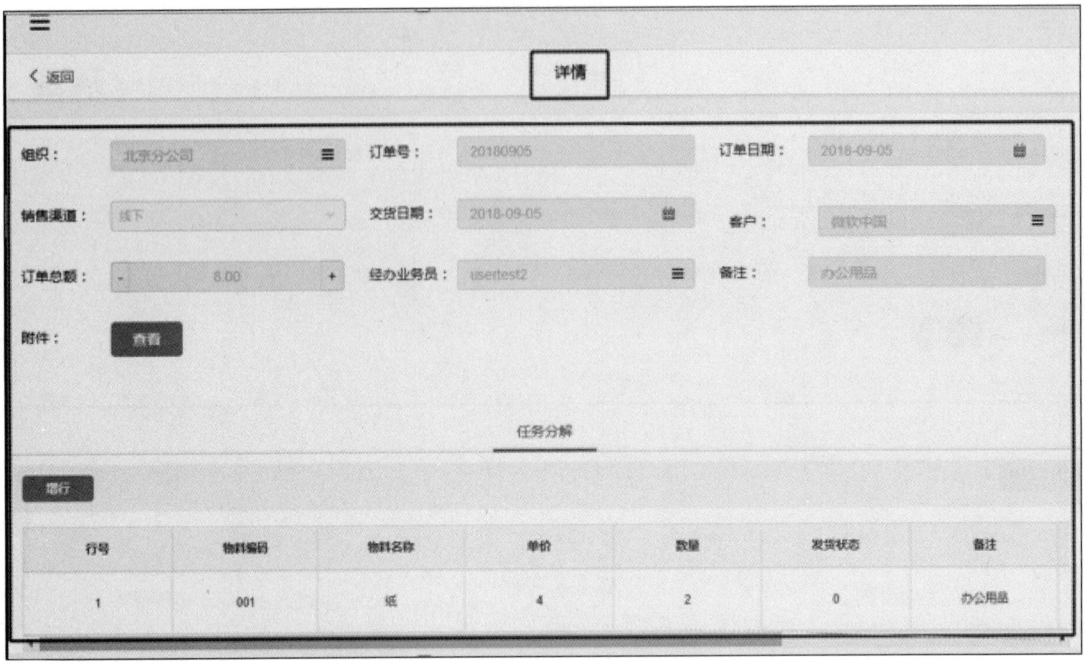

（d）查看页面

图 16.1（续）

16.2　组件基础开发

主表的开发与单表的开发过程完全相同，因此在这里不做重复介绍，以下介绍子表的开发。由于子表数据是根据数据类型的需要显示不同的组件，并且支持可编辑功能，因此子表的每种数据类型都支持单独的渲染，基本 React 结构如下：

```jsx
import React, { Component } from 'react';
class ChildTable extends Component {
    constructor(props) {
        super(props);
        this.state = { };
    }
    render() {
        return (
            <dev>HelloWorld</dev>
        );
    }
}
export default ChildTable;
```

16.2.1　新增查看编辑页，添加子表组件

在 train-saleorder\components\TrainSaleOrder-edit\Edit.js 中，添加子表，示例代码如下：

```jsx
//导入子表组件
import ChildTable from '../TrainSaleOrderSub-childtable';
```

```js
class Edit extends Component {
    constructor(props) {
        super(props);
        this.state = { };
    }
    render() {
        let { btnFlag } = queryString.parse(this.props.location.search);
        btnFlag = Number(btnFlag);
        let {
            cacheArrayTrainSaleOrderSub,
            delArrayTrainSaleOrderSub,
            childListTrainSaleOrderSub,
        } = this.props;
        let childObj = {
            cacheArrayTrainSaleOrderSub,
            delArrayTrainSaleOrderSub,
            childListTrainSaleOrderSub
        }
        return(
            //在 Edit.js 页下方，添加子表布局
            <div className="master-tag">
                <div className="childhead">
                    <span className="workbreakdown" >子表</span>
                </div>
            </div>
                //调用子表，显示子表数据
                <ChildTable btnFlag={btnFlag} {...childObj}/>
        )
```

16.2.2 添加引用包

在子表组件中添加引用包，示例代码如下：

```js
import React, { Component } from 'react';
//引入 mirror 包
import { actions ,connect } from "mirrorx";
//解析 url 参数
import queryString from 'query-string';
//参照 options 参数封装
import options from "components/RefOption";
//参照
import RefWithInput from 'yyuap-ref/dist2/refWithInput';
//Form 表单组件
import Form from 'bee-form';
//表单类型组件
import {
    InputNumber, InputGroup,FormControl,
    Loading,
    Table,
    Button,
    Row,Col,
```

```
        Icon,
        Checkbox, Modal,
        Panel, PanelGroup,
        Label,
        Message,
        Radio,
        Pagination
} from "tinper-bee";
//下拉框
import Select from 'bee-select';
//日期组件
import DatePicker from 'bee-datepicker';
//日期处理 moment.js
import moment from "moment";
import zhCN from "rc-calendar/lib/locale/zh_CN";
import NoData from 'components/NoData';
//日期样式
import "bee-datepicker/build/DatePicker.css";
import './index.less';
```

16.2.3 定义 column

定义 column 的过程需要在 constructor 中完成。子表支持 input 输入框、下拉框、日期选择组件、数字输入框、浮点型数字输入框、参照等组件单独渲染，因此需要定义各数据项自己的渲染方法，以输入框为例，在 train-saleorder\components\TrainSaleOrderSub-childtable\index.jsx 文件的 column 中定义数据项，参见下载代码 **16.2.3**。

采用同样的方法，可以通过定义切换 EditableCell 中的包装类型来单独渲染输入框，其中有 1 个字段，btnFlag 从子表的外层组件\src\pages\\train-saleorder\components\TrainSaleOrder-edit\Edit.js 中通过属性传入 childListTrainSaleOrderSub 字段为子表返回数据。

16.2.4 添加 table 表格

```
render() {
    let childList = [...this.props.childListTrainSaleOrderSub];
    return (
        <div>
            <Table
                loading={{ show: this.state.loading, loadingType: "line" }}
                bordered
                emptyText={() => <NoData />}
                data={childList}
                rowKey={r => r.id}
                columns={this.column}
                scroll={{ x: 1300, y: 520 }}
            />
        </div>
    );
}
```

字段说明如表 16-1 所示。

表 16-1

字 段	含 义
loading	是否显示 loading，从 state 中读取数据值
columns	表格显示的数据列
data	表格显示的数据字段
rowKey	以行数据中的 ID 值，表示行数据的唯一性
scroll	水平滚动条，x 的坐标值与除操作列以外的列宽和

16.3 子表的新增

新增子表的过程比较简单，新增时子表数据为空，数据从 model.js 中的 childListTrainSaleOrderSub 字段获取。

16.3.1 model.js

在 src\pages\train-saleorder\model.js 定义子表字段，示例代码如下：

```
import { actions } from "mirrorx";
// 引入 services，如不需要接口请求可不写
import * as api from "./service";
// 接口返回数据公共处理方法
import { processData } from "utils";
import moment from 'moment';

export default {
    // 确定 Store 中的数据模型作用域
    name: "TrainSaleOrder",
    // 设置当前 model 所需的初始化 state
    initialState: {
        childListTrainSaleOrderSub:[],           //子表
        cacheArrayTrainSaleOrderSub:[],          //缓存数据
        delArrayTrainSaleOrderSub:[],
    },
    reducers: {
        updateState(state, data) { //更新 state
            return {
                ...state,
                ...data
            };
        }
    },
    effects: {
    }
};
```

16.3.2 container.js

该函数用于连接子表父组件\src\pages\train-saleorder\container.js 中 import React from react 的方法，示例代码如下：

```
import mirror, { connect } from 'mirrorx';
import TrainSaleOrderPaginationTable from './components/TrainSaleOrder-root/ TrainSaleOrderPaginationTable';
import TrainSaleOrderEdit from './components/TrainSaleOrder-edit/Edit';
//导入子表组件
import TrainSaleOrderSubChildtable from './components/TrainSaleOrderSub-childtable'
// 数据模型引入
import model from './model'
mirror.model(model);
// 数据和组件 UI 关联、绑定
export const ConnectedTrainSaleOrderPaginationTable = connect( state => state.TrainSaleOrder, null )(TrainSaleOrderPaginationTable);
export const ConnectedTrainSaleOrderEdit = connect( state => state.TrainSaleOrder, null ) (TrainSaleOrderEdit);
export const ConnectedTrainSaleOrderSubChildtable  = connect( state => state.TrainSaleOrder, null )(TrainSaleOrderSubChildtable);
```

16.3.3 数据请求

子表数据是从父组件中通过属性传递进来的，因此需要查看父组件的数据请求，父控件在\src\pages\train-saleorder\components\TrainSaleOrder-edit\Edit.js 中，示例代码如下：

```
let {
    childListTrainSaleOrderSub,
} = this.props;
let childObj = {
    childListTrainSaleOrderSub,
}
render() {
    return (
        <div>
            <ChildTableTrainSaleOrderSub btnFlag={btnFlag} {...childObj}/>
        </div>
    );
}
```

16.3.4 新增事件

子表在\src\pages\train-saleorder\components\TrainSaleOrderSub-childtable 中，通过添加"新增"按钮及单击事件而触发新增业务，示例代码如下：

```
import React, { Component } from 'react';
//省略其他包
class ChildTable extends Component {
    constructor(props) {
        super(props);
        this.state = {
        };
```

```
            this.column = [
                //省略
                ]
        }

        // 增加空行,单击事件
        onAddEmptyRow = ()=>{
            let tempArray = [...this.props.childListTrainSaleOrderSub],
                emptyRow = {
                //定义字段并赋空值
                    confirmTime:moment().toISOString(),
                };
                // uuid 用于标识新增数据,在保存数据时需要删掉 uuid 字段
                let uuid = setTimeout(function(){},1);
                emptyRow['uuid'] = uuid;
                tempArray.push(emptyRow);
                actions.TrainSaleOrder.updateState({childListTrainSaleOrderSub:tempArray})
        }
        render() {
        //添加"新增"按钮
            return (
                <div>
                    <Button size='sm' colors="primary" onClick={this.onAddEmptyRow}> 增 行</Button>
                </div>
            );
        }
    }
export default ChildTable;
```

16.4 子表的编辑

在进入编辑页面时需要查询页面数据,查询方法与单表中的查询方法相同。

16.4.1 数据请求

子表数据的请求在父组件 Edit.js 文件的 componentWillMout 中,示例代码如下:

```
async componentWillMount() {
    if (this.props.rowData && this.props.rowData.id) {
        let{approvalState,closeState,confirmState}=this.props.rowData;
        this.setState({
            approvalState: String(approvalState),
            closeState: String(closeState),
            confirmState: String(confirmState)
        })
    }
    await actions.TrainSaleOrder.getOrderTypes();
    let searchObj = queryString.parse(this.props.location.search);
```

```
        let { btnFlag } = searchObj;
        if(btnFlag && btnFlag > 0) {
            let { search_id } = searchObj;
            //通过 search_id 获取子表数据
            Let tempRowData = await actions.TrainSaleOrder.queryDetail({ search_id });
            let rowData = {};
            if(tempRowData){
                let temporganization = tempRowData.organization
                let temporganizationStr = tempRowData.organizationStr
                let tempsalesman = tempRowData.salesman
                let tempsalesmanName = tempRowData.salesmanName
                let tempclient = tempRowData.client
                let tempclientStr = tempRowData.clientStr
                this.setState({
            refKeyArrayorganization:temporganization?[temporganization]:[],
                    refKeyArraysalesman: tempsalesman?[tempsalesman]:[],
                    refKeyArrayclient:tempclient?[tempclient]:[]
                })
                rowData = Object.assign({},tempRowData,
                        {organization:temporganizationStr},
                        {salesman:tempsalesmanName},
                        {client:tempclientStr}
                    )}
            console.log('rowData',rowData);
            this.setState({
            rowData:rowData,
            })
        }
    }
```

子表的编辑在定义的 column 方法中，各自对 render 方法中的 handleChange 函数定义。

16.4.2 数据请求调用

在 model.js 中，参见下载代码 **16.4.2**。

16.4.3 数据请求定义

需要使用 queryDetail 方法，在 service.js 中调用，示例代码如下：

```
import request from "utils/request";
//定义接口地址
const URL = {
 "GET_DETAIL":'${GROBAL_HTTP_CTX}/TRAIN_SALE_ORDER/getAssoVo',
}
export const getDetail = (params) => {
    return request(URL.GET_DETAIL, {
    method: "get",
    param: params
    });
}
```

16.5　子表的查看与删除

子表的查看与编辑功能不同的地方在于对样式的控制，可以查看\src\pages\train-saleorder\components\TrainSaleOrderSub-childtable 子表节点 btnFlag==2 时的相应逻辑。

对于子表新增状态的删除和编辑状态的删除有所不同，新增的数据没有 ID，因此为了标识数据，需要进行如下操作：

（1）编辑状态要查询当前数据，在 model.js 中 queryDetail 请求完成后，默认给每条数据添加一个 uuid 字段，以 uuid 字段来标识；

（2）新增子表的数据也要添加 uuid 字段，参见下载代码 **16.5**。

16.6　子表的保存

本节主要介绍子表的保存。

16.6.1　保存事件

保存事件定义在父组件中完成，参见下载代码 **16.6.1**。

16.6.2　保存接口调用

actions.TrainSaleOrder.save(values)定义在 model.js 中，参见下载代码 **16.6.2**。

16.6.3　保存接口定义

api.saveTrainSaleOrder(param)定义在 services.js 中，定义了接口的地址，示例代码如下：

```
import request from "utils/request";
const URL = {
 "SAVE_ORDER": '${GROBAL_HTTP_CTX}/TRAIN_SALE_ORDER/saveAssoVo',
}
export const saveTrainSaleOrder = (params) => {
    return request(URL.SAVE_ORDER, {
        method: "post",
        data: params
    });
```

第 17 章　iuap 树卡

本章通过实际案例对 Tree 组件进行介绍及使用，通过代码对父节点与子节点的关联、数据流动加载，树结构的增、删、改、查等功能，并对此做了说明，方便读者查阅。

17.1　实　例　效　果

实例效果如图 17.1 所示。

（a）首页

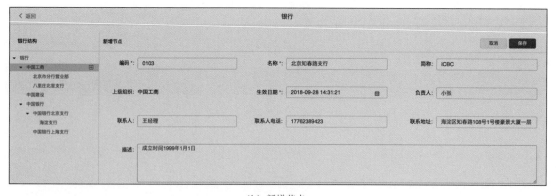

（b）新增节点

图 17.1

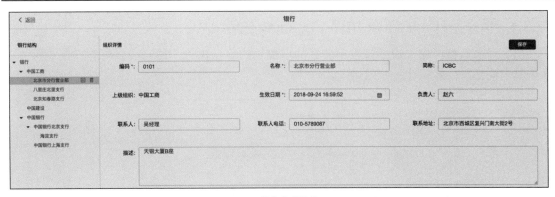

(c)其他节点信息

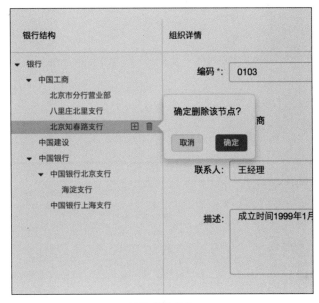

(d)删除节点

图 17.1(续)

17.2 功能分析

(1)树卡展示页:查看、新增、编辑和删除功能。
(2)新增功能:增加节点的子节点,并将子节点信息进行保存。
(3)编辑功能:从展示页选中进入编辑时,需要根据选中的树节点重新查询当前树节点数据,并在编辑中展示。
(4)树卡展示页的树节点数据删除功能。
(5)在每个子节点显示上级组织,根节点则不显示。

17.3 简单介绍

本节介绍了树卡开发过程中用到的一些组件,并将树卡的项目结构基本搭建完成。

17.3.1 树卡组件、Header 组件、Loading 组件

（1）树卡组件：树卡组件可以用清晰的层级结构展示信息，展开或者折叠，每个树节点展示其对应信息，效果如图 17.2 所示。

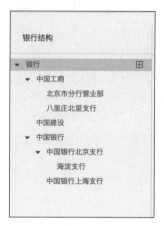

图 17.2

（2）Header 组件：整个页面展示的标题，代码如图 17.3 所示。

图 17.3

引入方法如图 17.4 所示。

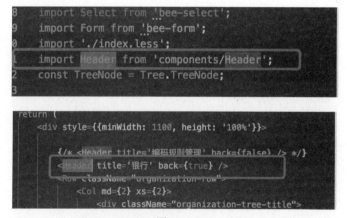

图 17.4

（3）Loading 组件：在 Loading 表单数据时，展示加载数据的动画效果，如图 17.5 所示。

图 17.5

引入方法如图 17.6 所示。

图 17.6

17.3.2　定义工程结构、添加路由、配置节点

（1）工程结构示例如下：

```
root
├── mock                        # 本地数据模拟
│   └── user
├── src                         # 项目源代码
│   ├── components              # 公共提取复用组件
│   │   └── Reference           # 演示使用参照组件
│   ├── layout                  # 布局组件
│   ├── pages                   # 业务模块
│   │   └── bank                # 具体业务模块
│   │       ├── components      # 业务级别复用组件
│   │       │   └── User        # 演示组件
│   │       ├── container.js    # 容器类组件
│   │       ├── models.js       # 数据模型
```

```
        |       └── services.js        # 数据请求服务
        ├── app.jsx                    # 整个应用的入口，包含路由、数据加载驱动
        └── app.less
    ├── index.html                     # 页面入口
        └── routes                     # 路由表
            └── router.js
    ├── static                         # 资源
    │   ├── font
    │   └── images
    └── utils                          # 工具类
```

效果如图 17.7 所示。

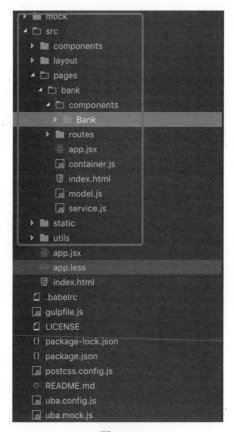

图 17.7

（2）添加路由节点：在 src\pages\bank\containers.js 中，定义需要连接的组件：

```
import React from 'react';
import mirror, { connect } from 'mirrorx';

// 组件引入
import Bank from './components/Bank';

// 数据模型引入
import model from './model'
```

```
mirror.model(model);
// 数据和组件 UI 关联、绑定
export const ConnectedBank = connect( state => state.Bank, null )(Bank);
```
在 src\pages\bank\routes\child\router.js 中,导入 container.js 连接后的组件并注册路由
```
import React from 'react'
import { Route } from 'mirrorx'
//组件引入
import {
    ConnectedBank,
} from '../../container';

export default ({ match }) => (
//注册路由
    <div className="group-route">
        <Route exact path={'/'} component={ConnectedBank} />
        <Route exact path={'${match.url}Bank'} component={ConnectedBank} />
    </div>
)
```

17.3.3 左侧树

开发左侧树需要在固定的位置配置参数,显示 Tree 节点,需要在 src\pages\bank\index.js 中添加,**参见下载代码 17.3.3**。

17.3.4 定义 service、module 加载数据

(1) 在 service.js 中添加定义请求的 URL,**参见下载代码 17.3.4**。

```
import request from "utils/request";
//项目名称会变为暂存
const baseUrl = '/iuap_pap_quickstart'
//定义接口地址
const URL = {
    GET_QUERY_TREELIST: '${baseUrl}/bank/treeList/simple',
}
/**
 * 获取列表
 * @param {*} params
 */
export const getQueryList = (params) => {
    return request(URL.GET_QUERY_TREELIST, {
        method: "get",
        param: params
    });
}
```

(2) 数据请求定义在 model.js 的 effects 字段中,示例代码如下:

```
import { actions } from "mirrorx";
//引入 services,如不需要接口请求可不写
import * as api from "./service";
```

```
// 接口返回数据公共处理方法
import { processData, simpleProcessData } from "utils";
import moment from 'moment';
import { Message } from 'tinper-bee';
export default {
    // 确定 Store 中的数据模型作用域
    name: " Bank ",
    // 设置当前 Model 所需的初始化 state
    initialState: {
        treeList: [],
        markNodeId: '',
        selectNode: {},
        showLoading: false,
    },
    reducers: {
        /**
         * 纯函数，相当于 Redux 中的 Reducer，只负责对数据进行更新
         * @param {*} state
         * @param {*} data
         */
        updateState(state, data) { //更新 state
            return {
                ...state,
                ...data
            };
        }
    },
    effects: {
        getQueryList: async (params)=>{
            actions.Bank.updateState({
                showLoading: true
            });
            let resJson =  simpleProcessData(await api.getQueryList(params));
            console.log(resJson)
            if(resJson.success != "success" ){
                actions. Bank.updateState({
                    showLoading: false
                });
            }
            let res = resJson.detailMsg.data ? resJson.detailMsg.data : [];
            let tree = {};
            let root =   {
                    isLeaf: false,
                    children: []
                };
            res.forEach(item=>{
                item.isLeaf = true;
                tree[item.id] = item;
```

```
            });
            for(let key in tree){
                let item = tree[key]
                let parentNode = tree[item.parent_id];
                if(!parentNode) {
                    // tree.root = item;
                    // tree.root.isLeaf = false;
                    root.children.push(item)
                    continue
                };
                if(!parentNode.children){
                    parentNode.children = [];
                }
                item.parentNodeName = parentNode.name;
                parentNode.children.push(item);
                parentNode.isLeaf = false;
            }
            console.log(root)
            actions.Bank.updateState({
                treeList: root.children,
                showLoading: false
            });
        }
    }
};
```

17.3.5 配置代理、启动项目

在 uba.config.js 中配置如下变量：

```
const proxyConfig = [
  {
    enable: true,
    headers: {
      // 这是之前网页的地址，从中可以看到当前请求页面的链接
      "Referer": "http://127.0.0.1:8888/"
    },
    // context, 如果不配置，默认就是代理全部
    router: [
      '/wbalone', '/iuap_pap_quickstart','/eiap-plus/','/newref/'
    ],
    url: 'http://127.0.0.1:8888'
  },
  // 后台开发服务
  {
    enable: false,
    headers: {
      // 这是之前网页的地址，从中可以看到当前请求页面的链接
      "Referer": "http://10.10.24.43"
```

```
    },
    // context,如果不配置,默认就是代理全部
    router: [
      '/currtype'
    ],
    url: 'http://10.10.24.43'
  }
];
//最终向 uba 导出配置文件
module.exports = {
  proxyConfig
};
```

安装 node 模块包,设置代理服务器后在终端执行 NPM run dev,启动 Server。如图 17.8 所示。

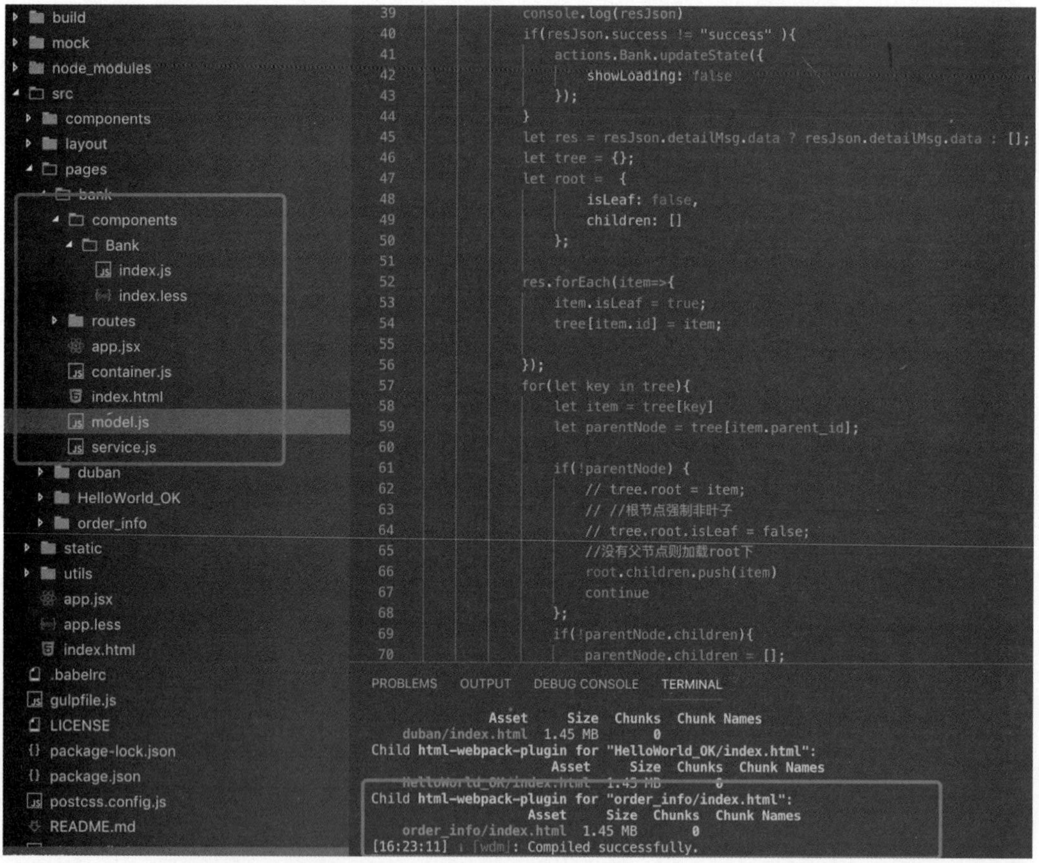

图 17.8

运行成功后,加载后台数据库原有的节点,效果如图 17.9 所示。

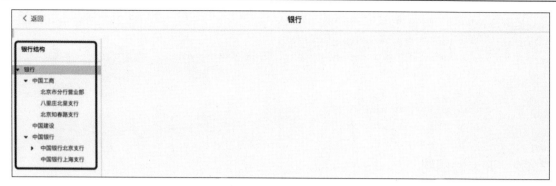

图 17.9

17.4　开 发 树 卡

树卡的结构主要分为左、右两部分，左侧为树结构，右侧为节点的详细信息。

17.4.1　左侧树添加事件

该功能需要在左侧树节点中完成，在 src\pages\bank\index.js 中修改 onSelect 属性代码，如图 17.10 所示。

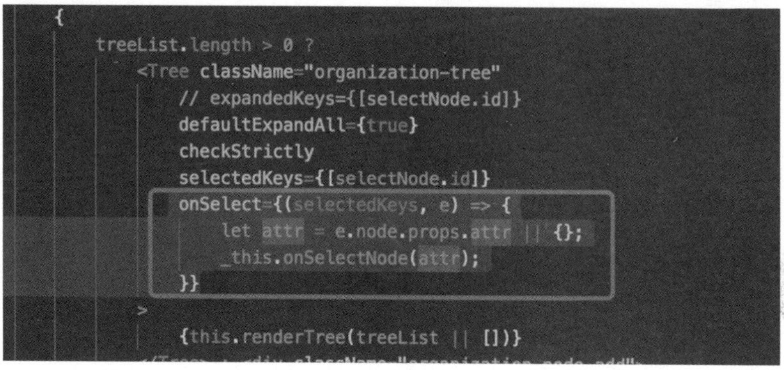

图 17.10

添加节点事件的方法：

```
onSelectNode = async (attr) =>{
    console.log(this.isCreate)
        return;
    }
    this.setState({
        titleText: '银行详情'
    });
    console.log(attr.id)
    await actions.Bank.getNodeDetail({id: attr.id})
    actions.Bank.updateState({
        markNodeId: attr.id,
    });
```

```
console.log(this.props.selectNode)
let selectNode = {...this.props.selectNode};
selectNode.effective_date = moment(selectNode.effective_date);
for(let key in selectNode){
}
this.props.form.setFieldsValue(selectNode);
this.props.form.setFieldsValue(attr);
}
```

17.4.2 开发右侧树卡

该功能需要在右侧树卡中添加表单字段，在 index.js 的 render() 方法下添加以下代码：其中粗体字体部分为添加的表单字段，**参见下载代码 17.4.2**。

17.4.3 定义 service、module 加载数据

该方法需要通过两个步骤完成。

（1）在 service.js 中添加获取树节点的 URL，示例代码如下：

```
const URL = {
    GET_QUERY_TREELIST: '${baseUrl}/bank/treeList/simple',
    GET_QUERY_NODEDETAIL: '${baseUrl}/bank/getById/',
}
/**
 * 获取节点详情
 * @param {*} params
 */
export const getNodeDetail = (params) => {
    return request('${URL.GET_QUERY_NODEDETAIL}${params.id}', {
        method: "get"
    });
}
```

（2）加载数据定义在 model.js 的 effects 字段中，示例代码如下：

```
getNodeDetail: async (params)=>{
        actions.bank.updateState({
            showLoading: true
        });

        let resJson = simpleProcessData( await api.getNodeDetail(params) );
        let res = resJson.detailMsg.data ? resJson.detailMsg.data : {};
        actions.Bank.updateState({
            selectNode: res,
            showLoading: false
        });
    },
```

17.4.4 启动项目

启动成功后的界面如图 17.11 所示。

图 17.11

效果如图 17.12 所示,选择"银行"选项,能在右侧"银行详情"选项中编写相关的字段信息。

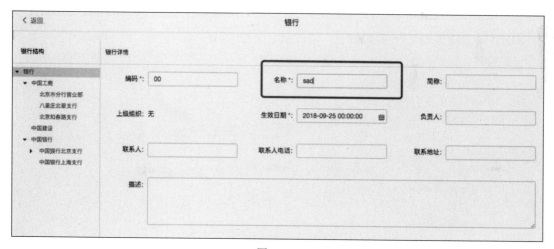

图 17.12

17.5 新增保存功能

本节主要介绍节点的保存,以及树结构的图标和事件。

17.5.1 添加新增图标和事件

在 organization\components\Bank\index.js 文件中，导入 Icon 组件，示例代码如下：

```
import {Icon} from "tinper-bee";
...
//省略中间代码
...
renderNode = (node) => {
    const _this = this;
        return (<div className="organization-node-bg">
            <span>{node.name}</span>
            //添加新增图标，并为其添加事件 addnode
            <Icon className="title-middle edit-icon" type="uf-add-s-o" onClick={(e) => { _this.addNode(node, e) }}></Icon>
        </div>);
}
```

单击"Icon"图标，字体默认前缀 uf，其用法为<Icon type="uf-bell" />。
最终渲染成<i class="uf uf-bell"></i>，在 iuap 字符库中，"type"参数值均以"-"分隔。API 如表 17.1 所示。

表 17.1

参 数	说 明	类 型	默 认 值
className	自定义类名	String	
type	字体类名	String	

addnode 方法是为 Tree 新增节点，通过获取父类 node 信息，增添子类 node。

```
addNode = (node, e) => {
    e.stopPropagation();
    //设置更新 State
    this.setState({
        isEdit: true,
        titleText: '新增节点',
    });
    this.isCreate = true;
    //设置 node 节点字段
    this.selectNode = {
        code: '',
        name: '',
        short_name: '',
        parent_id: node.id,
        parent_name: node.name,
        effective_date:'',
        principal: '',
        contact: '',
        contact_phone: '',
```

```
            contact_address: '',
            description: '',
        };
        //根据 selectNode 节点设置多个表单元素的值
        this.props.form.setFieldsValue(this.selectNode);
    }
```

17.5.2 编写"保存"事件，完成数据保存

编写"保存"事件，并完成数据保存，该功能需要在 organization\components\Bank\index.js 文件的 render()方法中实现，还需要添加如下方法，**参见下载代码 17.5.2**。

17.5.3 定义 service、module 加载数据

在 module.js 中，添加 updateNode 数据方法，实现 index.js 中 await actions.Organization.updateNode(nodeData)方法的调用，并添加保存数据的方法，**参见下载代码 17.5.3**。

17.5.4 启动项目

在终端执行 NPM run dev，启动 Server，如图 17.13 所示。

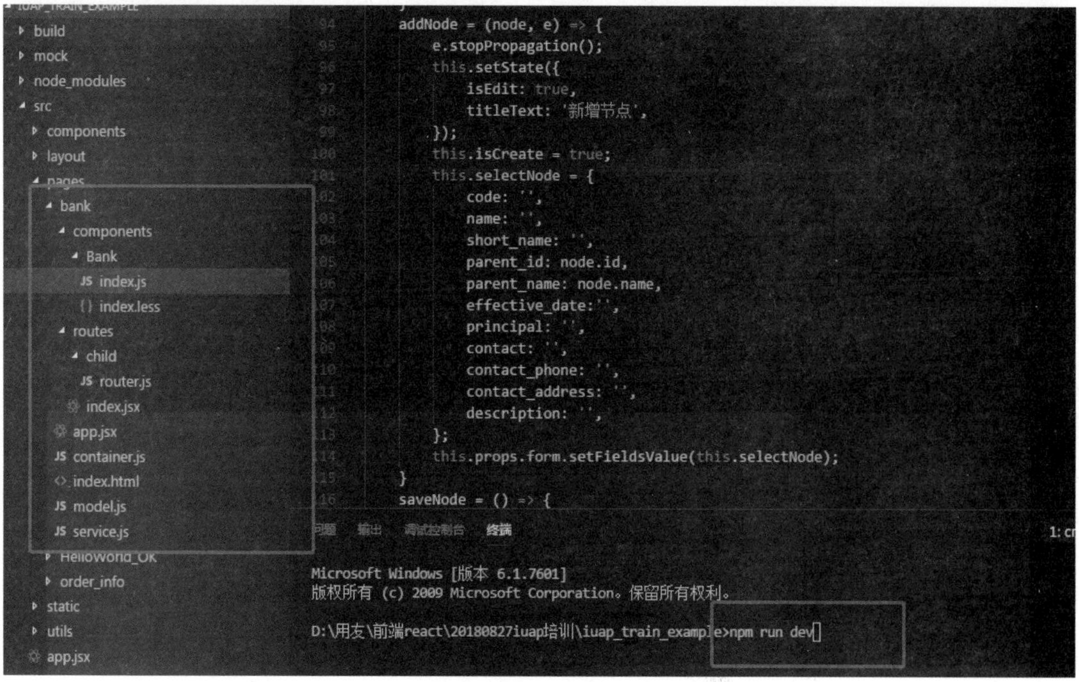

图 17.13

启动成功后的界面如图 17.14 所示。

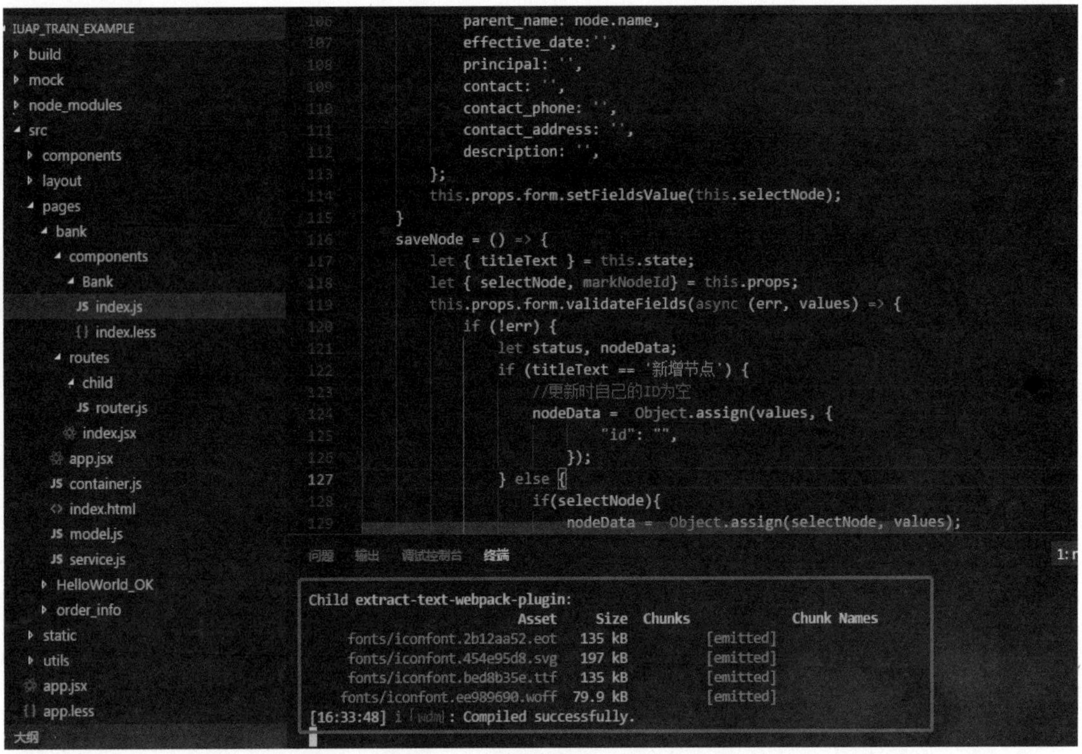

图 17.14

单击“+”按钮，填写字段信息，效果如图 17.15 所示。

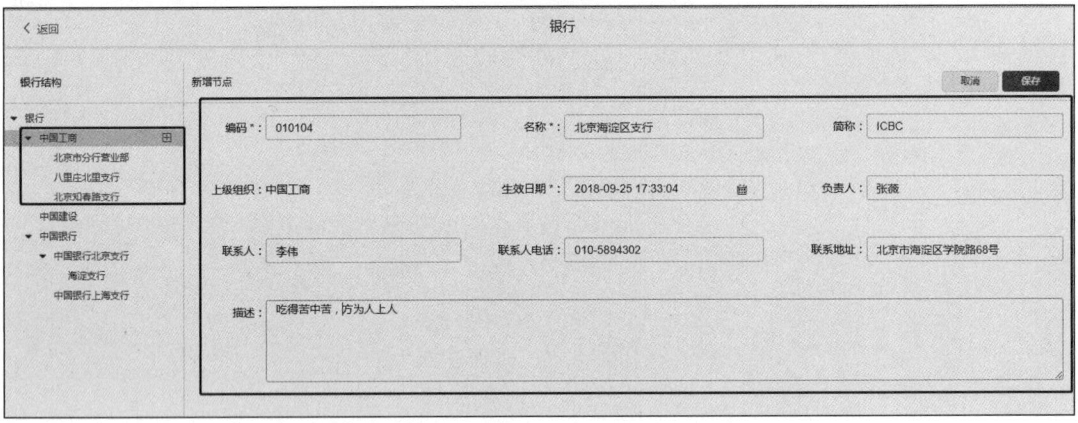

图 17.15

单击“保存”按钮，效果如图 17.16 所示。

图 17.16

17.6 编辑功能

本节主要介绍树卡的编辑功能。

17.6.1 定义 service 获取节点详情数据

在 service.js 中定义通过 ID 获取节点详情数据的方法,在右侧树卡上显示节点详细信息,示例代码如下:

```
//定义接口地址
const URL = {
    GET_QUERY_NODEDETAIL: '${baseUrl}/bank/getById/',
}

/**
 * 获取节点详情
 * @param {*} params
 */
export const getNodeDetail = (params) => {
    return request('${URL.GET_QUERY_NODEDETAIL}${params.id}', {
        method: "get"
    });
}
```

17.6.2 修改树卡字段

修改树卡字段,单击"保存"按钮,完成编辑数据,并获取节点树卡的详情。调用的方法同新增保存的方法一致。

17.6.3 启动项目

在终端执行 NPM run dev,启动 Server,如图 17.17 所示。

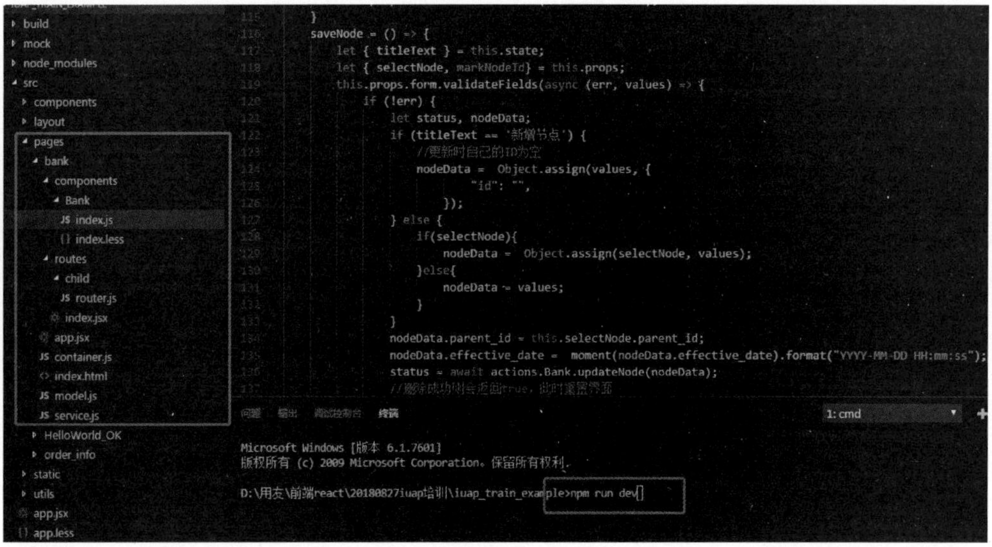

图 17.17

启动成功后。单击树节点，获取节点详情，效果如图 17.18 所示。

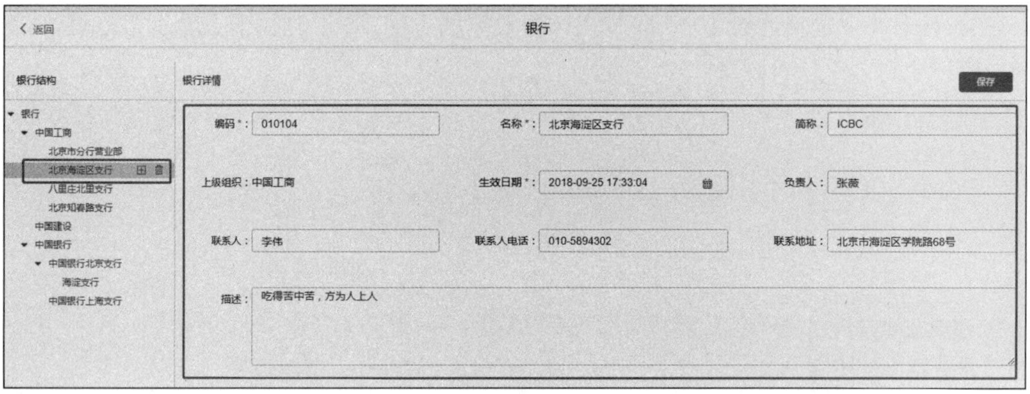

图 17.18

修改节点信息，单击"保存"按钮，页面刷新后，效果如图 17.19 所示。

图 17.19

17.7 删除功能

本节主要介绍树卡的删除功能，通过判断是否为叶子节点来进行相关的处理。

17.7.1 添加删除图标，并添加事件

organization\components\Bank\index.js 文件中，在节点上添加删除图标，示例代码如下：

```
...
//省略中间代码
...
renderNode = (node) => {
    const _this = this;
    //如果节点是叶子节点的话，则显示删除、新增图标；否则只显示新增图标
    if (node.isLeaf) {
        return (<div className="organization-node-bg">
            <span>{node.name}</span>
            //添加删除图标，并为其添加事件 delnode
            <Icon className="title-middle edit-icon" type="uf-del" onClick={(e) => {_this.delNode(node)}}></Icon>
            <Icon className="title-middle edit-icon" type="uf-add-s-o" onClick={(e) => {_this.addNode(node, e) }}></Icon>
        </div>);
    } else {
        return (<div className="organization-node-bg">
            <span>{node.name}</span>
            <Icon className="title-middle edit-icon" type="uf-add-s-o" onClick={(e) => {_this.addNode(node, e) }}></Icon>
        </div>);
    }
}
```

delnode 方法是为 Tree 删除节点。通过判断是否为根节点，只有不是时方可通过节点 ID 进行查询后，才可删除，示例代码如下：

```
delNode = async (node) => {
    if (node.parent_id == 0) {
        Message.create({ content: '不能删除根节点', color: 'warning' });
        return;
    }
    let status = await actions.Bank.deletNode({
        "id": node.id,
        "parent_id": node.parent_id,
    });
    if (status) {
        this.setState({
            isEdit: false,
            titleText: ''
```

```
            });
        }
    }
```

17.7.2 添加"弹出框"组件

添加"弹出框"组件，确认是否删除 organization\components\Bank\index.js 文件的执行，并导入 Popconfirm 组件，示例代码如下：

```
import { Popconfirm } from "tinper-bee";
...
//省略中间代码
...
renderNode = (node) => {
    const _this = this;
    if (node.isLeaf) {
        return (<div className="organization-node-bg">
            <span>{node.name}</span>
            //使用气泡弹出框组件，确认是否删除该节点
            <Popconfirm trigger="click" rootClose placement="right" content={'确定删除该节点？'} onClick={(e)=>{e.stopPropagation();}} onClose={() => { _this.delNode(node); }}>
                <Icon className="title-middle edit-icon" type="uf-del" ></Icon>
            </Popconfirm>
            <Icon className="title-middle edit-icon" type="uf-add-s-o" onClick={(e) => { _this.addNode(node, e) }}></Icon>
        </div>);
    } else {
        return (<div className="organization-node-bg">
            <span>{node.name}</span>
            <Icon className="title-middle edit-icon" type="uf-add-s-o" onClick={(e) => { _this.addNode(node, e) }}></Icon>
        </div>);
    }
}
```

Popconfirm 组件为单击元素弹出的对话框，如表 17.2 所示。

表 17.2

参　　数	说　　明	类　　型	默　认　值
placement	弹出位置	top/left/right/bottom	right
rootClose	是否单击除弹出层外任意地方的隐藏	boolean	false
content	显示的组件	node/string	
onClick	单击事件的钩子函数	function	
onClose	确认按钮的单击事件	function	

17.7.3 定义 service、module 加载数据

在 module.js 中，添加 delNode 数据方法，实现 index.js 中 await actions.Bank.deleteNode() 方法的调用，示例代码如下：

```
deletNode: async (params)=>{
    actions.Bank.updateState({
        showLoading: true
    });
    //调用 service.js 的方法
    let res = simpleProcessData( await api.deletNode(params) );
    //更新 state
    actions.Bank.updateState({
        showLoading: false,
        dataList: [],
        pageIndex: 1,
        totalPages:0,
    });
    //根据返回结果 res，页面显示是否删除成功
    if(res.success == 'success'){
        await actions.Bank.getQueryList();
        return true;
    }else{
        return false;
    }
}
```

在 service.js 定义数据请求，model.js 的 deletNode()方法中 await api. deletNode(params)，调用了 service.js 的对应方法，示例代码如下：

```
//定义接口地址
const URL = {
    GET_DELET_NODE: '${baseUrl}/bank/delete/',
}
/**
 * 删除
 * @param {*} params
 */
export const deletNode = (params) => {
    return request('${URL.GET_DELET_NODE}${params.id}', {
        method: "get"
    });
}
```

17.7.4 启动项目

在终端执行 NPM run dev，启动 Server，如图 17.20 所示。

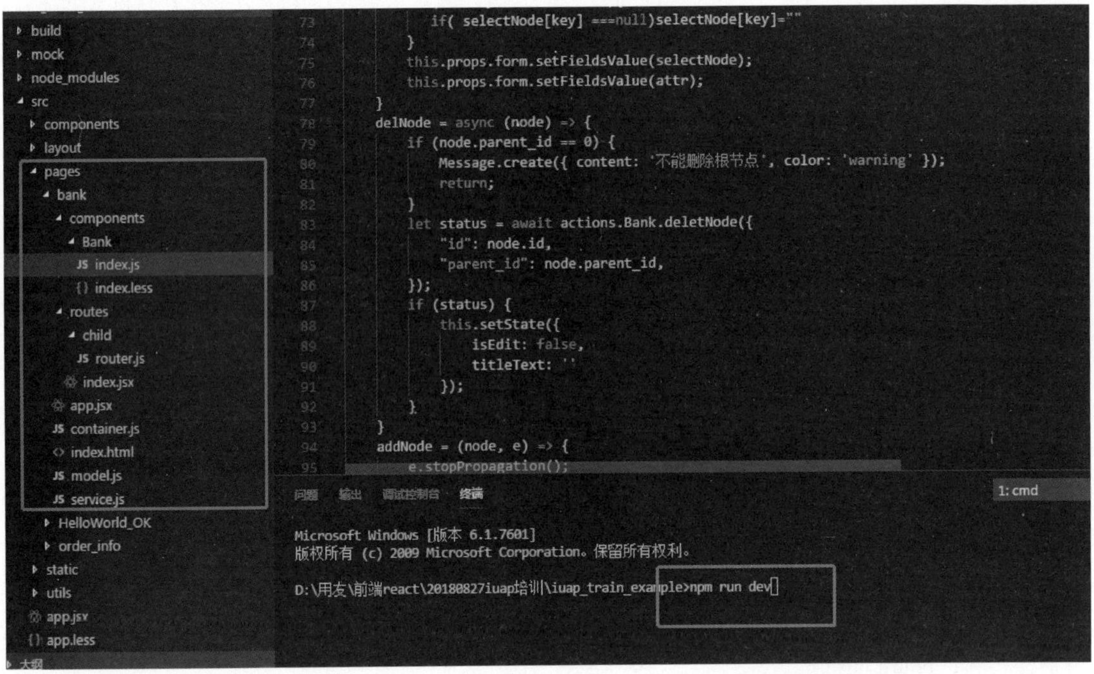

图 17.20

启动成功后单击"删除"按钮，将会弹出如图 17.21 所示的对话框，确定是否删除此节点。

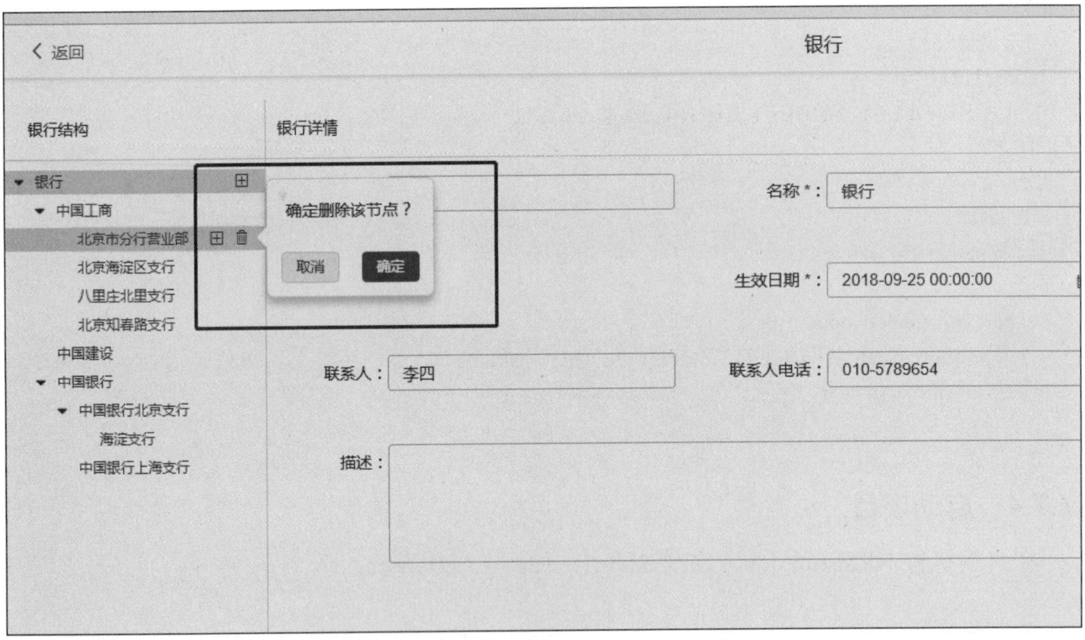

图 17.21

第 18 章 应用组件开发

本章通过对业务流程的封装，用示例说明应用组件的开发过程及使用方法。

18.1 BPM 流程组件

基于 Tinper-bee 组件库，将 iuap 原有业务流程部分封装成 React 组件，流程组件共包含 8 种组件，如表 18.1 所示。

表 18.1

序号	组件名称	备注
1	BpmFlowChart	流程图
2	BpmTable	流程历史表格
3	BpmTaskApproval	流程审批面板
4	BpmButtonSubmit	流程提交按钮
5	BpmButtonRecall	流程收回按钮
6	BpmWrap	包含流程图和流程历史表格
7	BpmTaskApprovalWrap	流程整合审批面板
8	BpmTestCheckTable	测试任务中心的表格组件

18.2 安装与使用

通过 NPM 下载：npm install yyuap-bpm -S。

如果使用流程图相关组件则需要导入：

```
import { BpmWrap } from 'yyuap-bpm';
```

在 render 函数使用的时候传入相应组件所需要的参数：

```
<BpmWrap
  id={id}
  processDefinitionId={processDefinitionId}
  processInstanceId={processInstanceId}
/>
```

18.3 主要 API

(1) BpmFlowChart:请求流程图并进行控制,如表 18.2 所示。

表 18.2

序 号	参 数	类 型	说 明
1	host	string	请求流程图的接口前缀一般不需要设置,默认为本地部署服务
2	processDefinitionId	string	流程图服务必备参数
3	processInstanceId	string	流程图服务必备参数
4	width	string	流程图宽度
5	height	string	流程图高度

(2) BpmTable:流程图服务,如表 18.3 所示。

表 18.3

序 号	参 数	类 型	说 明
1	host	string	请求流程图的接口前缀一般不需要设置,默认为本地部署服务
2	processDefinitionId	string	流程图服务必备参数
3	processInstanceId	string	流程图服务必备参数

(3) BpmTaskApproval:审批服务,如表 18.4 所示。

表 18.4

序 号	参 数	类 型	说 明
1	host	string	请求审批的接口前缀一般不需要设置,默认为本地部署服务
2	id	string	审批的任务 ID
3	appType	string	审批面板类型 1=待审批,2=弃审,3=无显示
4	onStart	function	调用异步服务回调,一般用于请求 Loading 处理
5	onSuccess	function	调用端服务成功后的回调

(4) BpmButtonSubmit:业务流程的相关属性及设置,如表 18.5 所示。

表 18.5

序 号	参 数	类 型	说 明
1	checkedArray	array	传入的选中状态数组(流程单据前的选择框数据)
2	text	string	按钮的文本,默认提交
3	funccode	string	功能节点编码
4	nodekey	string	nodekey
5	url	string	提交流程所需的地址,必须传入
6	onSuccess	function	提交流程业务成功后的回调

续表

序号	参数	类型	说明
7	onError	function	提交流程业务失败后的回调{type:1,msg:"错误消息"}type=1 代表逻辑错误，type=2 代表服务器错误
8	className	string	传入 class
9	onStart	function	调用异步服务的回调，一般用于请求 Loading 处理

（5）BpmButtonRecall：提交流程的相关业务及设置，如表 18.6 所示。

表 18.6

序号	参数	类型	说明
1	checkedArray	array	传入的选中状态数组（流程单据前面的选择框数据）
2	text	string	按钮的文本，默认提交
3	url	string	提交流程所需的地址，必须传入
4	onSuccess	function	提交流程业务成功后的回调
5	onError	function	提交流程业务失败后的回调{type:1,msg:"错误消息"}type=1 代表逻辑错误，type=2 代表服务器错误
6	className	string	传入 class
7	onStart	function	调用异步服务的回调，一般用于请求 Loading 处理

（6）BpmWrap：流程查看组件，如表 18.7 所示。

表 18.7

序号	参数	类型	说明
1	id	string	传入的 ID（如果只传 ID，则是单据 ID 组件请求 getbillid 接口拿到流程需要的参数。如果传递 3 个参数 ID，则就是 TaskID、processDefinitionId、processInstanceId）
2	processDefinitionId	string	processDefinitionId
3	processInstanceId	string	processInstanceId

（7）BpmTaskApprovalWrap：流程图按钮事件，如表 18.8 所示。

表 18.8

序号	参数	类型	说明
1	id	string	传入的 ID（如果只传 ID，则就是单据 ID 组件请求 getbillid 接口拿到流程需要的参数。如果传递 3 个参数 ID，则就是 TaskID, processDefinitionId, processInstanceId）
2	processDefinitionId	string	processDefinitionId
3	processInstanceId	string	processInstanceId
4	onBpmFlowClick	function	流程图按钮单击事件，一般用来给流程图页面跳转路由和参数使用
5	appType	string	审批面板类型 1=待审批，2=弃审，3=无显示
6	onStart	function	调用异步服务的回调，一般用于请求 Loading 处理

第 19 章 扩展

19.1 调试与构建

（1）下载并安装相关依赖组件，安装依赖组件来自 package.json 定义的版本，在当前工程根目录中，打开终端输入 npm install，如图 19.1 所示。

图 19.1

安装过程需要一段时间，安装完成后，根目录会产生一个文件夹 node_modules，包含了需要用到的所有包。

（2）启动开发调试服务，在终端输入 NPM run dev，完成项目的运行，如图 19.2 所示。

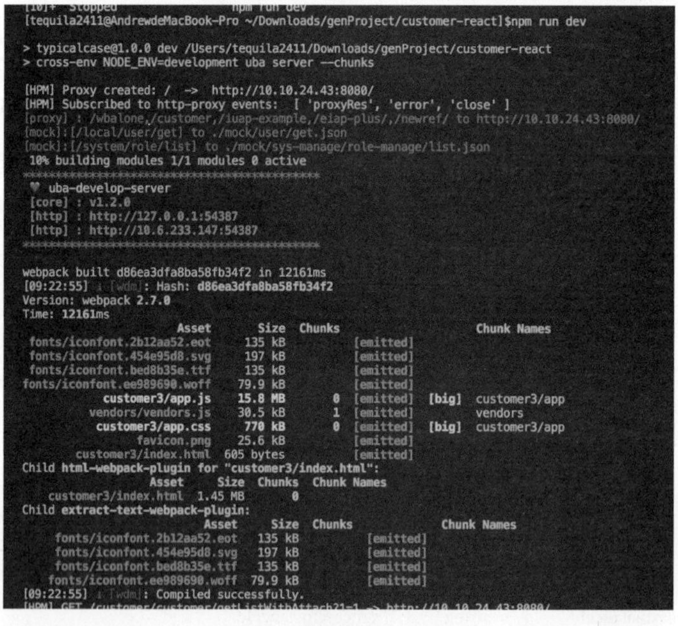

图 19.2

（3）构建静态资源服务，在终端输入 NPM run build，完成后根目录会产生一个 docs 文件夹，存放开发生产的文档，如图 19.3 所示。

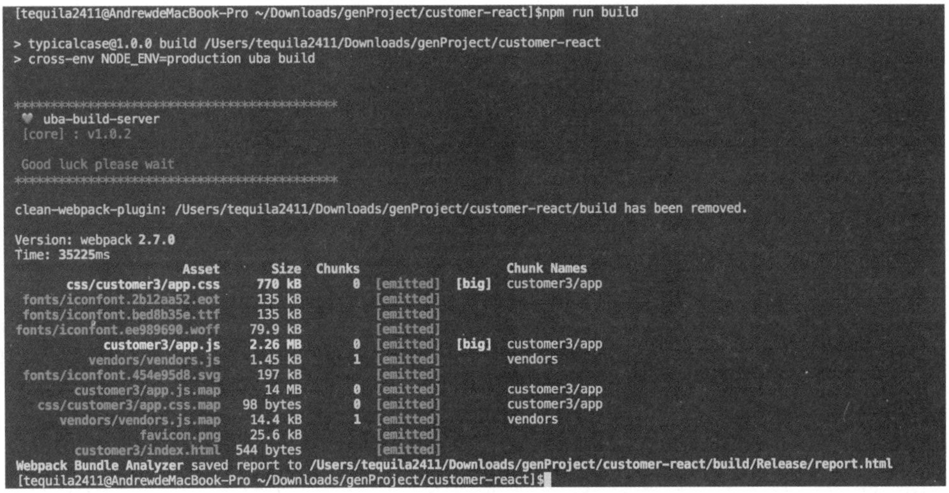

图 19.3

19.2　静态资源部署

本节介绍如何将资源发布到 Maven、NPM、CDN 等仓库。

19.2.1　发布到 Maven

发布之前，需要修改开发框架中 gulpfile.js 文件的配置信息：

```
var publishConfig = {
    command: "mvn",
    repositoryId: "iuap-Snapshots",
    repositoryURL: "http://172.16.51.12:8081/nexus/content/repositories/iuap-Snapshots",
    artifactId: "orgcenter-fe",
    groupId: "com.yonyou.iuap",
    version: "1.0.3-SNAPSHOT"
};
```

执行以下命令：

```
$ gulp
```

因为通过 Maven 进行发布，所以需要使用 Gulp 对执行命令进行封装，在发布到 Maven 之前，要确定本地安装了 Maven 并且做好了相关配置和 Java 环境。

19.2.2　发布到 NPM

通过使用 NPM 将构建出的资源作为 Package 发布到 NPM 官方的镜像，示例代码如下：

```
$ npm publish
```

19.2.3　发布到 CDN

可以将 Build 构建出的静态资源，通过 OSS 的方式上传到云端或是其他云存储服务。例如，http://design.yyuap.com/static/xx。

参 考 文 献

[1] Wenpen 著，方敏译. HTML5 从入门到精通[M]. 北京：清华大学出版社，2012.
[2] 未来科技. HTML5+CSS3+JavaScript 从入门到精通（标准版）[M]. 北京：水利水电出版社，2017.
[3] 胡晓霞. HTML+CSS+JavaScript 网页设计从入门到精通[M]. 北京：清华大学出版社，2017.
[4] Meyer 著，尹志忠，侯妍译. CSS 权威指南（第三版）[M]. 北京：中国电力出版社，2010.
[5] David Flanagan 著，李强译. JavaScript 权威指南（第 5 版）[M]. 北京：机械工业出版社，2012.
[6] Jeremy Keith，Jeffrey Sambells 著，杨涛译. JavaScript DOM 编程艺术（第 2 版）[M]. 北京：人民邮电出版社，2011.
[7] 阮一峰. ES6 标准入门（第 3 版）[M]. 北京：电子工业出版社，2017.
[8] 朴灵. 深入浅出 Node.js[M]. 北京：人民邮电出版社，2013.
[9] 吴浩麟. 深入浅出 Webpack[M]. 北京：电子工业出版社，2018.
[10] 徐超. React 进阶之路[M]. 北京：清华大学出版社，2018.
[11] Alex Banks，Eve Porcello 著，邓世超译. React 学习手册[M]. 北京：中国电力出版社，2017.
[12] 刘一奇. React 与 Redux 开发实例精解[M]. 北京：电子工业出版社，2016.
[13] 程墨. 深入浅出 React 和 Redux[M]. 北京：机械工业出版社，2017.
[14] Sagar Ganatra，*React Router Quick Start Guide.*

参考网站：

[1] http://www.runoob.com/html/html-tutorial.html
[2] http://www.w3school.com.cn/html/index.asp
[3] http://www.runoob.com/css/css-tutorial.html
[4] https://www.liaoxuefeng.com/wiki/001434446689867b27157e896e74d51a89c25cc8b43bdb3000
[5] http://es6.ruanyifeng.com
[6] https://react.docschina.org
[7] http://www.runoob.com/react/react-tutorial.html
[8] http://react-guide.github.io/react-router-cn/index.html
[9] https://www.redux.org.cn
[10] https://www.webpackjs.com/concepts/
[11] http://nodejs.cn/api/
[12] http://bee.tinper.org